林玉锁 ◎ 著

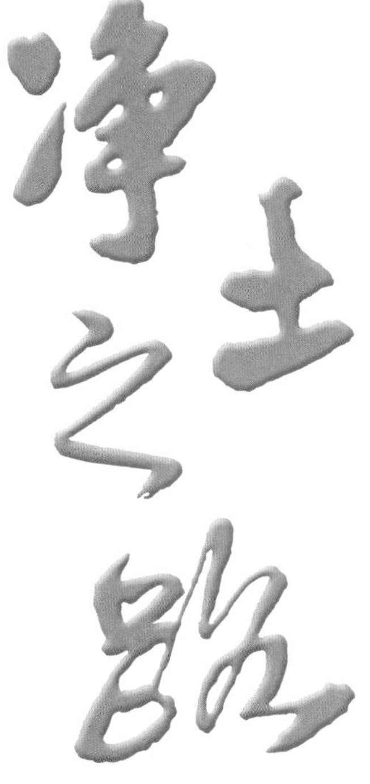

净土之路

亲身经历的土壤污染防治体系建设20年

（2001—2020）

The Journey to Clean Soil

20 Years(2001-2020) of Soil Pollution Prevention and Control System Building from Personal Experience

中国环境出版集团 · 北京

图书在版编目（CIP）数据

净土之路 : 亲身经历的土壤污染防治体系建设20年 : 2001—2020 / 林玉锁著. -- 北京 : 中国环境出版集团, 2024. 12. -- ISBN 978-7-5111-6088-1

Ⅰ. X53

中国国家版本馆CIP数据核字第2024PM7338号

责任编辑 赵 艳
封面设计 岳 帅

出版发行 中国环境出版集团
（100062 北京市东城区广渠门内大街16号）
网　　址：http：//www.cesp.com.cn
电子邮箱：bjgl@cesp.com.cn
联系电话：010-67112765（编辑管理部）
发行热线：010-67125803，010-67113405（传真）
印　　刷 北京中科印刷有限公司
经　　销 各地新华书店
版　　次 2024 年 12 月第 1 版
印　　次 2024 年 12 月第 1 次印刷
开　　本 787 × 1092 1/16
印　　张 22.75
字　　数 272千字
定　　价 160.00元

谨以此书献给长期以来关心和支持

我国土壤污染防治工作的社会各界人士！

作者简介

林玉锁，生态环境部南京环境科学研究所土壤环境领域首席科学家、二级研究员，享受国务院政府特殊津贴专家。1995年任国家环境保护局南京环境科学研究所农用化学品污染防治研究室主任；2005任国家环境保护总局南京环境科学研究所农村环境管理与污染防治研究中心主任、国家环境保护总局科技创新体系土壤污染防治学科首席专家；2010年任环境保护部南京环境科学研究所土壤污染防治研究中心主任、国家环境保护土壤环境管理与污染控制重点实验室主任。兼任生态环境部土壤生态环境专家咨询委员会委员、国家生态环境基准专家委员会委员、食品安全国家标准审评委员会委员、最高人民法院环境资源审判咨询专家等。

长期从事全国土壤污染调查和土壤污染防治法规、政策、标准、管理和技术等研究。2001—2021年，全程参与完成“典型区域土壤环境质量状况探查研究”“全国土壤污染状况调查”“全国土壤污染状况详查”等专项调查任务；主持国家土壤环境质量标准修订工作，起草发布农用地和建设用地土壤污染风险管控两项国家标准，制定发布污染场地及建设用地调查、监测、评估、修复系列国家生态环境标准；主持完成污染土壤修复与综合治理试点和“十一五”国家863计划重点项目“典型工业污染场地土壤修复关键技术研究与综合示范”；参与《中华人民共和国土壤污染防治法》立法前期研究与草案建议稿起草、《土壤污染防治行动计划》前期准备与编制工作。亲身经历了我国土壤污染防治体系建设的顶层设计、推动及实践探索过程，为国家土壤污染防治体系建设做了大量开拓性工作。获国家科学技术进步奖 2 项、部级科技奖 15 项；多次获全国土壤污染状况调查和详查先进个人表彰；获生态环境标准突出贡献专家、国家环境保护科技工作先进个人等称号；获“2018—2019 绿色中国年度人物”提名奖。2019 年作为生态环境保护战线代表人物登上“乡村振兴”主题彩车参加庆祝中华人民共和国成立 70 周年群众游行。

2019 年 10 月 1 日，庆祝中华人民共和国成立 70 周年大会在北京天安门广场隆重举行，笔者（上图中间）参加群众游行，作为生态环境保护战线代表人物登上“乡村振兴”主题彩车（下图）经过天安门

2002 年 12 月，参加中国环境科学学会 2002 年学术年会，并作了“土壤环境安全与可持续发展”报告

2017 年 6 月 21 日，参加环境保护部举行的土壤环境管理例行新闻发布会

环境保护科学技术奖

获奖证书

获奖项目：典型区域土壤环境质量状况探查研究

获奖等级：二等

获 奖 者：林玉锁（第一完成人）

二〇〇七年十二月

证书号：KJ2007-2-08-G01

2007 年获环境保护科学技术奖二等奖

国家科学技术进步奖

证 书

为表彰国家科学技术进步奖获得者，特颁发此证书。

项目名称：稻田镉砷污染阻控关键技术与应用

奖励等级：二等

获 奖 者：林玉锁

2019 年 12 月 18 日

证书号：2019-J-231-2-01-R04

2019 年获国家科学技术进步奖二等奖

环境保护科学技术奖

获奖证书

获奖项目：我国土壤污染防治体系建设关键技术与应用

获奖等级：二等奖

获 奖 者：林玉锁（第一完成人）

二〇二〇年十二月

证书号：KJ2020-2-04-G01

2020 年获环境保护科学技术奖二等奖

国家科学技术进步奖

证 书

为表彰国家科学技术进步奖获得者，特颁发此证书。

项目名称：重金属污染土壤绿色修复与安全利用技术及工程应用

奖励等级：二等

获 奖 者：林玉锁

2024 年 6 月

证书号：2023-J-231-2-03-R04

2024 年获国家科学技术进步奖二等奖

序

PREFACE

土壤是经济社会可持续发展的物质基础，土壤环境质量关系人民群众身体健康、关系美丽中国建设，加强土壤环境保护是推进生态文明建设和维护国家生态安全的重要举措。党中央、国务院高度重视土壤污染防治工作，党的十八大报告强调“以解决损害群众健康突出环境问题为重点，强化水、大气、土壤等污染防治”；党的十八届五中全会提出“加大环境治理力度，以提高环境质量为核心，实行最严格的环境保护制度，深入实施大气、水、土壤污染防治行动计划”，打响了“蓝天、碧水、净土”污染防治攻坚战。2016 年 5 月 28 日，国务院印发《土壤污染防治行动计划》，对土壤污染防治工作作出了全面战略部署，扎实推进净土保卫战，开创了中国式土壤污染防治新局面。目前，我国土壤污染防治工作取得了明显成效，但我们不能忘记，中国的“净土之路”经过了几十年的艰苦努力，特别是 2001—2020 年，是我国土壤污染防治工作取得积极进展的 20 年，基本摸清了我国土壤污染状况，基本遏制住土壤污染恶化态势，基本控制住土壤污染风险，基本建成了国家土壤污染防治体系，全面提升了土壤污染治理能力。

土壤污染防治体系是国家环境污染治理体系的重要组成部分。总体来说，作为环境三大介质，我国土壤污染防治体系建设滞后于大气、水污染防治体系。土壤污染防治体系建设是一项系统工程，涉及土壤污染调查、法规、政策、标准、管理和技术等方方面面，历经整整20年、4个五年计划，完成了我国土壤污染防治体系的系统性重塑、体系性重构，填补了空白，补齐了短板，取得了一批标志性、具有里程碑意义的重大成果：一是起草颁布了《中华人民共和国土壤污染防治法》，这是我国首部土壤污染防治的专门法律，为依法治污提供了法律保障；二是发布实施了《土壤污染防治行动计划》，这是我国土壤污染防治的纲领性文件，也是土壤污染治理的中国方案和中国智慧；三是制定发布了农用地和建设用地土壤污染风险管控两项国家标准，系统重构了国家土壤环境标准体系；四是持续开展完成了全国土壤污染状况调查和详查，为科学治污和精准治污奠定了基础。

我亲身经历了我国土壤污染防治体系建设20年的全过程和各方面，见证了公众对土壤环境保护意识的不断增强、专家学者对土壤环境问题的认识水平及科技创新能力的不断提高、管理部门对土壤污染管控决策能力的不断增强等过程，见证了中国特色土壤污染防治的中国方案、中国智慧和中国经验。本书系统整理了20年间我本人保存的珍贵文字材料和相关图片资料，以时间为主线梳理了不同时期主要成果及工作过程，作为历史记录以飨读者，足矣！

本书共分7章。第一章为概述，简要介绍了土壤污染防治体系建设的必要性、总体思路、主要任务和建设历程。第二章为持续开展全国土壤污染状况调查，介绍了典型区域土壤环境质量状况探查、全国土壤污染状况调查、全国土壤污染状况详查的过程情况。第三章为加快推进土壤污染防治立法，介绍了立法前期研究、立法草案建议稿起草、立法草案审议稿形成的过程情况。第四章为系统构建土壤环境标准体系，介绍了土壤环境质量标准修订及其农用地和建设用地土壤污染风险管控两项国家标准制定过程情况。第五章为实践探索土壤环境监督管理，介绍了在土壤环境管理政策、制度、机制等方面的实践探索的情况。第六章为积极推动土壤污染修复与综合治理试点示范，介绍了不同时期启动的土壤污染修复和综合治理试点、科研投入等情况。第七章为总结与展望，概要总结了土壤污染防治体系建设取得的重大进展、重要成果和未来展望。

由于有些事件发生的时间较早，可能有所遗忘，再加上笔者水平有限，书中一定存在很多不足、遗憾之处，谨请读者批评指正。

林玉锁

2024 年 10 月于南京

目录

CONTENTS

一、概述

二、持续开展全国土壤污染状况调查

三、加快推进土壤污染防治立法

四、系统构建土壤环境标准体系

五、实践探索土壤环境监督管理

六、积极推动土壤污染修复与综合治理试点示范

专栏索引

表格索引

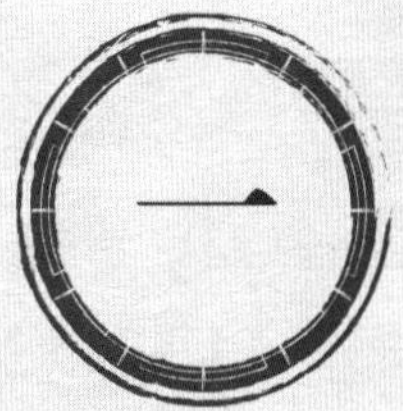

概　述

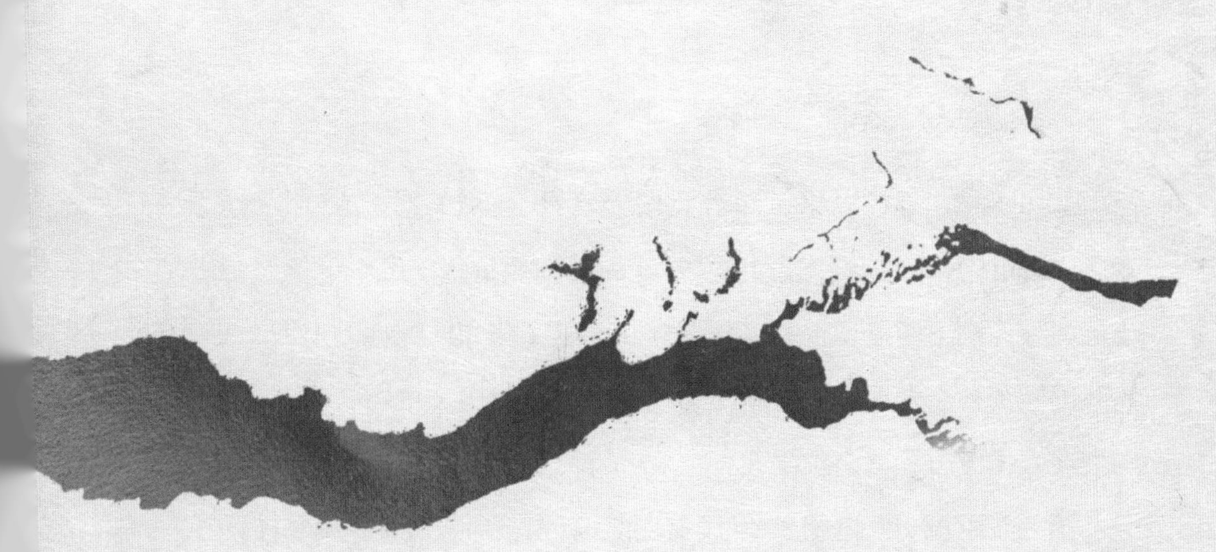

土壤是人类赖以生存的宝贵自然资源，是一个国家经济社会可持续发展的重要物质基础。土壤环境安全是国家生态安全的重要组成部分，对保障国家安全、维护社会稳定、保护人民群众身体健康具有十分重要的战略意义。党和国家高度重视土壤污染防治，作出了一系列重要部署，有力推进了我国土壤污染防治体系建设。国家和地方积极探索，社会各界共同努力、贡献智慧，经过20年时间、4个五年计划的持续推进，基本建成具有中国特色的土壤污染防治体系，丰富了我国环境污染治理体系，为打好污染防治攻坚战特别是净土保卫战提供了坚实的体系保障，也向世界展示了中国方案、中国智慧和中国经验。

（一）土壤污染防治体系建设的必要性 >>>

1. 我国土壤污染问题的演变过程

20世纪80年代以来，随着我国经济社会的快速发展，特别是工业化、城市化、农业现代化过程中，土壤环境质量状况发生了很大变化，土壤污染问题不断显现，并呈现多样化、复杂化和区域性的发展态势，给我国经济社会发展带来了新压力、新挑战。我国土壤污染问题的形成与发展大体经历了三个阶段：

第一个阶段（20世纪80年代及之前）：土壤环境质量状况总体良好。土壤中许多元素基本处于背景水平，仅出现局部和点源污染，如污水灌溉区土壤污染、矿区周边土壤重金属污染、农田土壤六六六和滴滴涕残留污染等。

第二个阶段（20 世纪 90 年代）：土壤环境质量恶化加剧。一方面，我国进入工业化快速发展时期，工业企业数量剧增、企业规模小（特别是乡镇企业）且分散分布、企业生产工艺设备落后、环境管理与污染治理措施不到位，导致大气污染、水污染、固体废物污染问题十分突出，大量污染物通过各种途径最终进入土壤，造成土壤污染不断加重，逐步累积，面积不断扩大。另一方面，随着农业集约化发展，大量化肥、农药和农膜使用，造成农业面源污染问题十分突出。再加上农村居民生活方式的改变，生活垃圾、生活污水排放量快速增长，也成为农村地区突出的环境问题。所有这些都成为导致我国土壤污染发展速度和污染程度加剧的重要原因。

第三个阶段（本世纪开始）：土壤污染风险集中凸显。随着城市化快速发展，城市推行“退二进三”，老工业城区改造升级，污染企业关闭搬迁，企业进入工业园等，大量工业企业原址改变土地用途，特别是转变为住宅、公共管理与公共服务类用地，带来了工业企业污染场地再开发利用中的环境安全隐患，引发人居环境安全问题，被老百姓称为“毒地”。与此同时，耕地污染引发的粮食超标问题、矿区关闭后的环境综合整治与污染治理问题、地下水污染问题、地表水 / 饮用水水源地环境安全问题等也成为影响社会稳定和国计民生的重大问题。

2. 我国土壤污染问题的基本特征

相对于发达国家和地区，我国土壤污染问题具有以下三个明显“本土化”特征：

一是多种土壤污染成因短期内叠加。许多国家和地区的工业化、城市化以及农业和生活现代化经历了几百年时间，产生的环境污染问题也是分不同时期和阶段出现的。而我国仅用短短几十年时间就走完发达国家几百年走过的工业化历程，多种污染成因同期、同步出现和叠加。

二是土壤污染类型复杂、污染物种类多。既有农用地污染问题，也有建设用地土壤污染问题；既有工业污染型，也有农业污染型和生活污染型；既有人为活动造成的，也有地质过程造成的；既有污水灌溉造成的，也有大气沉降以及固体废物堆放、填埋和处理不当造成的；既有重金属污染问题，也有有机污染问题。

三是土壤污染导致的风险多样。农田土壤污染物经作物吸收而污染食物链，引发农产品超标和食品安全问题；人居环境土壤污染导致人群直接或间接接触暴露，引发人体健康风险；土壤污染导致地表水和地下水污染，引发饮用水水源安全问题等。

3. 土壤污染防治工作面临的困难和挑战

2000 年前后，面对土壤污染防治，亟须回答三个问题，即“三问”。一是“怎么看？”即：如何认识土壤污染问题的严重性和紧迫性？如何判断我国土壤污染防治的严峻形势？二是“怎么治？”即：如何管控土壤污染风险？土壤污染应当采取哪些措施进行治理和修复？三是“怎么管？”即：如何确立土壤环境管理的思路和原则？如何建立土壤污染防治法规、标准、政策和制度？

客观上说，在 20 世纪 90 年代，我国土壤污染防治未受到应有的重视。作为三大环境介质之一，与大气、水相比，土壤污染防治工作起步较晚，在实际工作中面临六个方面的困难和挑战：

一是污染家底不清。尽管20世纪80年代开展过中国土壤环境背景值研究，进入90年代以后，农业部门开展过耕地质量调查和无公害农产品、绿色食品产地土壤环境质量认证等工作，环境保护部门开展过“菜篮子”生产基地、饮用水水源地、有机食品产地土壤环境质量调查评价工作，但从未组织开展过全国土壤污染状况调查，导致全国土壤污染状况底数不清，土壤污染总体情况和特征不明，土壤污染防治管理决策缺乏科学数据支撑。

二是法规政策缺失。我国环境保护工作起步于20世纪70年代，经过30多年发展，针对大气、水、固体废物污染防治已经形成较为完善的法规政策体系，但对于土壤污染防治一直没有制定专门法规，也缺乏针对性政策，导致土壤污染防治工作无法可依、无据可循。

三是标准体系不健全。尽管20世纪90年代制定发布了我国首个《土壤环境质量标准》（GB 15618—1995），但其只适用于农用地，仅规定了8项重金属指标和六六六、滴滴涕2项农药指标，针对建设用地及大量有机污染物指标没有相应标准可用。与之配套的调查、监测、评估、修复等技术规范以及土壤环境监测分析方法严重缺乏，土壤环境标准体系不能支撑土壤污染防治工作需要。

四是管理制度不明。长期以来，土壤环境监管制度缺少，针对农用地和建设用地的土壤污染防治缺乏监督管理规章。土壤污染防治工作涉及政府多个部门，多部门协同管理体制、机制尚未形成，单靠环境保护部门一家力量有限，没有形成合力。

五是治理技术缺少。我国土壤污染治理与修复行业技术积累少、成功案例少、实践经验少，几乎没有形成相对成熟的、可工程化应用的实用技术体系，国外技术也不能直接适合我国国情和土壤污染的特点，因此严重制约解决实际问题的能力。

六是防治意识薄弱。由于土壤污染隐蔽性强、不易察觉，相较于大气污染、水污染，大众普遍缺乏土壤污染防治意识，对土壤污染问题的重要性和严重性认识不到位，缺少土壤污染防治的基本知识。总体上看，全民土壤环境安全教育工作较为薄弱。

由此可见，在当时情况下，我国土壤污染防治工作面临的是系统性和体系性挑战。因此，加快推进我国土壤污染防治体系建设刻不容缓，十分必要。

（二）全面推进我国土壤污染防治体系建设 >>>

土壤污染防治是世界性难题。发达国家和地区早在 20 世纪六七十年代就面临严重的土壤污染问题，经过长期发展建立并形成了环境管理的法规、政策、管理制度，发展了土壤污染修复技术、装备和产业。而我国土壤污染防治工作起步较晚，直至 2000 年左右土壤污染防治体系仍几乎为空白。由于我国国情不同，土壤污染问题的特点差异明显，所以走中国自己的路，探索建立适合中国国情的土壤污染防治体系是必然选择。

1. 总体思路

土壤污染防治体系建设是一项长期而艰巨的任务，不能一蹴而就，需要长期规划、系统重塑、体系重构、全面推动、逐步推进。在推进土壤污染防治体系建设工作中，必须把握好以下几点：

一是思想引领、举旗定向。以科学发展观、习近平新时代中国特色社会主义思想特别是习近平生态文明思想为指导，坚决贯彻落实党中央关于生态文明建设特别是土壤污染防治方面的重大决策部署，坚持走出一条具有中国特色的土壤污染防治之路。

二是积极稳妥、扎实推进。以推动全国土壤污染状况调查为主线，在摸清全国土壤污染底数、查明污染原因的基础上，全面推进土壤污染防治法规、政策、标准、技术等体系建设。

三是实践探索、试点先行。鼓励国家和地方在实践中不断探索，通过试点总结土壤污染防治的经验和成功模式，逐步形成符合我国国情、发展阶段和实际情况的土壤污染防治体系。

2. 主要任务

土壤污染防治体系建设是一项系统工程，涉及土壤污染状况调查评估、土壤污染防治法规、土壤环境标准、土壤环境监督管理、土壤污染防治技术等五大方面，如图 1 所示。我国土壤污染防治体系建设的主要任务如下：

一是开展全国土壤污染状况调查，建立全国土壤污染状况调查评估体系。摸清土壤污染家底，掌握全国土壤污染总体状况和发展趋势，了解污染特征和风险情况，为土壤污染防治重大决策提供科学数据支撑。

二是加快推进土壤污染防治立法，完善土壤污染防治法规体系。启动土壤污染防治立法前期调研，借鉴发达国家和地区先进的立法经验，调研总结国家和地方土壤污染防治实践探索成果，加快制定土壤污染防治法草案。

三是完善土壤环境标准体系。修订土壤环境质量标准，制定建设用地土壤环境标准，配套制定污染场地（建设用地）土壤污染状况调查、监测、风险评估和土壤修复系列技术导则，制定土壤环境监测分析方法等。

四是探索土壤环境监督管理。制定污染场地（建设用地）、农用地、工矿用地土壤环境监督管理办法，探索土壤污染防治规划和区划方法，启动全国土壤污染防治规划编制工作等。

五是积极推动土壤污染防治技术试点示范。启动土壤污染修复和综合治理试点工作，开展土壤修复技术、装备研发与示范，在全国范围大力推动不同类型土壤污染治理与修复试点，逐步形成适合我国国情的土壤污染防治技术体系。

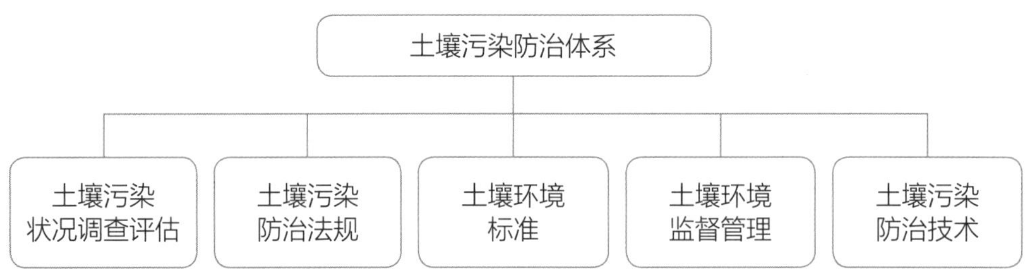

图 1　土壤污染防治体系框架

（三）我国土壤污染防治体系建设历程 >>>

我国土壤污染防治体系建设从2000年开始至2020年，整整用了20年的时间，通过4个五年计划的持续努力，历经了高度关注、全面启动、系统推进、基本建成四个阶段。

1.“十五”期间（2001—2005年）：高度关注

面对我国出现的土壤污染问题，党和国家高度关注土壤污染防治工作。胡锦涛总书记早在2003年中央人口资源环境工作座谈会上就强调指出，环境保护工作，要着眼于人民喝上干净的水、呼吸清洁的空气、吃上放心的食物，在良好的环境中生产生活，明确要求把防治土壤污染提上重要议程。2005年，国务院印发的《国务院关于落实科学发展观加强环境保护的决定》（国发〔2005〕39号）中提出：对污染企业搬迁后的原址进行土壤风险评估和修复，开展全国土壤污染状况调查和超标耕地综合治理，污染严重且难以修复的耕地应依法调整，而且明确要求抓紧拟订有关土壤污染……等方面的法律法规草案。

为此，环保部门积极推动土壤污染调查和标准研究工作，启动了典型区域土壤环境质量状况探查、建设用地土壤环境质量标准研究，会同国土资源部门共同研究全国土壤污染状况调查工作方案等。

2.“十一五”期间（2006—2010年）：全面启动

2006年4月17日，温家宝总理在第六次全国环境保护大会上提出要积极开展土壤污染防治。2007 年 11 月，胡锦涛总书记在党的十七大报告中提出：重点加强水、大气、土壤等污染防治，改善城乡人居环境。2008 年 7 月 10 日，国务院办公厅印发的《环境保护部主要职责内设机构和人员编制规定》（国办发〔2008〕73 号）明确规定，环境保护部负责制定土壤污染防治管理制度并组织实施。2009 年 11 月 23 日，国务院办公厅转发的环保、发改、工信、财政、国土、农业、卫生等七部门联合提出的《关于加强重金属污染防治工作指导意见》（国办发〔2009〕61 号）中提出，抓紧完善土壤污染防治方面的法律制度。

自此，我国土壤污染防治工作与大气、水污染防治工作并重。环保部门全面推进土壤污染防治体系建设：启动了全国土壤污染状况调查工作；启动了土壤污染防治立法前期研究；启动了土壤环境质量标准修订工作；召开了第一次全国土壤污染防治工作会议，发布了《关于加强土壤污染防治工作的意见》（环发〔2008〕48 号）；启动了土壤污染修复与综合治理试点等。

3.“十二五”期间（2011—2015 年）：系统推进

2011 年，国务院印发的《国务院关于加强环境保护重点工作的意见》（国发〔2011〕35 号）中提出：被污染场地再次进行开发利用的，应进行环境评估和无害化治理，保障工业企业场地再开发利用的环境安全。2012 年 11 月，胡锦涛总书记在党的十八大报告中提出：坚持预防为主、综合治理，以解决损害群众健康突出环境问题为重点，强化水、大气、土壤等污染防治。党的十八大以后，以习近平同志为核心的党中央提出向污染宣战，打响了污染防治攻坚战，提出要制定实施大气、水、土壤三个污染防治行动计划。2013 年 1 月 23 日，国务院办公厅印发的《近期土壤环境保护和综合治理工作安排》（国办发〔2013〕7 号）中提出：要切实保护土壤环境，防治和减少土壤污染，并对近期土壤环境保护和综合治理工作作出安排，明确了工作目标、主要任务和保障措施。2015 年 4 月 25 日，中共中央、国务院印发的《关于加快推进生态文明建设的意见》中提出：加大自然生态系统和环境保护力度，切实改善生态环境质量；全面推进污染防治，按照以人为本、防治结合、标本兼治、综合施策的原则，建立以保障人体健康为核心、以改善环境质量为目标、以防控环境风险为基线的环境管理体系，健全跨区域污染防治协调机制，加快解决人民群众反映强烈的大气、水、土壤污染等突出环境问题；制定实施土壤污染防治行动计划，优先保护耕地土壤环境，强化工业污染场地治理，开展土壤污染治理与修复试点。

为系统推进土壤污染防治体系建设，环保部门加快推进土壤污染防治立法；发布《全国土壤污染状况调查公报》，启动《土壤污染防治行动计划》起草，编制《全国土壤污染状况详查总体方案》；制定发布了污染场地环境调查、监测、风险评估、修复技术系列导则；积极探索和推动土壤环境监督管理制度、规划区划等工作；启动全国土壤环境保护“十二五”规划编制等。

4.“十三五”期间（2016—2020 年）：基本建成

2016 年 5 月 28 日，国务院印发的《土壤污染防治行动计划》（国发〔2016〕31 号）提出：要切实加强土壤污染防治，逐步改善土壤环境质量，明确了做好土壤污染防治工作的总体要求、工作目标和主要指标，具体部署了 10 条举措共 35 项任务。2017 年 10 月，习近平总书记在党的十九大报告中提出强化土壤污染管控和修复。2018 年 5 月 18 日全国生态环境保护大会上，习近平总书记强调：要全面落实土壤污染防治行动计划，突出重点区域、行业和污染物，强化土壤污染管控和修复，有效防范风险，让老百姓吃得放心、住得安心。 2018 年 6 月 16 日，中共中央、国务院印发的《关于全面加强生态环境保护　坚决打好污染防治攻坚战的意见》中提出：扎实推进净土保卫战。全面实施土壤污染防治行动计划，突出重点区域、行业和污染物，有效管控农用地和城市建设用地土壤环境风险。2020 年 3 月 3 日，中共中央办公厅、国务院办公厅印发的《关于构建现代环境治理体系的指导意见》中提出要创新环境治理模式，对工业污染地块，鼓励采用“环境修复＋开发建设”模式。

为全面落实《土壤污染防治行动计划》要求，生态环境部门会同有关部门组织开展并完成了全国土壤污染状况详查任务，包括全国农用地土壤污染状况详查和重点行业企业用地土壤污染状况调查工作；配合全国人大环资委完成了《中华人民共和国土壤污染防治法》审议和发布，配套制定发布了《污染地块土壤环境管理办法（试行）》《农用地土壤环境管理办法（试行）》《工矿用地土壤环境管理办法（试行）》等部门规章；制定发布了《土壤环境质量　农用地土壤污染风险管控标准（试行）》（GB 15618—2018）和《土壤环境质量　建设用地土壤污染风险管控标准（试行）》（GB 36600—2018）两项国家标准，修订发布了建设用地 HJ 25 系列导则，重构土壤污染风险管控标准体系。基本形成了土壤污染防治法规、标准、管理技术等体系，基本完成了我国土壤污染防治体系建设的阶段性目标和任务。

我国土壤污染防治体系建设 20 年的路线图如图 2 所示。

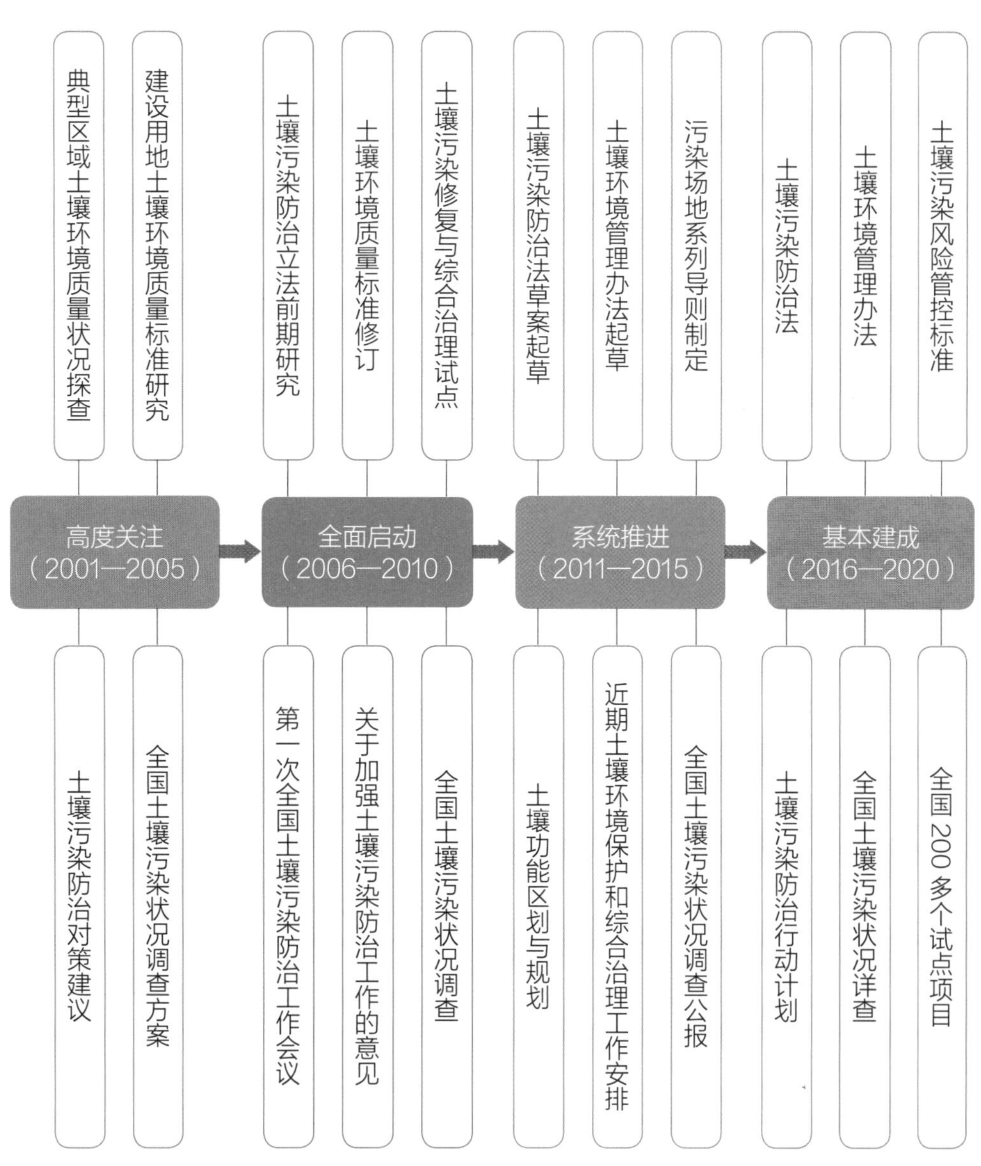

图 2　中国土壤污染防治体系建设路线图（2001—2020 年）

综上所述，推进土壤污染防治体系建设是贯彻落实党和国家决策部署的重大举措，也是探索中国特色土壤污染防治模式的客观要求，为扎实推进净土保卫战提供了坚实的体系保障。

“十四五”期间，党和国家持续推进土壤污染防治工作。2021 年 11 月 2 日，中共中央、国务院印发的《关于深入打好污染防治攻坚战的意见》中提出：以更高标准打好蓝天、碧水、净土保卫战，以高水平保护推动高质量发展；深入打好净土保卫战，深入推进农用地土壤污染防治和安全利用，到 2025 年，受污染耕地安全利用率达到 93% 左右，有效管控建设用地土壤污染风险。2022 年 10 月，习近平总书记在党的二十大报告中提出要加强土壤污染源头防控。

本书系统梳理了我国土壤污染防治体系建设 20 年的发展过程。本章为概述，第二章至第六章将分别介绍持续开展全国土壤污染状况调查、加快推进土壤污染防治立法、系统构建土壤环境标准体系、实践探索土壤环境监督管理、积极推动土壤污染修复与综合治理试点示范等方面的情况，包括重大事件、工作过程、重要进展、感悟和体会，帮助读者全面、系统了解我国土壤污染防治体系建设 20 年的发展历程和工作成效。

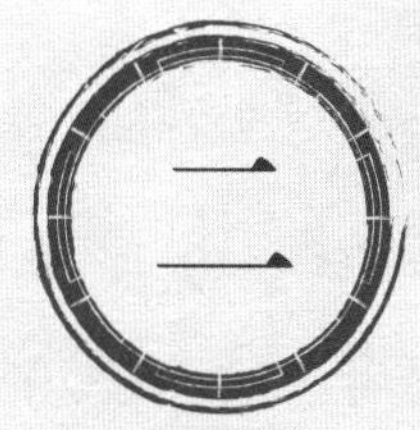

持续开展全国土壤污染状况调查

从 2000 年开始，我国用了整整 20 年时间，全面、系统、深入持续开展了全国土壤污染状况调查。总体上分“三步走”：第一步，“十五”期间（2001—2005 年），环境保护部门组织开展了典型区域土壤环境质量状况探查研究，选择珠江三角洲、长江三角洲、环渤海湾地区等典型区域，探查了代表性调查区的土壤环境质量状况和农产品超标情况；第二步，“十一五”期间（2006—2010 年），环境保护部门会同国土资源部门组织开展了全国土壤污染状况调查，基本查明了全国土壤环境质量总体状况及主要类型土壤污染特征；第三步，“十三五”期间（2016—2020 年），环境保护部门会同国土资源、农业农村等部门联合组织开展了全国土壤污染状况详查，查明了全国农用地土壤污染面积、分布及其对农产品质量的影响，查明了重点行业企业用地土壤污染状况及其环境风险情况。为国家土壤污染防治重大决策提供了科学依据和关键数据支撑，同时也为全面推动我国土壤污染防治体系建设打下了基础。

（一）启动典型区域土壤环境质量状况探查研究（2001—2005 年） >>>

20 世纪 80 年代至 90 年代，我国开展过中国土壤环境背景值研究，环保系统开展过重要蔬菜基地土壤环境监测评估和有机食品产地土壤环境监测认证，农业部门开展过耕地质量调查和无公害农产品、绿色食品产地土壤环境质量认证，国土资源部门在典型地区开展过多目标区域地球化学试点调查，但从未组织过大规模、全国性的土壤污染调查。1998年，时任国家环境保护总局（简称国家环保总局）副局长宋瑞祥到国家环境保护总局南京环境科学研究所（简称南京环境科学研究所）考察工作，了解到南京环境科学研究所土壤污染防治学科发展状况及工作想法，建议我们加快研究并提出全国土壤污染调查项目建议，争取国家有关部门立项支持。由于受当时方方面面条件的限制，开展全国性土壤污染状况调查的条件并不具备，国家有关部门同意先启动典型区域土壤环境质量状况探查，进行技术积累，为今后开展全国性调查提供经验。2001年6月，国家环保总局组织南京环境科学研究所编制完成了《典型区域土壤环境质量状况探查研究可行性研究报告》，获国家发展计划委员会批准立项。项目经费70万元，主要用于项目组织管理，调查经费自行解决。为此，2001年7月2日，国家环保总局科技标准司（以下简称科技司）印发《关于组织实施〈典型区域土壤环境质量状况探查研究〉项目的通知》（环科函〔2001〕29号），邀请有条件的地方环保局或科研院所自愿参加该项目研究，调查经费由参加单位自筹。

1. 项目组织与实施

2001年11月3日，国家环保总局科技司在南京召开“典型区域土壤环境质量状况探查研究”项目第一次工作会议，研讨项目实施方案，协调确定参加项目的地方单位。根据项目组织方式及各省市立项实际情况，最终参加该项目的地区与单位有广东省（广东省生态环境与土

国家环境保护总局司函

环科函[2001]29 号

关于组织实施《典型区域土壤环境质量状况探查研究》项目的通知

各有关省市环境保护局：

自《全国生态环境保护纲要》颁布以来，生态安全已引起国家高度重视。土壤生态安全是我国整个生态安全的重要组成部分和基础，对我国国民经济的持续发展和人民身体健康具有十分重要的战略意义和现实紧迫性。为了摸清我国土壤环境质量及其污染状况，国家计委近日批准我局申报的《典型区域土壤环境质量状况探查研究》项目立项，由国家环保总局南京环科所承担。该项目研究主要内容为：城市蔬菜基地土壤环境质量、主要污灌地区土壤环境质量、经济发达地区土壤环境质量、控制土壤环境污染对策等。

为了充分利用好各级环境科技资源，使地方环境科技计划与国家重点项目相结合，我司拟邀请有条件的地方环保局和地方科研院所共同参与该项目。项目实施主要采取以下方式：

1、由地方环保局自行筹集地方单位研究经费（或申请地方科

— 1 —

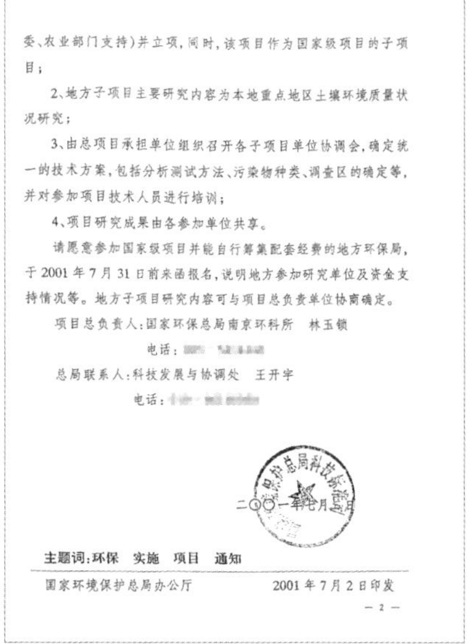

委、农业部门支持）并立项，同时，该项目作为国家级项目的子项目；

2、地方子项目主要研究内容为本地重点地区土壤环境质量状况研究；

3、由总项目承担单位组织召开各子项目单位协调会，确定统一的技术方案，包括分析测试方法、污染物种类、调查区的确定等，并对参加项目技术人员进行培训；

4、项目研究成果由各参加单位共享。

请愿意参加国家级项目并能自行筹集配套经费的地方环保局，于 2001 年 7 月 31 日前来函报名，说明地方参加研究单位及资金支持情况等。地方子项目研究内容可与项目总负责单位协商确定。

项目总负责人：国家环保总局南京环科所　林玉锁

电话：

总局联系人：科技发展与协调处　王开宇

电话：

二〇〇一年七月

主题词：环保　实施　项目　通知

国家环境保护总局办公厅　　2001 年 7 月 2 日印发

— 2 —

《关于组织实施〈典型区域土壤环境质量状况探查研究〉项目的通知》
（环科函〔2001〕29 号）

壤研究所）、江苏省（中国科学院南京土壤研究所、国家环保总局南京环境科学研究所）、浙江省（浙江省环境监测中心站）、河北省（河北省环境监测中心站）、大连市（大连市环境监测中心）。2001 年 12 月，南京环境科学研究所作为总牵头单位与国家环保总局科技司签订了国家环境保护总局科技发展计划项目合同表（项目编号：2001-1）。2002 年 4 月，南京环境科学研究所与前述子项目承担单位签订了项目合作协议书。

2003 年 1 月 21 日，国家环保总局科技司在南京召开项目第二次工作会议，总结 2002 年工作进展及讨论 2003 年工作计划。会上进一步强调了本项目实施的重要性，项目将为国家环保总局组织开展更大规模的土壤污染状况调查提供决策依据、技术支持和组织管理的经验。在经费

十分紧缺的情况下，2002 年度各子项目承担单位充分利用有限的人力、物力和财力，开展了卓有成效的工作，进展情况总体良好。同时，会议就实施过程中的技术问题进行了广泛研讨，如布点采样方案、污染物分析方法、评价方法与标准、质量控制等。由于我国在土壤环境质量监测与评价方面存在许多技术方面的不足，有许多问题有待在实施过程中研究解决。经过讨论，会议明确了 2003 年度的工作要求：为了更好地做好实验室数据的质量控制，总项目组织开展一次实验室间的质量比对工作；要求各子项目尽量在 2003 年 10 月之前完成调查工作，并进行总结；总项目在各子项目总结、结题的基础上，在年底前完成总结与结题工作。

2003 年 1 月，参加第二次工作会议的广东、江苏、浙江、河北、大连专家代表在一起讨论

2004 年，在各子项目总结、结题工作基础上，进行总项目总结工作。2005 年 7 月 20 日，国家环保总局科技司在北京召开“典型区域土壤环境质量状况探查研究”项目验收鉴定会。魏复盛院士、蔡道基院士、金鉴明院士等 8 位专家组成的专家组听取了项目成果汇报和质询后，一致同意项目通过验收，并对项目取得的成果进行了充分肯定。国家环保总

局分管副局长参加了会议并发表讲话。《中国环境报》《科技日报》均对验收会做了新闻报道。

2. 调查方案确定

选择对我国食品安全有重要意义的农业生产区、城市蔬菜生产基地及有严重土壤污染问题的污灌区为典型研究区域。选择重金属（铜、锌、铅、镉、镍、铬、汞、砷等）、农药（有机氯农药、有机磷农药等）、化肥（以氮污染为主）等为主要污染物，通过布点采样测定土壤及作物中主要污染物含量，分析土壤环境质量变化和污染状况发展趋势，在国家层面上提出土壤环境安全国家行动方案建议，并为开展更大范围和规模的土壤污染状况调查积累技术和组织管理的经验。

（1）调查范围和类型选择

项目调查范围涉及广东省、江苏省、浙江省、河北省和大连市 5 地，覆盖了我国最具代表性的经济快速发展地区——珠江三角洲、长江三角洲和环渤海地区，这 3 个地区的土壤环境质量状况对我国国家环境安全和国民经济持续发展具有重要的意义。各地分别根据土壤类型、农产品类别及污染源状况等，选择确定了 20 多个调查研究区。

调查类型以农产品生产基地土壤为主（蔬菜基地、水稻基地、水果基地等），同时包括污灌区土壤、城市建设用地土壤（包括工业企业周围土壤）、废弃的污染场地土壤等，几乎涵盖了当时我国土壤环境污染问题中最为关注、最具代表性的土壤污染类型。研究区域和调查类型详见表 1。

表 1　研究区域和调查类型

地区	研究区域	调查类型
江苏	太仓市、高邮市、徐州市、南京市	蔬菜基地、水稻基地、城市土壤、污染场地
广东	东莞市、惠州市、中山市、佛山市、顺德区、汕头市、湛江市	蔬菜基地、水稻基地、水果基地、甘蔗基地、污灌区土壤、工业企业周围土壤
浙江	杭州市余杭区、湖州市、金华市、长兴县	蔬菜基地、葡萄基地、水稻基地、蓄电池工业区周围土壤
河北	保定市、新河县、赵县、栾城县	污灌区
辽宁	大连市	蔬菜基地、水果基地

（2）布点采样

在收集土地利用、土壤、气候、水文、地形、水系、交通分布等区域生态自然环境特征基础图和资料的基础上，采用均匀布点法、带状布点法、控制布点法相结合的布点原则布点。在调查区域附近，选择相对未受污染且母质、土壤类型及农作物种植历史与调查土壤相似的对照点。同时，采集蔬菜、水稻 / 小麦、水果等作物样品。

（3）监测项目与分析方法

监测项目的选择原则是只要有需要或关注，应做尽做。若国内没有相应的土壤环境监测分析标准方法，可以采用国外标准方法或者实验室研究用的分析方法。调查共涉及分析监测项目 100 多个，除 8 个重金属元素外，大部分为有机污染物，其中农药 42 种（有机氯农药、有机磷农药等）、持久性有机污染物 32 种（多环芳烃、多氯联苯等）、其他内分泌干扰物类污染物 16 种（邻苯二甲酸酯等）。pH、总铜、总锌、总铅、总镉、总铬、总镍、总汞、总砷、有效铜、有效锌、六六六、滴滴涕等为必测项目，作为土壤环境质量普查因子；其他有机污染物为选测项目，在初步分析结果的基础上，有重点地选取 20% 的样点，作重点探查研究。

在选择分析方法时，原则上有国标（GB）方法的，优先采用国标方法，其次则采用《环境监测分析方法》（国家环境保护总局）中相关方法，也可采用国外如美国国家环境保护局（USEPA）等的方法。土壤有效铜、有效锌采用 0.1 mol / L 的 HCl 为提取剂。

（4）土壤环境质量与农产品污染状况评价

土壤环境质量评价标准采用《土壤环境质量标准》（GB 15618—1995）、土壤背景值资料。对于无国家标准与背景值的有机污染物，参考日本、美国、荷兰等国家的相关标准。

农产品污染状况评价参照农产品质量国家标准（食品卫生标准）、行业或地方标准及相关国际标准。

3. 调查成果应用

通过典型区域调查发现，我国土壤污染表现出以下明显的特点：

一是土壤环境质量不容乐观。20 世纪 80 年代以后，发达地区土壤环境质量呈现下降趋势，局部地区土壤污染在加剧，土壤污染的区域性和地域性特点明显。

二是土壤污染物种类繁多。重金属污染问题依然存在，同时又出现了诸多有机污染物污染问题，土壤复合污染风险明显增加。

三是土壤污染因素的多样性和复杂性。我国土壤污染原因很多，既有人为污染因素，也有自然因素（如地球化学元素背景高）；既有工业污染，也有农业污染、生活污染和交通污染；既有大气污染型，也有水污染型和固体废物污染型等。

四是土壤污染风险大。调查发现，土壤污染伴随着农产品污染、地表水和地下水污染以及对人体的健康风险。

综上可知，相较于其他国家，我国土壤污染防治面临更大的挑战，土壤污染问题的解决也远比解决大气污染、水污染问题困难得多。鉴于此，项目提出以下八个方面的对策建议：

一是加快建立和完善我国土壤污染防治体系。我国土壤环境保护应坚持“保护优先、预防为主、防治结合”的方针，坚持“分类、分目标、分区域管理”的原则，构建适合我国国情的土壤污染综合防治体系，包括土壤环境保护法律法规体系、土壤环境保护标准体系、土壤污染防治技术体系、土壤环境质量监测监控体系等。

二是尽快开展全国土壤污染状况调查。鉴于当前我国土壤污染整体状况不明、原因不清，建议尽快开展全国土壤污染状况调查，以弄清土壤污染现状，彻底查清污染成因，为采取有效措施防止和控制土壤污染提供科学依据。

三是开展土壤污染成因、区域土壤污染风险评估与安全区划研究。在摸清我国土壤污染现状的基础上，选择典型地区按照不同的土地利用方式和土壤污染类型，确定土壤污染物种类、污染程度以及污染范围。针对土壤污染高危区（污灌区、固体废物堆放区、矿山区、油田区、工业废弃地、生态敏感区等），结合污染源调查、土壤污染来源和污染途径分析，研究污染物在土壤中的迁移转化规律，开展区域土壤污染风险评估，并对我国重要区域进行土壤环境安全区划，明确我国土壤污染优先控制区及控制对象，为研究制定我国土壤污染综合治理的中长期战略规划、制定土壤污染综合防治国家行动计划提供技术支持。

四是加快制定我国“土壤污染防治法”，完善我国环境保护法律法规体系，依法加强土壤环境保护和污染防治工作。

五是加大科研投入，加强土壤污染治理与修复技术研发和示范。建议国家建立土壤环境安全保障专项资金，用于土壤污染修复技术开发和综合防治工程示范。研究制定相关的技术经济政策，探索社会资金进入土壤污染修复领域的渠道，促进土壤污染治理技术的发展。

六是加强土壤污染监测监控能力建设。将土壤环境质量监测列入常规性的监测计划，对土壤污染及土壤环境质量状况进行有效监控，建立国家土壤污染监测网络，建立土壤环境质量数字信息网。

七是加强土壤环境保护的宣传与科普工作。与水污染和大气污染不同，土壤污染具有高度的隐蔽性，难以引起公众关注，迫切需要加强土壤污染防治的科普宣传工作，将土壤环境保护列入环境保护宣传的重要内容，提高公众意识。加强信息公开，鼓励公众参与土壤环境保护。

八是加强在土壤环境保护领域的国际合作和科技交流。学习借鉴国外在土壤环境保护方面的先进理念和成功经验，采取多种形式开展土壤环境保护国际合作研究和技术开发，引进国外已经成熟的技术及产品，鼓励国外有实力的企业在中国开展土壤污染修复技术试点示范。

项目调查结果及提出的对策建议产生了很大影响。2005 年 9 月 6 日，项目组撰写的《我国土壤污染已成为突出环境问题》材料在国家环保总局《内部信息专报》（特刊 -019）上刊发，对推动开展全国土壤污染状况调查及其他相关工作发挥了关键作用。笔者也获得 2005 年全国环保系统政务信息工作“好信息撰稿人”的表扬。2007 年，“典型区域土壤环境质量状况探查研究”项目获环境保护科学技术奖二等奖。

（二）首次开展全国土壤污染状况调查（2003—2014 年） >>>

1. 环保部门会同国土资源部门共同研究工作方案（2003—2005 年）

1999 年起，国土资源部门陆续在我国东中部重点地区开展了土壤地球化学方面的试点调查，2003 年调查结果以《我国土壤地球化学状况不容忽视》专报形式上报国务院办公厅。2003 年 12 月 3 日，曾培炎副总理作出批示，要求国家环保总局会同国土资源部就我国部分地区土壤地球化学状况的恶化，查清异常原因，并指出综合治理意见。

为落实国务院领导批示，2004 年 1 月 5 日，国家环保总局科技司召集有关单位在北京召开会议，研究相应工作方案。参加会议单位有环保系统的中国环境科学研究院、中国环境监测总站、国家环保总局南京环境科学研究所，国土资源部国际合作与科技司及有关单位，另外还邀请了中国科学院南京土壤研究所等单位参加。听到国务院领导的批示要求，参会人员备受鼓舞，积极性非常高。尤其是环保系统的参会单位都在积极争取，希望成为牵头单位。时任国家环保总局科技司副司长赵英民听取了各单位相关工作情况介绍。根据各单位工作基础，会议最后建议由南京环境科学研究所牵头，会同国土资源部有关单位共同研究具体工作方案。之所以让南京环境科学研究所牵头这项工作，在当时科研院所改革面临相当困难的情况下，笔者认为主要有三条理由：一是南京环境科学研究所一直没有停止或中断土壤污染防治学科的建设和发展；二是南京环境科学研究所仍保留了一支科研队伍从事金属矿区土壤污染调查、污染治理与土壤改良、土壤环境标准与基准等研究，特别是在农药环境安全评价与污染控制方面的研究处于国内领先地位；三是南京环境科学研究所正在牵头承担典型区域土壤环境质量状况探查研究项目，有工作基础和组织管理经验。

在国家环保总局和国土资源部两个部门的大力支持下，经过半年多时间，到2004年9月，组织专家研究起草了《全国土壤现状调查及污染防治专项实施方案》，以《关于征求〈关于落实曾培炎副总理对“我国土壤地球化学状况不容忽视”批示的建议〉意见的函》（环函〔2004〕261号），分别向国务院法制办公室、国家发展改革委、科技部、财政部、农业部、国家质量监督检验检疫总局征求意见。2004年12月7日，国家环保总局会同国土资源部联合向国务院上报《关于开展全国土壤现状及污染防治专项工作的请示》（环发〔2004〕170号）。

2005年1月21日，国务院组织召开土壤调查有关工作协调会。根据此次会议要求，2005年1月27日，在农业部机关大楼召开了土壤调查工作专家座谈会，邀请中国科学院、农业、国土资源、环保、高校等系统有关专家参会并发表意见。会议讨论非常热烈，来自不同部门和行业的专家发表了对开展土壤污染调查工作的看法和意见，认为开展全国范围土壤污染调查工作非常有意义和有必要，原先各部门开展调查的方法有其行业特点和方法学，建议加强部门之间的合作与配合，统一调查方法，各自负责实施，避免重复采样和减少样品分析工作量。2005 年 4 月 29 日，国务院办公厅回复原则同意有关部门提出的开展全国土壤现状调查及污染防治专项工作的建议。

2005 年 10 月 16 日，国家环保总局科技司在北京召开了《全国土壤现状调查及污染防治专项总体工作方案》专家论证会。2005 年 11 月 3 日，国家环保总局科技司召开讨论会，研究《全国土壤现状调查及污染防治专项实施方案》修改工作。2005 年 11 月 9 日，国家环保总局会同国土资源部在北京联合召开《全国土壤现状调查及污染防治专项实施方案》专家论证会。方案建议：一是全面开展我国土壤质量状况调查；二是开展典型地区土壤污染风险评价和土壤环境安全性区划；三是开展我国主要江河流域土壤生态地球化学战略评价；四是建立全国土壤环境质量动态监控网络及突发事件应对预案；五是开展污染土壤修复技术开发与土壤污染综合治理示范工程建设；六是启动土壤污染防治立法、土壤环境标准体系建设与土壤环境安全全民教育行动。在上述工作方案基础上，两部门分别根据管理实际需要和经费落实情况，选择确定具体调查方案，各自组织实施。

2. 启动前期技术准备工作（2005—2006 年）

由于此前从未组织开展过全国规模的土壤污染状况调查，前期相关技术准备工作必须先行。2005 年，财政部安排经费用于前期准备工作。2005 年 12 月 19 日，国家环保总局下达 2005 年全国土壤现状调查及污染防治项目前期工作经费预算（环函〔2005〕550 号），启动了前期技术准备工作。

为了确保面上工作展开以后的调查质量，需要制定统一的土壤污染调查布点、环境样品采集与保存、样品分析、数据处理、评价、数据共享等技术规范，对参与专项工作的实验室和人员进行培训和考核，为全国土壤现状调查及污染防治专项的顺利开展提供技术支撑，并通过试点研究积累经验。具体提出了以下六个方面的准备工作：

一是制定土壤调查技术规范。针对不同尺度的土壤调查类型和不同土地利用方式，开展土壤污染调查和评价的方法学研究，通过总结研究国内外已有的技术和经验，分别编写区域土壤污染调查技术规范、农田土壤污染调查技术规范、城市土壤污染调查技术规范、典型污染场地调查技术规范、土壤环境样品采集保存技术规范、图件编制技术规范、土壤污染调查数据处理技术规程、土壤污染调查质量控制技术规程等技术文件。

二是完善土壤环境评价标准。为配合全国土壤污染调查评价工作需求，通过借鉴国外相关土壤环境标准和总结分析我国目前的土壤环境质量标准应用中存在的问题，分别提出建设用地土壤环境质量标准、农产品产地土壤环境质量标准和污染场地评价指导限值。

三是制定土壤环境评价指南。针对不同的土地利用方式和管理目的，开展不同层次的土壤环境评价方法学研究。分别编制土壤环境质量评价技术指南和污染场地风险评价技术指南。

四是制定土壤重金属有效态分析方法。为统一土壤重金属有效态分析方法，制定一套比较完整的土壤中重金属（包括铜、锌、铅、铬、镉、镍、汞、砷、锰、硼）有效态分析方法。

五是实验室资质认定与技术人员的培训。提出土壤分析实验室及其人员资质认证要求和认定程序，提出实验室能力比对要求及工作方案，并进行试点；制订各类技术人员培训方案，编写培训教材等。

六是启动典型地区调查试点。选择南京市、广州市和沈阳市开展试点工作，为组织面上土壤污染调查工作积累经验。

2006 年 5 月，在前期技术准备期间，南京环境科学研究所科研人员在野外开展土壤采样工作（左图右起：徐亦钢、单艳红、俞飞、张孝飞）

前期技术准备工作由国家环保总局南京环境科学研究所牵头，中国环境科学研究院、中国环境监测总站、国家环保总局华南环境科学研究所参加。经过一年时间的努力，各承担单位按计划完成了土壤污染调查与评价技术规范的研究与编制工作。2006 年 8 月 6 日，召开了土壤污染调查技术规范专家论证会。共汇编了 14 个主要技术规范类文件，由四个部分组成。

第一部分：区域土壤污染调查与评价。包括的相关技术文件有《区域土壤污染调查技术规范（总则）》《土壤环境样品采集与保存技术规程》《土壤分析实验室及其人员资质与认定程序》《土壤污染调查质量控制技术规程》《全国土壤污染调查数据处理技术规程》《土壤环境质量评价技术指南》《土壤污染调查图件编制技术规范》，适用于全国性或省级组织开展的规模较大的区域性土壤污染面上调查。

第二部分：土壤环境评价标准。包括的相关技术文件有《农产品产地土壤环境质量标准（试行）》《建设用地土壤环境质量标准（试行）》，适用于农田土壤和建设用地土壤环境质量适宜性评价。

第三部分：土壤中重金属可提取态（有效态）测定。包括的技术文件有《土壤中重金属可提取态（有效态）测定方法》，适用于土壤中重金属环境活性或对植物有效性的评价。

第四部分：专题土壤污染调查与评价。包括的相关技术文件有《农田土壤污染调查技术规范》《城市土壤污染调查技术规范》《场地污染调查技术规范》《污染场地环境风险评价指南》，适用于较小规模（如田块级农田、单个城市、单个场地）开展的专题调查。

2006年8月，召开土壤污染调查技术规范专家论证会

编制土壤污染调查与评价技术规范工作尚属首次，技术难度较大，也缺乏全国性土壤污染调查工作的经验，需要在土壤污染调查工作实践中不断加以完善。

3. 组织实施全国土壤污染状况调查（2006—2010 年）

根据国家环保总局工作安排，明确由国家环保总局自然生态保护司（以下简称生态司）负责组织实施全国土壤污染状况调查工作。

（1）做好调查准备工作

一是成立组织机构。2006 年 2 月 22 日，国家环保总局印发《关于成立国家环境保护总局土壤调查专项工作领导小组及办公室的通知》（环办函〔2006〕82 号）。2006 年 8 月 2 日，国家环保总局印发《关于成立国家环境保护总局土壤污染状况调查顾问组和工作组的通知》（环办〔2006〕91 号）。

二是落实经费。2006 年 1 月，国家环保总局会同国土资源部联合向财政部报送了《关于申请全国土壤现状调查及污染防治项目预算的函》。2006 年 3 月 2 日，国家环保总局生态司组织编制 2006 年全国土壤现状调查及污染防治专项预算。

三是确定调查方案。2006 年 2 月 19 日，国家环保总局生态司在南京召开土壤调查试点工作总结暨全国土壤调查准备工作研讨会（环办会〔2006〕78 号）。2006 年 4 月 13 日，在杭州召开全国土壤调查技术讨论会。2006 年 5 月 25 日，国家环保总局生态司在北京召开全国土壤现状调查及污染防治项目专家咨询会。根据国家环保总局工作的实际需要，形成了《全国土壤污染状况调查总体方案》。

2006 年 2 月 19 日，在南京召开的土壤调查试点工作总结暨全国土壤调查准备工作研讨会参会人员合影

2006 年 4 月 13 日，在杭州召开的全国土壤调查技术讨论会参会人员合影

（2）召开调查工作启动视频会议

2006 年 7 月 18 日，国家环保总局召开全国土壤污染状况调查工作视频会议（环办会〔2006〕51 号）。会议由国家环保总局副局长吴晓青主持，国家环保总局局长周生贤、财政部经济建设司司长胡静林分别

讲话，对2006年工作作出具体部署，并提出要求。

周生贤在讲话中强调：土壤污染防治工作任务很多，当务之急是摸清土壤污染的状况，这是做好工作的基本前提。这次全国土壤污染状况调查时间紧、任务重、范围广，涉及部门多、技术要求高。各级环保部门要把这次调查作为一项重要任务，采取有效措施，集中力量，抓好落实，务求实效。一要加强组织领导。为确保土壤污染状况调查各项工作的顺利进行，各省、自治区、直辖市都要成立专门的领导小组和工作班子，负责统一部署和组织协调辖区内的调查工作。各省级环保部门一把手要亲自过问，亲自听取汇报，带头研究问题，帮助解决工作中的实际困难。二要形成工作合力。积力之举无不胜，众智之为无不成。既要做好牵头组织工作，又要充分发挥基层环保部门的能动性，形成上下合力；既要发挥管理部门的积极性，又要调动监测和科研等单位的积极性，形成业务合力；既要立足于环保系统现有力量和工作基础，又要依靠中国科学院、高校等土壤学界的人才和力量，形成技术合力；既要与国土部门密切配合，做到优势互补、资源共享，又要协调好与财政、农业部门的关系，争取支持，形成部门合力。三要强化质量管理。质量是调查的生命。质量管理的好坏事关调查工作的成败。加强质量管理，必须做到组织落实、人员落实、经费落实。要本着科学的态度和严谨的作风，既要将质量管理贯穿于调查的全过程，又要突出抓好布点采样、实验室分析等重点环节，确保点位和样品的代表性、数据和结果的准确性。四要严格资金使用。要按照专项资金使用管理办法的要求，管理好、使用好专项资金，切实发挥资金使用的效益。严格执行国家有关财务制度，加强财务管理和会计核算，严格控制开支范围，自觉接受财政、审计、监察等部门的监督检查。同时，要积极争取同级财政的支持。

吴晓青在讲话中提出要求：目前，全国土壤污染状况调查的各项准备工作已经就绪。我们要精心组织，科学调查，确保质量，扎实推进。具体要求是，明确一个责任、抓好两个环节、做到三个统一、强化四项工作、处理好五个关系。明确一个责任，即全国土壤污染状况调查是国务院确定的一项重要任务。搞好这次调查，是各级环保部门的共同责任。抓好两个环节，即布点采样和成果集成这两个关键环节。做到三个统一，即统一调查的技术要求、统一调查的时间进度、统一调查成果发布。强化四项工作，即：加强统一领导，注重沟通协调；加强技术创新，注重形成能力；加强质量保证和质量控制，注重全过程管理；加强经费管理，注重绩效考核。处理好五个关系，即处理好全面展开与突出重点的关系、处理好速度与质量的关系、处理好依靠自身力量与调动社会力量的关系、处理好完成国家任务与满足地方需求的关系、处理好主要依靠中央财政资金与争取地方资金配套的关系。

2006 年工作任务主要有四项：一是调查的室外布点采样工作全面启动。各省（区、市）要根据国家的工作方案和技术要求，制定完成各省（区、市）的具体实施方案，并组织实施。二是有关省（区、市）要按照统一部署，组织有关地市和科研单位完成长三角、珠三角、辽中南城市群 3 个典型区的土壤污染状况调查，主要包括典型区土壤污染调查方案制定、布点采样、分析测试、数据汇总，并完成初步调查报告。三是在典型地区启动污染土壤修复与综合治理试点。各有关单位要完成选点、方案制定与论证，并启动修复工作。四是建立健全基于风险评估的土壤环境质量标准体系。组织开展土壤污染防治立法调研，提出土壤污染防治法立法建议。

2006年8月1日，国家环保总局印发《关于开展全国土壤污染状况调查的通知》（环发〔2006〕116号），发布《全国土壤污染状况调查总体方案》。总体方案包括五项主要内容：一是开展全国土壤环境质量状况调查与评价。在全国范围内系统开展土壤环境现状调查，通过分析土壤中重金属、农药残留、有机污染物等项目的含量及土壤理化性质，结合土地利用类型和土壤类型，开展基于土壤环境风险的土壤环境质量评价。二是开展全国土壤背景点环境质量调查与对比分析。在“七五”全国土壤环境背景值调查的基础上，采集可对比的土壤样品，进行相同项目的测试分析，对比相关的监测结果，分析20年来我国土壤背景点环境质量变化情况。同时，完善和充实全国土壤环境背景点样品库。三是开展重点区域土壤污染风险评估与安全等级划分。把重污染企业周边、工业遗留或遗弃场地、固体废物集中处理处置场地、油田、采矿区、主要蔬菜基地、污灌区、大型交通干线两侧以及社会关注的环境热点区域作为调查重点，按照统一的技术要求，采集土壤、农产品和地下水等样品进行系统测试分析，查明土壤污染的类型、范围、程度以及土壤重污染区的空间分布情况，分析污染成因。在此基础上开展污染土壤风险评估，确定土壤环境安全等级，建立污染土壤档案。四是开展污染土壤修复与综合治理试点。通过自主研发、引进吸收和技术创新，筛选污染土壤修复技术，编制污染土壤修复技术指南；选择重金属污染类、农药污染类、石油类污染等典型污染场地，开展污染土壤修复与综合治理的试点示范。五是建设土壤环境质量监督管理体系。制定适合我国国情的土壤污染防治基本战略，提出国家土壤污染防治政策法规和标准体系框架，拟定土壤污染防治法草案，完善国家土壤环境监测网络；建立土壤污染事故应急预案，实施土壤环境安全教育行动计划。

2006 年 8 月 11 日，国家环保总局生态司印发《关于组织做好全国土壤污染状况调查有关工作的函》（环生函〔2006〕53 号），要求中国环境监测总站进一步提出全国土壤污染状况调查技术培训方案、质量保证和质量控制工作方案，要求国家环保总局南京环境科学研究所提出污染土壤修复与综合治理试点专题实施方案。

（3）印发调查点位布设、样品采集、分析测试、质量保证技术规定

2006 年 8 月 4—5 日，国家环保总局生态司在江苏昆山召开全国典型区土壤污染调查专题会议，讨论相关技术规定。2006 年 8 月 23 日，国家环保总局印发《全国土壤污染状况调查点位布设技术规定》《全国

2006 年 8 月 4 日，在江苏昆山召开全国典型区土壤污染调查专题会议

土壤污染状况调查土壤样品采集（保存）技术规定》《全国土壤污染状况调查农产品样品采集与分析测试技术规定》3 个技术文件（环发〔2006〕129 号）。2006 年 10 月 18 日，国家环保总局印发《全国土壤污染状况调查质量保证技术规定》（环发〔2006〕161 号）。2006 年 10 月 26 日，国家环保总局印发《全国土壤污染状况调查样品分析测试方法技术规定》（环发〔2006〕165 号）。

（4）指导省级调查成果集成

2008 年 2 月 15 日，国家环保总局生态司在北京召开土壤污染状况调查报告编写大纲和数据库需求专家论证会，邀请金鉴明院士、魏复盛院士、孙铁珩院士、赵其国院士、蔡道基院士、骆永明研究员、林玉锁研究员、陶澍教授、李发生研究员、张建辉研究员、朱永官研究员等参加。2008 年 4 月 25 日，环境保护部（简称环保部）印发《全国土壤污染状况调查报告编写大纲及编写指南》（环办函〔2008〕121 号）。2008 年 5 月 8 日，在北戴河举办全国土壤污染状况调查报告编写技术培训班。

2008 年 5 月 8 日，在北戴河参加全国土壤污染状况调查报告编写技术培训班人员合影

2008年5月19日，环保部印发《全国土壤污染状况评价技术规定》（环发〔2008〕39号）。2008年11月28日，环保部印发《全国土壤污染状况调查重点区域土壤污染风险评估技术规定》（环发〔2008〕115号）。

2009年6月12日，环保部印发《土壤污染状况调查报告编写有关问题的处理意见》（环办函〔2009〕594号），内容包括数据异常值处理问题、多环芳烃的评价问题、重金属和砷的评价问题、图件制作中污染物含量分级问题、背景点环境评价问题、土壤污染频数分布图的统计方法问题、土壤污染指数评价结果的统计问题等。

（5）组织做好国家层面调查成果集成

2009年12月18日，环保部在北京召开全国土壤污染状况调查成果集成工作会议，2009年12月30日印发会议纪要。2010年3月2日，环保部生态司印发《关于配合做好全国土壤污染状况调查专题报告编写工作的通知》。2010年3月8日，环保部生态司在北京组织专家研究土壤调查数据审核验收和省级调查报告审核报送要求。

在省级土壤污染调查报告编写的基础上，着手开展国家层面的调查成果集成及总报告编写工作。2010年5月5—10日，环保部生态司组织全国土壤污染状况调查总报告第一次统稿会审（环生函〔2010〕15号）。2010年5月24日，环保部生态司在北京召开全国土壤污染状况调查总报告第二次集中讨论会。2010年6月1日，环保部生态司印发《全国土壤污染状况调查总报告编写有关问题的处理意见》（环生函〔2010〕43号）。2010年6月17日，环保部生态司在北京召开全国土壤污染状况调查总报告第三次集中讨论会。2010年6月18日，环保部生态司在北京召开全国土壤污染状况调查报告各章节会审会议（环生函〔2010〕74 号）。2010 年 9 月 2 日，环保部在北京召开《全国土壤污染状况调查总报告（征求意见稿）》征求意见座谈会（环办会〔2010〕53 号），邀请辽宁、上海、江苏、江西、湖南、广东、广西、四川、贵州、云南、宁夏等省（自治区、直辖市）代表，以及有关专家参加，听取对总报告的意见和建议。

2012 年 11 月 30 日至 12 月 1 日，环保部生态司在北京召开土壤污染状况调查报告专家审查会（环生函〔2012〕147 号），组织专家审查省级土壤污染状况调查报告，审查全国土壤污染状况调查相关报告。

2012 年 12 月 1 日，环保部生态司在北京召开全国土壤污染状况调查工作报告专家审查会。

2013 年 1 月 8 日，环保部印发《全国土壤污染状况调查专题报告格式要求》（环生函〔2013〕6 号）。2013 年 1 月 10 日，环保部生态司印发《关于统一格式完善省级土壤污染状况调查报告的通知》，集中在北京对各省级土壤污染状况调查报告进行完善。

4. 发布《全国土壤污染状况调查公报》

2014 年 4 月 17 日，环境保护部会同国土资源部联合发布《全国土壤污染状况调查公报》。这是我国首次发布全国土壤污染状况调查公报，引起了社会各界广泛关注。

专栏 1 《全国土壤污染状况调查公报》全文

全国土壤污染状况调查公报

（2014 年 4 月 17 日）

环境保护部 国土资源部

根据国务院决定，2005 年 4 月至 2013 年 12 月，我国开展了首次全国土壤污染状况调查。调查范围为中华人民共和国境内（未含香港特别行政区、澳门特别行政区和台湾地区）的陆地国土，调查点位覆盖全部耕地，部分林地、草地、未利用地和建设用地，实际调查面积约 630 万平方公里。调查采用统一的方法、标准，基本掌握了全国土壤环境质量的总体状况。

现将主要数据成果公布如下：

一、总体情况

全国土壤环境状况总体不容乐观，部分地区土壤污染较重，耕地土壤环境质量堪忧，工矿业废弃地土壤环境问题突出。工矿业、农业等人为活动以及土壤环境背景值高是造成土壤污染或超标的主要原因。

全国土壤总的超标率为 16.1%，其中轻微、轻度、中度和重度污染点位比例分别为 11.2%、2.3%、1.5% 和 1.1%。污染类型以无机型为主，有机型次之，复合型污染比重较小，无机污染物超标点位数占全部超标点位的 82.8%。

从污染分布情况看，南方土壤污染重于北方；长江三角洲、珠江三角洲、东北老工业基地等部分区域土壤污染问题较为突出，西南、中南地区土壤重金属超标范围较大；镉、汞、砷、铅 4 种无机污染物含量分布呈现从西北到东南、从东北到西南方向逐渐升高的态势。

二、污染物超标情况

（一）无机污染物

镉、汞、砷、铜、铅、铬、锌、镍 8 种无机污染物点位超标率分别为 7.0%、1.6%、2.7%、2.1%、1.5%、1.1%、0.9%、4.8%。

表 1　无机污染物超标情况

污染物类型	点位超标率（%）	不同程度污染点位比例（%）			
		轻微	轻度	中度	重度
镉	7.0	5.2	0.8	0.5	0.5
汞	1.6	1.2	0.2	0.1	0.1
砷	2.7	2.0	0.4	0.2	0.1
铜	2.1	1.6	0.3	0.15	0.05
铅	1.5	1.1	0.2	0.1	0.1
铬	1.1	0.9	0.15	0.04	0.01
锌	0.9	0.75	0.08	0.05	0.02
镍	4.8	3.9	0.5	0.3	0.1

（二）有机污染物

六六六、滴滴涕、多环芳烃 3 类有机污染物点位超标率分别为 0.5%、1.9%、1.4%。

表 2　有机污染物超标情况

污染物类型	点位超标率（%）	不同程度污染点位比例（%）			
		轻微	轻度	中度	重度
六六六	0.5	0.3	0.1	0.06	0.04
滴滴涕	1.9	1.1	0.3	0.25	0.25
多环芳烃	1.4	0.8	0.2	0.2	0.2

三、不同土地利用类型土壤的环境质量状况

耕地：土壤点位超标率为19.4%，其中轻微、轻度、中度和重度污染点位比例分别为13.7%、2.8%、1.8%和1.1%，主要污染物为镉、镍、铜、砷、汞、铅、滴滴涕和多环芳烃。

林地：土壤点位超标率为10.0%，其中轻微、轻度、中度和重度污染点位比例分别为5.9%、1.6%、1.2%和1.3%，主要污染物为砷、镉、六六六和滴滴涕。

草地：土壤点位超标率为10.4%，其中轻微、轻度、中度和重度污染点位比例分别为7.6%、1.2%、0.9%和0.7%，主要污染物为镍、镉和砷。

未利用地：土壤点位超标率为11.4%，其中轻微、轻度、中度和重度污染点位比例分别为8.4%、1.1%、0.9%和1.0%，主要污染物为镍和镉。

四、典型地块及其周边土壤污染状况

（一）重污染企业用地

在调查的690家重污染企业用地及周边的5 846个土壤点位中，超标点位占36.3%，主要涉及黑色金属、有色金属、皮革制品、造纸、石油煤炭、化工医药、化纤橡塑、矿物制品、金属制品、电力等行业。

（二）工业废弃地

在调查的81块工业废弃地的775个土壤点位中，超标点位占34.9%，主要污染物为锌、汞、铅、铬、砷和多环芳烃，主要涉及化工业、矿业、冶金业等行业。

（三）工业园区

在调查的146家工业园区的2 523个土壤点位中，超标点位占29.4%。其中，金属冶炼类工业园区及其周边土壤主要污染物为镉、铅、铜、砷和锌，化工类园区及周边土壤的主要污染物为多环芳烃。

（四）固体废物处理处置场地

在调查的188处固体废物处理处置场地的1 351个土壤点位中，超标点位占21.3%，以无机污染为主，垃圾焚烧和填埋场有机污染严重。

（五）采油区

在调查的13个采油区的494个土壤点位中，超标点位占23.6%，主要污染物为石油烃和多环芳烃。

（六）采矿区

在调查的70个矿区的1 672个土壤点位中，超标点位占33.4%，主要污染物为镉、铅、砷和多环芳烃。有色金属矿区周边土壤镉、砷、铅等污染较为严重。

（七）污水灌溉区

在调查的55个污水灌溉区中，有39个存在土壤污染。在1 378个土壤点位中，超标点位占26.4%，主要污染物为镉、砷和多环芳烃。

（八）干线公路两侧

在调查的267条干线公路两侧的1 578个土壤点位中，超标点位占20.3%，主要污染物为铅、锌、砷和多环芳烃，一般集中在公路两侧150米范围内。

注释：

[1] 本公报中点位超标率是指土壤超标点位的数量占调查点位总数量的比例。

[2] 本次调查土壤污染程度分为5级：污染物含量未超过评价标准的，为无污染；在1倍至2倍（含）之间的，为轻微污染；2倍至3倍（含）之间的，为轻度污染；3倍至5倍（含）之间的，为中度污染；5倍以上的，为重度污染。

环境保护部和国土资源部等相关负责人就全国土壤污染状况调查回答了记者提问。

一是阐述了全国土壤污染状况调查成果的重要意义。本次调查是我国首次开展的全国范围土壤环境质量综合调查，填补了我国土壤环境领域的空白。通过调查，初步掌握了全国土壤环境质量的总体状况及变化趋势、污染类型、污染程度和区域分布，初步查清了典型地块及其周边土壤污染状况，建立了土壤样品库和调查数据库。通过调查，提升了各地土壤环境监测能力，为建立全国土壤环境监测网络、优化土壤环境监测点位、开展土壤环境质量例行监测奠定了坚实的基础；调查数据为完善我国土壤环境质量标准、开展土壤环境功能区划与规划、确定土壤污染重点区域、加强土壤污染风险管控提供了科学依据；调查成果对加强我国土壤环境保护和污染治理、合理利用和保护土地资源、指导农业生产、保障农产品质量安全和人体健康、促进经济社会可持续发展等具有重要意义。

二是对本次调查没有给出土壤污染面积的数据作了说明。相对于水体和大气污染而言，土壤污染具有不均匀性的特点，且污染物在土壤中迁移慢，准确掌握土壤污染的分布情况具有一定的困难。本次土壤调查属于初步调查，具有概查的性质，目的是掌握全国土壤污染的总体态势，受客观条件限制，总体点位较疏。以耕地为例，每 8 千米 ×8 千米的网格（即 6 400 公顷，也就是 9.6 万亩）布设 1 个点位，只能从宏观上反映我国耕地土壤环境质量的总体状况。因此，本次调查以点位超标率来描述土壤污染状况，给出准确的土壤污染面积数据有较大困难。这充分说明了土壤调查的科学性和严谨性，展示了客观和务实的态度。

三是对下一步工作考虑作了介绍。面对严峻的土壤污染形势，国家正在或将要采取一系列措施加强土壤环境保护和污染治理，坚决向土壤污染宣战。（1）编制土壤污染防治行动计划。根据国务院部署，环保部正在会同有关部门抓紧编制土壤污染防治行动计划，总的思路是以保障农产品安全和人居环境健康为出发点，以保护和改善土壤环境质量为核心，以改革创新为动力，以法制建设为基础，坚持源头严控，实行分级分类管理，强化科技支撑，发挥市场作用，引导公众参与。（2）加快推进土壤环境保护立法进程。十二届全国人大常委会已将土壤污染防治立法列入立法规划第一类项目。环保部会同相关部门成立了土壤污染防治法规起草工作领导小组、工作组以及相应的专家组。经过两年的努力，已初步形成法律草案建议稿。（3）进一步开展土壤污染状况详查工作。在本次土壤污染状况调查基础上，环保部将会同财政部、国土

2014 年 4 月 17 日，《全国土壤污染状况调查公报》发布当天，接受中央电视台记者的采访

资源部、农业部、国家卫生和计划生育委员会等部门组织开展土壤污染状况详查，进一步摸清土壤环境质量状况。已初步形成总体实施方案。（4）实施土壤修复工程。国家将在典型地区组织开展土壤污染治理试点示范，逐步建立土壤污染修复技术体系，有计划、分步骤地推进土壤污染治理修复。（5）加强土壤环境监管。国家将强化土壤环境监管职能，建立土壤污染责任终身追究机制；加强对涉重金属企业废水、废气、废渣等处理情况的监督检查，严格管控农业生产过程中农业投入品乱用、滥用问题，规范危险废物的收集、贮存、转移、运输和处理处置活动，以防止造成新的土壤污染。

5. 表扬先进集体和先进个人

在当时条件下完成首次全国土壤污染状况调查实非易事，克服了许多困难。一是调查经费得不到保障，中央专项经费支持缺口较大，且下拨得太晚、分配到各省的太少、东部地区没有安排经费，大部分省份需要申请地方财政资金配套来支持调查工作，导致部分省份的工作进展相对滞后。二是土壤样品分析测试能力不足，有机污染物分析设备不够，分析方法不健全，标准方法和样品物质缺乏等。三是从事土壤环境调查的专业队伍和分析技术人才严重缺乏。四是项目组织管理经验不足，质量控制难度大。经过国家和地方环保部门的精心组织，充分发挥国内科研院所和高等学校专家的作用，攻坚克难，顺利完成了全国土壤污染状况调查总体方案规定的目标任务，为今后开展全国土壤污染调查工作积累了宝贵经验。

2015 年 2 月，环境保护部签发《关于表扬全国土壤污染状况调查工作先进集体和先进个人的通报》（环发〔2015〕26 号），对在全国土壤污染状况调查工作中表现突出的 108 个先进集体和 544 名先进个人进行通报表扬。南京环境科学研究所土壤污染防治研究中心获先进集体表扬，林玉锁、单艳红、王国庆、张胜田、华小梅、张孝飞获先进个人表扬。

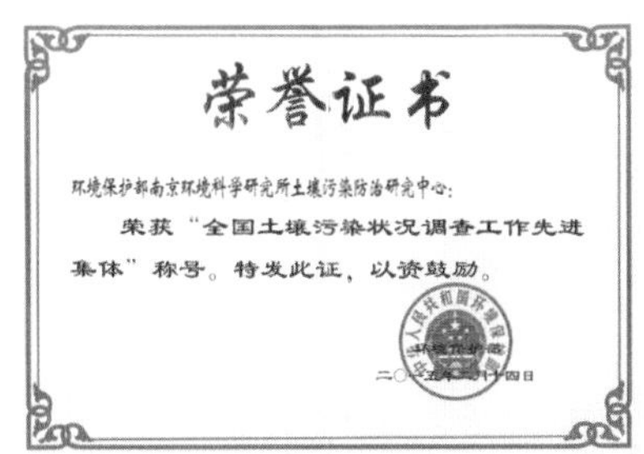

荣誉证书

环境保护部南京环境科学研究所土壤污染防治研究中心：

荣获“全国土壤污染状况调查工作先进集体”称号。特发此证，以资鼓励。

荣誉证书

林玉锁 同志：

荣获“全国土壤污染状况调查工作先进个人”称号。特发此证，以资鼓励。

全国土壤污染状况调查工作先进集体和先进个人荣誉证书

（三）深入开展全国土壤污染状况详查（2009—2021 年）>>>

1. 多部门联合编制土壤详查总体方案（2009—2016 年）

全国土壤污染状况调查受时间、经费等条件局限，调查结果不能满足土壤污染防治的实际需要：一是调查网格大；二是只有点位超标率，没有确定污染面积；三是土壤污染与农产品超标的关系尚不确定。环保部组织专家研究下一步加密及详查方案，历时 7 年，经过反复论证，最终形成《全国土壤污染状况详查总体方案》。其间，经过了四个阶段。

（1）《全国重点地区土壤污染详查与农产品产地土壤环境风险管理总体方案》编制（2009—2010 年）

2009 年 10 月，环保部生态司组织起草了《全国重点地区土壤污染详查与农产品产地土壤环境风险管理总体方案》，并召开专家论证会；同年 12 月 4 日，环保部副部长李干杰主持召开部长专题会议，审议通过该方案。2010 年 2 月，方案报部领导审定。在 2011 年全国环境保护工作会议上，环保部部长周生贤要求做好全国重点地区土壤污染加密调查工作各项准备。

（2）《全国重点地区土壤污染状况加密调查方案》编制（2011—2013 年）

2011 年 3 月，国务院食品安全委员会办公室向国务院报送《关于我国部分稻米镉超标问题的情况汇报》，明确要求环保部进一步加大重金属污染源监测，掌握重金属污染物排放情况，在开展全国土壤污染状况调查的基础上，尽快实施全国重点地区土壤污染状况加密调查。2011 年 7 月 13 日，环保部生态司召开司长专题会，研究全国重点地区土壤污染加密调查方案编制工作。2011 年 8 月 15 日，环保部生态司在北京召开全国重点地区土壤污染加密调查方案评审会，邀请魏复盛、蔡道基、赵其国、孙铁珩、孙九林、陶澍 6 位院士等 11 名专家参加，环保部副部长李干杰出席会议。2012 年 3 月 1—3 日，环保部生态司在北京召开典型区土壤污染对粮食和蔬菜质量影响调查专题方案研讨会。2012 年 3 月 31 日，环保部生态司印发《典型区土壤污染对粮食和蔬菜质量影响调查实施方案编制技术要求》，指导地方编制典型区调查实施方案。2012 年 4 月 19—21 日，环保部生态司在南京召开典型区土壤污染对粮食和蔬菜质量影响调查专题实施方案专家论证会。2012 年 4 月 25—27 日，环保部生态司在北京召开典型区土壤污染对粮食和蔬菜质量影响调查专题实施方案专家论证会。2013 年 7 月，形成《全国重点地区土壤详查项目申报书》，申请追加 2013 年全国土壤污染状况详查项目经费预算。2013 年 8 月 12—13 日，环保部生态司在贵阳召开全国土壤污染状况详查准备工作研讨会。

2012 年 4 月，在南京召开典型区土壤污染对粮食和蔬菜质量影响调查专题实施方案专家论证会

2012 年 4 月，在北京召开典型区土壤污染对粮食和蔬菜质量影响调查专题实施方案专家论证会

（3）《全国土壤污染状况详查总体方案》编制（2014—2015 年）

2014 年，国务院印发《研究粮食重金属污染治理有关问题的会议纪要》。2014 年 7 月，环保部生态司组织编写了《全国土壤污染状况详查工作方案》（修订版本）。2014 年 9 月，形成《全国土壤污染状况详查总体方案》。2014 年 12 月，《全国土壤污染状况详查总体方案》报部领导审议。2015 年 1 月，环保部副部长李干杰召开部长专题会议审议《全国土壤污染状况详查总体方案》。2015 年 6 月 12 日，环保部在北京召开土壤污染状况详查总体方案编制部门协调会议，环保部、财政部、国土资源部、农业部、国家卫生和计划生育委员会等五部委代表参加。2015 年 7 月 24 日，五部委联合在北京召开《全国土壤污染状况详查总体方案》专家论证会。2015 年 8 月，形成《全国土壤污染状况详查总体方案（送审稿）》。2015 年 9 月 10 日，李干杰主持召开专题会议，审议《全国土壤污染状况详查总体方案（送审稿）》。2015 年 11 月，形成《全国土壤污染状况详查总体方案（报送稿）》。

（4）《全国土壤污染状况详查总体方案》完善（2016 年）

2016 年 5 月 28 日，国务院印发《土壤污染防治行动计划》（国发〔2016〕31 号），也简称《土十条》。十项任务中第一条就提出要“开展全国土壤污染状况详查”，明确要求到 2018 年年底前完成全国农用地土壤污染状况详查，2020 年年底前完成全国重点行业企业用地土壤污染状况调查。2016 年 6 月 24 日，环保部部长陈吉宁召开部务会，审议《全国土壤污染状况详查总体方案》，要求根据新的思路进一步修改完善。2016 年 12 月 27 日，环保部、财政部、国土资源部、农业部、国家卫生和计划生育委员会联合印发《全国土壤污染状况详查总体方案》

（环土壤〔2016〕188 号）。

本次详查不是简单的加密调查，也不是全面普查，而是在已有调查成果的基础上，根据土壤基本特征和污染特点，进行更具针对性、更加系统的调查。

一是调查范围更聚焦。本次详查范围包括农用地和重点行业企业用地。对农用地，以耕地为重点，兼顾园地和牧草地，主要针对三部委已有调查发现的轻度、中度和重度点位超标区，对土壤环境影响突出的重点污染源影响区，以及各地已经掌握的土壤污染问题突出区域开展调查。对重点行业企业用地，主要针对土壤环境影响突出的 73 类行业企业用地，以及地方在实际工作中发现的土壤污染严重的其他行业企业用地开展调查。

二是调查对象更系统。对农用地，不仅要开展土壤污染状况调查，还要开展农产品协同调查，以及部分典型地区土壤污染对人体健康影响调查；不仅要调查土壤中重金属全量，还要调查重金属可提取态（有效态）的含量。要通过上述调查，综合评价土壤环境风险，有针对性地采取风险管控措施。对企业用地，不仅要调查关闭搬迁企业用地，还要调查在产企业用地；要通过调查，摸清重点行业企业生产经营活动对土壤环境的影响，推动企业完善和落实土壤污染预防、风险管控、治理修复措施。

三是调查目的更明确。本次详查将风险管控核心思路贯穿详查范围确定、点位布设、样品采集、测试项目筛选、质量控制、成果分析等各个环节，以确保详查工作能够为土壤环境风险管控提供坚实的基础支撑。

四是充分依托专业技术力量。考虑到地方实际情况，《全国土壤污染状况详查总体方案》明确详查工作主要依托省、市两级环境保护、国土资源、农业、卫生计生等部门专业技术力量开展，各地也可根据实际需要选择有相关资质的社会专业机构承担部分详查任务。考虑到农用地详查数据敏感、保密要求和质量控制要求较高，原则上还是以有关部门的专业技术力量为主。企业用地调查测试项目更为复杂，可更多地发挥社会专业机构（第三方实验室）作用。

五是注重先进技术手段运用。运用高分遥感影像分析及网络地理信息系统技术，构建统一的工作底图和工作平台。应用基于“互联网 +”和网络数据库的信息化技术，实现对详查工作全链条的管理和质量控制。采用最佳可行的分析测试技术方法，确保满足详查工作对测试项目、质量控制、工作效率的要求。

六是严格执行“五统一”原则。针对以往相关调查技术标准不统一等问题，本次调查要严格落实统一调查方案、统一实验室筛选要求、统一评价标准、统一质量控制、统一调查时限的“五统一”原则，强化全过程质量保证和质量控制，确保全国各地的调查工作按照统一要求规范开展。

2. 三部门组织实施全国土壤污染状况详查（2017—2021 年）

（1）准备阶段

2016 年 12 月 23 日，环保部、国土资源部、农业部联合印发《关于组织做好全国土壤污染状况详查实验室筛选工作的通知》（环办土壤函〔2016〕2325 号），发布了《全国土壤污染状况详查实验室筛选技术规定》。

2017 年 7 月 27 日，环保部、国土资源部、农业部联合印发《关于成立全国土壤污染状况详查工作协调小组及专家咨询委员会的函》（环办土壤函〔2017〕1182 号）。

（2）印发技术规定

2017 年 1 月 5 日，环保部印发《关于征求〈农用地土壤污染状况详查点位布设技术规定（征求意见稿）〉〈农用地土壤样品采集流转制备和保存技术规定（征求意见稿）〉〈农产品样品采集流转制备和保存技术规定（征求意见稿）〉意见的函》（环办土壤函〔2017〕18 号）。2017 年 1 月 13 日，环保部印发《关于征求〈省级土壤污染状况详查实施方案编制指南（征求意见稿）〉意见的函》（环办土壤函〔2017〕61 号）。2017 年 1 月 20 日，环保部在北京召开全国土壤污染状况详查农用地详查点位布设座谈会，河北、内蒙古、辽宁、江苏、福建、江西、湖北、四川、贵州等 9 个省（自治区）参会。2017 年 2 月 20 日，环保部印发《关于征求〈重点行业企业用地土壤污染状况调查信息采集技术规定（征求意见稿）〉意见的函》（环办土壤函〔2017〕232 号）。2017 年 2 月 28 日，环保部印发《关于征求〈关闭搬迁企业地块风险筛查与风险分级技术规定（征求意见稿）〉〈在产企业地块风险筛查与风险分级技术规定（征求意见稿）〉意见的函》（环办土壤函〔2017〕277 号）。2017 年 3 月 6 日，环保部印发《关于征求〈重点行业企业用地土壤污染状况调查疑似污染地块布点技术规定（征求意见稿）〉〈重点行业企业用地土壤污染状况调查疑似污染地块样品采集保存和流转技术规定（征求意见稿）〉意见的函》（环办土壤函〔2017〕305 号）。2017 年 6 月 28 日，环保部、国土资源部、农业部联合印发《农用地土壤污染状况详查点位布设技术规定》（环办土壤函〔2017〕1021号）。2017年6月28日，环保部印发《关于开展农用地土壤污染状况详查点位核实工作的通知》（环办土壤函〔2017〕1022号），发布《农用地土壤污染状况详查点位核实工作手册》。2017年6月28日，环保部、国土资源部、农业部联合印发《省级土壤污染状况详查实施方案编制指南》（环办土壤函〔2017〕1023号）。2017年7月13日，环保部、国土资源部、农业部联合印发《农用地土壤样品采集流转制备和保存技术规定》《农产品样品采集流转制备和保存技术规定》（环办土壤〔2017〕59号）。

2017年8月18日，环保部、国土资源部、农业部联合印发《农用地土壤污染状况详查质量保证与质量控制技术规定》（环办土壤函〔2017〕1332号）。2017年10月23日，环保部、国土资源部、农业部联合印发全国土壤污染状况详查样品分析测试方法系列技术规定（环办土壤函〔2017〕1625号），发布《全国土壤污染状况详查土壤样品分析测试方法技术规定》《全国土壤污染状况详查农产品样品分析测试方法技术规定》《全国土壤污染状况详查地下水样品分析测试方法技术规定》。

（3）召开动员部署视频会议

2017年7月31日，环境保护部、财务部、国土资源部、农业部、国家卫生和计划生育委员会五部委在北京联合召开全国土壤污染状况详查工作动员部署视频会议，全国各省、市、县三级有关部门近25 000人参会。环保部副部长赵英民主持会议，环保部部长李干杰发表题为“加快全国土壤污染状况详查，坚决打好土壤污染防治攻坚战”的重要讲话，对详查工作进行了动员部署，全面启动详查工作。

2017 年 7 月 31 日，全国土壤污染状况详查工作动员部署视频会议北京主会场

李干杰在讲话中全面阐述了开展全国土壤污染状况详查的重要意义、工作内涵、详查目标任务和特点。最后强调指出，土壤污染状况详查专业性强，涉及面广，统筹协调的要求高。各地区各部门要进一步统一思想、提高认识，切实担起责任，全力以赴做好相关工作。

一是要抓好组织协调，落实责任分工。各省（区、市）人民政府作为组织实施详查工作的责任主体，要完善工作机制，统筹安排人员力量，加强工作监督检查和质量管理。参照全国土壤污染状况详查工作协调小组模式，抓紧成立相应的协调机制，加强对详查工作的统一领导和协调监督；如有必要，可以请省政府分管领导担任协调小组组长。地市级和县级人民政府要对行政区域内点位布设与核实工作的准确性、全面性负责，要确保不遗漏问题区域、不出现详查点位的大面积偏差。如果详查工作结束后发现地方政府对问题区域隐瞒不报、产生严重社会影响，要依据有关规定严肃问责。省级环保部门要发挥好牵头作用，加强与财政、国土、农业、卫生计生以及其他有关部门的沟通协作，心往一处想、劲往一处使，充分发挥各部门的优势和专长，共同做好本省（区、市）详查工作。市县两级有关部门，要按照本省统一部署，安排技术力量，做好相关工作，尤其是在企业用地调查工作中，市县两级有关部门要发挥更大作用。参加详查的相关技术单位，要在已经开展良好合作的基础上，进一步完善工作机制，组织精干技术力量，密切配合、取长补短，形成技术合力，为地方详查工作提供全面技术指导。

二是要抓紧完成详查准备，全面进入落地实施阶段。当前工作时间非常紧，农用地详查剩余有效工作时间不足一年半，各地一定要高度重视，加快推进。目前部分省（区、市）的准备工作尚未完成，还在开展详查点位核实，没有全面开展样品采集等工作，需要加快推进。点位布设科学、合理、准确，是做好详查工作最根本、最重要的前提，各省（区、市）务必要督促行政区域内市县两级人民政府加快工作进度，完成本地详查点位布设核实工作，并将有关布点方案报环保部、国土资源部、农业部审定。其他各个方面、各个环节的准备工作也要加快进度，争取在 2017 年 8 月底之前全部就绪。为夯实详查工作基础，各省（区、市）可以考虑选择 1 ～ 2 个典型县级行政区域先行启动农用地详查工作，构建详查工作全链条实际操作流程，及时总结经验，解决发现的问题，按照“边开展试点，边总结经验，边推广应用”的原则，压茬启动农用地详查工作。国家将根据各地需求派专家组提供技术指导。在做好农用地详查点位核实及其他准备工作的基础上，抓紧完成省级土壤污染状况详查实施方案，尽快报环保部、国土资源部、农业部备案。加快完善相关技术规定，农用地和重点行业企业用地详查的主要技术规定，要在 2017 年 8 月底之前全部出台。

三是要构建全流程质控体系，严格质量管理。质量是详查的生命，直接关系详查工作的成败。要本着实事求是、认真负责的态度，切实加强详查工作的质量管理，按照国家与省级质量控制相结合、外部与内部质量控制相结合、奖惩并重的原则，建立详查工作质量管理体系和工作机制，层层落实相关部门、相关队伍、相关人员的质量管理责任，确保将质量管理要求贯穿于详查全过程。本次详查的一个重要特点是充分运用信息化手段、基于高分影像和智能手持终端，实现对详查各环节操作的管理。质控工作要充分利用好这一特点，有效实现各环节、全过程质量控制。尤其要抓好采样、实验室分析等重点环节，确保分析测试数据和结果的准确性、可靠性。要高度重视和加强人员培训，确保各省（区、市）、各部门参与详查工作的技术人员和队伍按照统一的技术规定要求，规范开展详查工作。5 个国家级质量控制实验室和 32 个省级质量控制实验室，一定要切实负起责任，完善制度、建立机制、制订计划，加强对所负责区域详查质量管理工作的监督检查。如果某个实验室负责的区域内，由于监管不到位出现严重质量问题，相关部门应追究有关质控实验室的责任。需要特别强调的是，详查工作一定要坚持求真务实，决不能动歪脑筋，漏报瞒报、篡改数据或弄虚作假。环保部对造假行为“零容忍”，发现一起严肃查处一起，绝不姑息。

四是要强化详查调度管理，确保如期高质量完成任务。国家详查工作办公室和各省（区、市）详查工作管理机构要建立工作调度与督办机制，定期调度相关工作进展，及时解决制约工作进程的瓶颈问题。要依托土壤污染防治工作简报，及时反映各地工作进展、交流工作经验、通报突出问题，做到相互促进、相互学习、相互提醒。要强化保密意识，涉及国家秘密的文件资料、数据信息，必须严格执行国家有关保密法律法规，确保不发生遗失泄密。要严格资金管理，按照专项资金使用管理办法的要求，管理好、使用好专项资金，做到专款专用，绝不允许截留、挪用，切实保障资金使用效益。同时，积极落实省级配套资金，兜底完成本省（区、市）详查工作任务。资金使用要自觉接受财政、审计、监察等部门的监督检查，决不允许发生违规违纪和腐败问题。

五是要坚持边调查边风险管控，全面服务土壤环境管理。在详查实施过程中，及时做好详查工作成果的阶段性总结，对土壤污染问题突出、环境风险较高的区域，及时明确责任主体、落实风险管控措施，切实做到边调查、边风险管控，发现一批、管控一批。同步推动《土十条》明确的各项管理制度建设，加快构建土壤环境风险管控体系。力争做到详查完成之时，就是风险管控到位之时，为后续土壤环境风险日常监管打下坚实基础。

2017 年 7 月 31 日，全国土壤污染状况详查办公室部分人员在视频会议现场合影

（4）指导地方开展详查工作

为指导、规范各地土壤污染状况详查中点位布设、样品采集、制备、保存、分析测试、质量控制及日常管理等工作，2017 年 10 月，环保部、国土资源部、农业部共同选定专家，从 26 家技术支撑单位抽调专家组建了 8 个技术指导组，每组分管 4 个省级单位，分片定向为地方提供全程技术指导、质量检查和进度调度（表 2）。

26 家技术支撑单位分别来自环保、国土、农业系统的国家和地方的相关专业机构。其中，环保系统有中国环境科学研究院、环境保护部南京环境科学研究所、环境保护部环境发展中心、中国环境监测总站、环境保护部环境保护对外合作中心、环境保护部环境规划院、环境保护部环境工程评估中心、环境保护部卫星环境应用中心、环境保护部固体废物与化学品管理技术中心；国土系统有国家地质实验测试中心；农业系统有农业部农业生态与资源保护总站、农业部环境保护科研监测所、农业部环境质量监督检验测试中心（天津）；地方有北京市农业环境监测站、河北省地质调查院、辽宁省农业环境保护监测站、江苏省地质调查研究院、江苏省耕地质量与农业环境保护站、浙江省地质调查院、江西省地质调查研究院、山东省地质调查院、湖北省农业生态环境保护站、湖南省地球物理地球化学勘查院、广西壮族自治区地质调查院、四川省地质调查院、云南省农业环境保护监测站。

表 2　全国土壤污染状况详查技术指导组情况一览表

省（自治区、直辖市）	组长	副组长	技术专家			质控专家	
			农用地	企业用地	遥感与 GIS	土壤	农产品
云南	林玉锁	庞绪贵 邱　丹	林玉锁 周长志 庞绪贵 代瑞杰 邱　丹	吴运金 杜蕴慧 王　滢	王明浩	张利飞	张敬锁
青海						许俊玉	王红华
江苏						狄一安	刘潇威 戴礼洪
天津						任　玥	邱　丹
西藏	单艳红	骆检兰 黄宏坤	单艳红 张　亚 骆检兰 黄宏坤	张胜田 熊燕娜 蒋　晶	郝易成	许俊玉	张敬锁
湖南						戴礼洪	兰希平
安徽						王苏明	刘潇威 戴礼洪
甘肃						屈文俊	王红华
海南	王文杰	黄春雷 郑顺安	王文杰 师华定 黄春雷 郑顺安	王兴润 张晓岚 丁文娟	白雪红	姜晓旭	兰希平
贵州						张利飞	张敬锁
宁夏						屈文俊	王红华
辽宁						王亚平	谭　勇
江西	谷庆宝	袁存缇 李晓华	杜　平 马　瑾 袁存缇 李晓华	谷庆宝 伍　斌 李　佳	王　永	李晓华	刘潇威 戴礼洪
山西						饶　竹	邱　丹
新疆						吴忠祥	王红华
新疆生产建设兵团						吴忠祥	王红华
吉林	黄业茹 吴忠祥	华　明 兰希平	侯　红 田　梓 华　明 兰希平	周友亚 柴西龙 任　永	聂忆黄 屈　冉	王亚平	谭　勇
福建						史双昕	刘潇威 戴礼洪
陕西						刘潇威	王红华
内蒙古						刘潇威	邱　丹

续表

<table>
<tr><th rowspan="2">省（自治区、直辖市）</th><th rowspan="2">组长</th><th rowspan="2">副组长</th><th colspan="3">技术专家</th><th colspan="2">质控专家</th></tr>
<tr><th>农用地</th><th>企业用地</th><th>遥感与 GIS</th><th>土壤</th><th>农产品</th></tr>
<tr><td>广西</td><td rowspan="4">陈　瑛</td><td rowspan="4">吴天生
王红华</td><td rowspan="4">应蓉蓉
秦治恒
王　冉
吴天生
王红华</td><td rowspan="4">陈　瑛
曹云者</td><td rowspan="4">倪贺伟</td><td>李晓华</td><td>兰希平</td></tr>
<tr><td>重庆</td><td>任　玥</td><td>张敬锁</td></tr>
<tr><td>四川</td><td>黄宏坤</td><td>张敬锁</td></tr>
<tr><td>浙江</td><td>王苏明</td><td>刘潇威
戴礼洪</td></tr>
<tr><td>河南</td><td rowspan="4">王夏晖</td><td rowspan="4">张秀芝
安　毅</td><td rowspan="4">王夏晖
李志涛
张秀芝
安　毅</td><td rowspan="4">颜增光
彭　政
邓绍坡</td><td rowspan="4">吕宗璞</td><td>史双昕</td><td>兰希平</td></tr>
<tr><td>上海</td><td>狄一安</td><td>刘潇威
戴礼洪</td></tr>
<tr><td>黑龙江</td><td>黄宏坤</td><td>谭　勇</td></tr>
<tr><td>湖北</td><td>戴礼洪</td><td>兰希平</td></tr>
<tr><td>广东</td><td rowspan="4">赵晓军</td><td rowspan="4">李忠惠
林大松</td><td rowspan="4">赵晓军
夏　新
杨　兵
李忠惠
林大松</td><td rowspan="4">龙　涛
郭观林
宣　昊</td><td rowspan="4">熊文成</td><td>田志仁</td><td>兰希平</td></tr>
<tr><td>山东</td><td>封　雪</td><td>刘潇威
戴礼洪</td></tr>
<tr><td>河北</td><td>赵晓军</td><td>邱　丹</td></tr>
<tr><td>北京</td><td>陆泗进</td><td>邱　丹</td></tr>
</table>

2018 年，农用地详查期间，南京环境科学研究所张亚（左一）在野外现场培训指导地方技术人员使用采样手持终端

2018 年，在地方技术指导时检查土壤样品流转中心制样环节的样品档案

（5）召开现场推进会

为加快推进各地土壤详查工作进度，确保按时保质完成土壤详查任务，2018 年 2 月 6 日，在北京召开全国土壤污染状况详查工作协调小组办公室会议，研究部署 2018 年全国土壤污染状况详查工作。

2018 年 5 月 4 日，生态环境部在广西南宁召开全国农用地土壤污染状况详查工作推进与质量管理示范培训现场会议，对省级农用地详查样品采集、制备、流转、分析测试等工作质量管理和加快工作推进提出了具体要求。生态环境部副部长赵英民出席并发表重要讲话。参会代表参观了广西土壤污染状况详查样品流转中心工作现场。

2018 年 5 月 4 日，在广西南宁召开全国农用地土壤污染状况详查工作推进与质量管理示范培训现场会议

会议期间，参会代表参观广西土壤污染状况详查样品流转中心工作现场

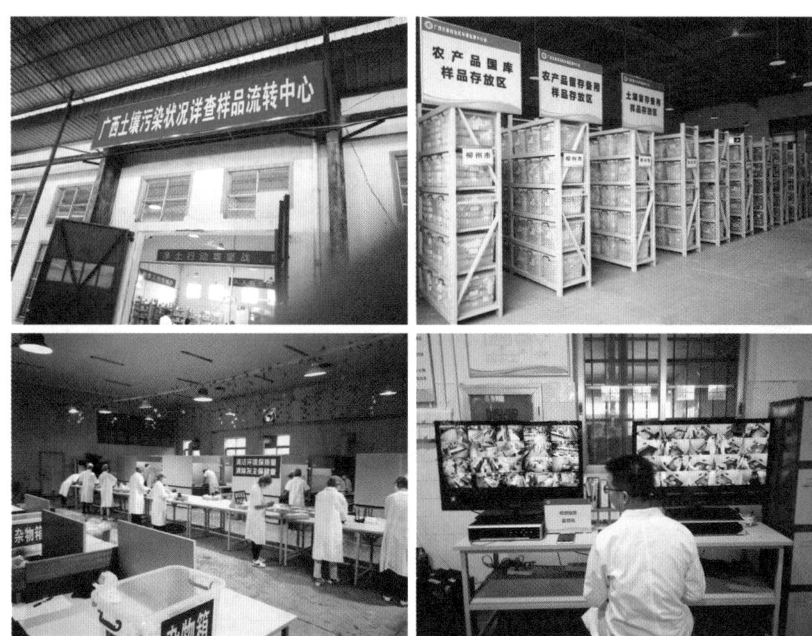

广西土壤污染状况详查样品流转中心不同工作区场景

（6）做好农用地详查成果集成

为做好土壤详查档案管理和保密工作，生态环境部于 2018 年 7 月 2 日印发了《全国土壤污染状况详查档案管理办法（试行）》（环办土壤函〔2018〕728 号）和《全国土壤污染状况详查工作保密管理办法》（环办土壤函〔2018〕729 号）。

为谋划做好农用地详查成果集成，2018 年 8 月 13 日，生态环境部土壤生态环境司（以下简称土壤司）在北京召开全国农用地土壤污染状况详查成果集成工作方案研讨会，决定选择部分省份先行试点。2018 年 9 月 10—16 日，全国土壤污染状况详查工作办公室（以下简称详查办）组织专家赴河南、广西开展省级农用地详查成果集成试点工作。随后于 2018 年 9 月 26—30 日，详查办组织专家赴湖南、浙江开展省级农用地详查成果集成试点工作。通过试点，打通成果集成工作流程，完善相关技术文件和信息化管理平台，总结工作模式，为全面推进全国农用地详查成果集成工作积累经验。

2018 年 9 月，在河南省农用地详查成果集成先行试点期间，赴野外进行超筛选值点位现场核实的工作场景

2018 年 12 月，带领专家组赴江西省指导农用地详查成果集成工作

2018 年 10 月开始，全面推进省级农用地详查成果集成工作。共分四批推进，以实战代培训。第一批（10 月 17—22 日）共 8 个省份：浙江、

河南、广东、湖南、云南、重庆、陕西、内蒙古。第二批（10 月 22—27 日）共 8 个省份：北京、河北、上海、江苏、江西、广西、四川、贵州。第三批（10 月 28 日—11 月 2 日）共 8 个省份：山西、天津、青海、甘肃、辽宁、福建、湖北、安徽；第四批（11 月 2—6 日）共 8 个省份：吉林、宁夏、西藏、新疆、新疆生产建设兵团、黑龙江、海南、山东。2018 年 11 月 4 日，生态环境部副部长黄润秋到中国环境科学研究院视察农用地详查成果集成试点工作现场。

2018 年 9 月，生态环境部土壤司司长苏克敬（左二）在深夜与土壤详查办公室人员讨论农用地详查成果集成中关键技术问题的场景

2018 年 10 月，各省份技术人员在北京集中开展农用地详查成果集成试点的工作场景

2018 年 10 月 18 日，生态环境部土壤司司长苏克敬（左三）与云南省技术人员进行交流的场景

2018 年 10 月，生态环境部土壤司司长苏克敬（右一）带领专家组与中国科学院院士、北京大学教授陶澍（左一）进行面对面交流的场景

2018 年 11 月 24 日，生态环境部土壤生态环境司在北京召开了《农用地土壤环境风险评价技术规定》专家论证会。2018 年 11 月 26 日，生态环境部、自然资源部、农业农村部联合印发《关于认真做好农用地土壤污染状况详查成果集成工作的通知》（环办土壤〔2018〕39 号）。2018 年 12 月 2—3 日，生态环境部土壤司在北京举办全国农用地土壤

污染状况详查报告编写培训班（第一期）。2018 年 12 月 10 日，生态环境部印发《全国农用地土壤污染状况详查制图规范（试行）》（环办土壤函〔2018〕1462 号）。2018 年 12 月 11 日，生态环境部、自然资源部、农业农村部联合印发《农用地土壤环境风险评价技术规定（试行）》（环办土壤函〔2018〕1479 号）。

2018 年 12 月 13 日，生态环境部土壤司印发《关于报送省级农用地土壤污染状况详查初步成果材料有关要求的通知》（环办土壤函〔2018〕1486 号）。

为确保 2018 年年底前完成省级农用地详查工作，2018 年 12 月 15 日，生态环境部在广西召开第二次全国污染源普查暨全国土壤污染状况详查工作推进视频会，生态环境部部长李干杰参加并发表重要讲话，督促各地按照“两个确保”的要求，全力做好农用地土壤污染状况详查，确保 2018 年年底前如期、保质完成农用地详查任务。生态环境部副部长黄润秋对全国土壤污染状况详查工作作了具体安排，特别是针对省级农用地详查成果集成与报告编写等工作提出了要求。

2018 年 12 月 15 日，在广西南宁召开第二次全国污染源普查暨全国土壤污染状况详查工作推进视频会

2018 年 12 月 26 日，全国土壤污染状况详查工作协调小组办公室会议在北京召开（环办土壤函〔2018〕1535 号）。会议听取了农用地详查、企业用地调查工作进展情况汇报，研究部署 2019 年全国土壤污染状况详查工作计划，研究农用地详查成果集成工作，通报 2019 年预算安排，生态环境部副部长黄润秋在会上发表了讲话。

2019 年 1 月 15 日，生态环境部印发《关于调整全国土壤污染状况详查工作协调小组及其办公室成员的函》（环办土壤函〔2019〕53 号）。2019 年 1 月 25—27 日，生态环境部土壤司在北京举办全国农用地土壤污染状况详查报告编写培训班（第二期）（环办培训函〔2019〕3 号）。培训内容为各省农用地土壤污染状况详查数据、报告、图件初步技术审核问题分析及下一步修改的技术要点。

2019 年 1 月 27 日，生态环境部土壤司在北京召开《全国农用地土壤污染状况详查成果集成工作方案》研讨会，并邀请参加全国农用地土壤污染状况详查报告编写培训班成员参加，研讨国家农用地土壤污染状况详查成果集成工作方案及任务分工（共 25 家技术支撑单位）。为做好农用地详查成果集成工作，成立农用地详查成果集成工作组，具体承担全国农用地成果集成工作，实行组长负责制。由笔者任组长，中国地质科学院地球物理地球化学勘查研究所成杭新研究员、自然资源部国土整治中心郧文聚研究员、中国农业科学院农业资源与农业区划研究所马义兵研究员、中国环境科学研究院王文杰研究员、生态环境部南京环境科学研究所王国庆研究员为副组长，工作组成员由生态环境部、自然资源部、农业农村部 20 家相关技术支撑单位以及中国科学院南京土壤研究所、中国科学院地理科学与资源研究所、清华大

学、中国地质大学、中国农业大学等高校院所的近百名专家及技术人员组成。

2019 年 1 月 29 日，生态环境部副部长黄润秋在中国环境科学研究院农用地详查成果集成工作现场，调研广西、贵州、云南、湖南四省（自治区）农用地土壤污染状况详查成果集成工作。笔者代表全国农用地详查成果集成工作组，介绍了全国农用地详查工作关键环节与方法，四省（自治区）分别介绍了农用地详查工作情况及成果集成的主要成果。黄润秋认真听取了大家的汇报，现场观看了农用地详查成果集成数据处理过程及形成的主要成果图件，并就农用地详查过程中关键环节的具体操作方法作了进一步了解和讨论。最后，黄润秋充分肯定了四省、自治区农用地详查取得的阶段性成果，认为农用地详查各环节工作推进有序、基础扎实，技术路线严谨、科学、系统，调查数据质量可靠，数据分析评价全面、客观、严谨，详查成果可信。

2019 年 1 月 29 日，生态环境部副部长黄润秋（左一）在中国环境科学研究院听取农用地详查省级成果集成试点汇报

至此，省级农用地详查工作基本完成，国家层面农用地详查成果集成已启动并全面推进。按照详查办和生态环境部土壤司统一部署要求，南京环境科学研究所联合生态环境、自然资源、农业农村等三部委相关技术支撑单位，按计划开展国家层面农用地详查成果集成工作。

南京环境科学研究所作为全国农用地详查工作技术牵头单位，在全国土壤污染状况详查工作办公室和生态环境部土壤司的直接领导部署下，全面支撑全国农用地详查工作组织、技术指导等工作；组织了土壤污染防治研究中心近 20 人专家队伍参加农用地详查工作，林玉锁、单艳红、王国庆等常年投入全部精力从事农用地详查技术支撑工作，王国庆、王磊、孙丽常驻详查办工作，张亚、李敏、杜俊洋、尹爱经、郑丽萍、应蓉蓉、芦园园、冯艳红、徐建等参与全国农用地详查相关支撑工作。黄润秋在讲话中充分肯定了南京环境科学研究所在全国农用地详查工作中发挥的重要作用，对大家付出的努力表示感谢。

2019 年 3 月，农用地详查成果集成期间，南京环境科学研究所技术人员进行讨论的场景

2019 年 5 月 22 日，生态环境部、自然资源部、农业农村部联合在北京召开全国农用地土壤污染状况详查成果专家论证会，听取了全国农用地土壤污染状况详查成果汇报，形成专家论证意见。

2019 年 5 月 22 日，在北京召开全国农用地土壤污染状况详查成果专家论证会

2019 年 6 月 18 日，全国土壤污染防治部际协调小组暨全国土壤污染状况详查工作协调小组会议在北京召开，国家发展和改革委员会、科学技术部、工业和信息化部、财政部、自然资源部、住房和城乡建设部、水利部、农业农村部、国家卫生健康委员会、国家市场监督管理总局、国家林业和草原局、生态环境部等有关部门领导参会。生态环境部部长李干杰主持会议。会议宣布了新一届全国土壤污染防治部际协调小组及全国土壤污染状况详查工作协调小组成员名单，汇报了《土十条》及农用地土壤污染状况详查工作进展和近期工作安排，汇报了农用地土壤污染状况详查报告主要内容，审议了《全国农用地土壤污染状况详查报告》，讨论了土壤污染防治工作。

2019 年 6 月 18 日，参加全国土壤污染防治部际协调小组暨全国土壤污染状况详查工作协调小组会议的土壤详查办公室农用地详查部分人员合影

2019 年 6 月 18 日，参加农用地土壤详查工作的南京环境科学研究所部分人员合影

（7）加快推进重点行业企业用地调查工作进度和成果集成

2020 年是重点行业企业用地调查最为关键的一年，调查任务重，时间紧，又面临突发新冠疫情的影响，给企业用地现场采样调查工作造成了很大困难，各地普遍出现了能否顺利完成企业用地调查任务的担忧。为此，2020 年 5 月 9 日，在北京召开了 2020 年企业用地调查第三次工

作联席会议，主要目的是以习近平新时代中国特色社会主义思想为指导，深入贯彻落实习近平生态文明思想，总结前一段时期全国重点行业企业用地土壤污染状况调查工作进展，分析研究工作中存在的突出问题和解决办法，交流学习有关省工作经验，督促各地进一步统一思想，加快工作进度，严格质量管理，确保 2020 年年底前如期保质完成调查任务。生态环境部副部长庄国泰出席会议并讲话，提出三点意见：一是要充分认识重点行业企业调查工作的重要意义；二是要精准施策，及时解决企业用地调查工作中的关键问题；三是要加强组织领导，积极作为，确保完成企业用地调查任务。并提出五点具体要求：一是提高政治站位，坚定完成任务的决心信心；二是加强组织领导，落实责任，快速高效推进工作；三是各技术支持单位要积极作为，有效发挥技术支撑作用；四是详查办要严格按照计划，进一步加强对详查工作的统筹协调和督促作用；五是深入基层，解决问题，推进工作。

会议后，详查办做好企业用地调查工作的推进和协调。一方面，为保障地方企业用地调查成果集成试点工作顺利进行，分别赴上海、北京进行先行试点，总结企业用地调查成果集成工作经验；另一方面，派出专家组赴地方进行技术帮扶工作，解决基层实际问题。

2020 年 5 月 28—29 日，详查办派调研组赴上海了解企业用地成果集成相关准备工作的情况。调研组由笔者带队，一行 9 人组成。上海企业用地调查工作组成员有黄沈发、李芸、吴健等近 20 人。

2020 年 5 月 28 日下午，调研组听取了上海市成果集成试点工作准备情况汇报，并与上海企业用地调查工作组成员进行座谈交流，重点围绕上海采样调查结果、数据准备情况以及存在的主要问题进行讨论。随后，调研组实地察看了保密机房和专网工作环境，落实了集成工作场所。5 月 28 日晚上，调研组分为技术分析组和数据保障组，分别与上海市环境科学研究院相关同志进行面对面沟通和交流。技术分析组利用上海市 160 多个地块采样调查结果，按照行业类型（大、中、小类）、污染可能性得分区间和关注度水平分别统计地块超标情况，形成初步分析结果。数据保障组帮助上海打通采样检测数据上报与导出流程，解决检测数据上报难点问题，根据技术分析组需求导出相关数据，并开发完善相关系统功能。5 月 29 日上午，调研组与上海方专家就初步分析结果进行解读，进一步优化行业超标情况研判、污染可能性得分研判等工作思路，并提出相应系统功能开发需求。初步分析结果表明，上海市企业用地采样调查超标与行业类别、污染可能性得分具有较好的相关性。5 月 29 日下午，调研组与上海工作组同志一起详细讨论下一步准备工作方案，明确试点准备工作建议，并初步梳理了综合研判和风险分级的关键技术要点。准备工作包括工作条件准备、人员配备与分工、数据与系统准备、

2020 年 5 月 28 日，土壤详查办公室专家调研组赴上海市环境科学研究院开展企业用地调查成果集成试点

工作计划安排等；关键技术要点包括风险分级与综合研判工作流程和规则、报告编制与图表制作要求等。5 月 29 日晚，调研组与上海市成果集成相关技术人员就企业用地风险分级进行了交流研讨，建议进一步优化企业用地土壤和地下水超标倍数打分指标，细化指标分档，考虑污染物检出未超标、临近筛选值等情形；研究 GB 36600—2018 规定的 85 项污染物之外的其他检测指标的评价方法等。最后形成《上海企业用地调查成果集成试点准备工作要点》。

2020 年 6 月 2—5 日，由全国土壤污染状况详查办公室派出的企业用地调查技术指导帮扶组一行 7 人，赴福建省开展重点行业企业用地调查指导帮扶工作。帮扶组由生态环境部南京环境科学研究所研究员、企业用地调查专家组组长林玉锁研究员带队，生态环境部南京环境科学研究所单艳红研究员（福建省企业用地调查质控组组长）、生态环境部环境规划院张红振研究员、国家地质实验测试中心王亚平研究员、生态环境部环境规划院邹权助理研究员、生态环境部南京环境科学研究所王磊助理研究员、广东省中山市环境监测中心站高缨红高级工程师组成。6 月 3 日，召开工作交流座谈会。主要议程有：一是工作组介绍本次指导帮扶目的和安排；二是福建省汇报企业用地调查工作进展及下一步工作安排；三是工作组与地方进行交流、梳理目前暴露的问题，提出工作推进建议。6 月 4 日，检查组一行分两组赶赴现场检查指导，工作一组（林玉锁、张红振、王磊）从福州出发赴莆田赛得利（福建）纤维有限公司地块，开展采样土壤钻孔采样和地下水建井洗井现场指导。工作二组（单艳红、王亚平、邹权、高缨红）赴厦门市华测检测技术有限公司和通标标准技术服务有限公司厦门分公司（SGS）

检查，赴福建省环境监测中心站开展福建省质控实验室检查，赴福建中检矿产品检验检测有限公司实验室检查。

按照全国土壤污染状况详查办公室统一安排，2020年7月8—11日，由林玉锁、王国庆、王英英、严文杰、范婷婷、杜俊洋组成的企业用地调查技术指导帮扶组一行6人，赴吉林省开展重点行业企业用地调查指导帮扶工作。2020年7月12—15日，由笔者和李芸、单艳红、谢争、黄静、杨璐组成的企业用地调查技术指导帮扶组一行6人，赴黑龙江省开展重点行业企业用地调查指导帮扶工作。2020年8月5—6日，由生态环境部土壤司司长苏克敬带队，笔者和吕春生、谢云峰、杨文龙、王磊组成的企业用地调查技术指导帮扶组一行6人赴山西省开展重点行业企业用地调查指导帮扶工作。

2020年10月28日，生态环境部印发《省级重点行业企业用地土壤污染状况调查报告编制指南》《重点行业企业用地土壤污染状况调查制图规范（修订）》两个技术文件（环办便函〔2020〕374号）。2020年11月30日，生态环境部土壤司印发《省级重点行业企业用地土壤污染状况调查报告缩写关键问题及分析方向》。

2020年12月9—11日，生态环境部土壤司派笔者和夏天翔、单艳红、吴运金、李群一行5人工作组赴广西开展重点行业企业用地土壤污染状况调查省级成果集成调研指导工作，调研省级企业用地成果集成工作进展，解决影响地方成果集成的统计、制图等数据加工中的问题，指导重点区域、重点行业、重点污染物分析以及优先管控名录确定、分类管理建议等内容。

3. 全国土壤污染状况详查工作总结

开展全国土壤污染状况详查是《土壤污染防治行动计划》明确的首要任务。历时 4 年，农用地详查和企业用地详查分别于 2018 年 12 月和 2020 年 12 月如期完成，并分别于 2019 年 6 月和 2021 年 6 月向国务院报送了调查成果，国务院对土壤详查成果予以肯定。土壤详查成果得到广泛应用，支撑了《土壤污染防治行动计划》目标任务落实完成，支撑了《中华人民共和国土壤污染防治法》全面实施，支撑了农用地和企业用地土壤环境管理。

2021 年 9 月 8 日，生态环境部土壤司在北京召开全国土壤污染状况详查总结讨论会，南京环境科学研究所、土壤与农业农村生态环境监管技术中心、中日友好环境保护中心、中国环境科学研究院、中国环境监测总站、对外合作与交流中心、环境规划院、环境工程评估中心、卫星环境应用中心、固体废物与化学品管理技术中心、信息中心、宣传教育中心等部属单位有关负责人及专家参会。会议讨论了全国土壤污染状况详查总结工作方案，包括电子资料数据整理与档案材料安全处置、表扬表现突出集体和个人、土壤详查样品入库与管理、技术支撑单位土壤详查工作验收总结、省级土壤详查工作验收总结、全国土壤污染状况详查工作总结会议。技术总结包括技术体系与方法总结、数据成果深度挖掘、土壤详查数据管理及应用等。

2021 年 12 月 20 日，生态环境部召开全国土壤污染状况详查工作总结视频会议。生态环境部部长黄润秋发表重要讲话。会议对详查工作做了全面的总结，概括了详查工作取得的重要成果和获得的主要经验。

2021 年 12 月 20 日，生态环境部召开的全国土壤污染状况详查工作总结视频会议主会场

黄润秋在讲话中指出，全国土壤污染状况详查是一项重要的国情调查，是推动土壤环境风险管控、维护公众健康的重大民生工程，是促进土壤污染治理、逐步改善土壤环境质量的重要基础性工作，对健全我国土壤环境管理体系、促进土壤资源永续利用、保障农产品质量和人居环境安全具有重要意义。全国土壤污染状况详查是目前国内外开展的覆盖面最广、系统性最强、工作量最大、质量管理最严、工作程度最深、部门合作最好的土壤环境调查工作之一，是一项多部门强强联合、团结协作并取得高质量成果的典范工程。广大详查人员创新思路、扎实苦干，克服工作时间紧、技术基础弱、质控挑战大、新冠疫情影响等诸多困难和挑战，如期高质量完成了被认为几乎不可能完成的任务。总结土壤详查工作，有四项成果值得关注：

一是基本摸清底数，查明了全国农用地土壤污染的面积、分布及对农产品质量的影响，掌握了重点行业企业用地中污染地块的分布及其风险情况。

二是实现边查边用，农用地详查数据实现部门共享并支撑了耕地土壤环境质量类别划定和受污染耕地安全利用，企业用地调查数据支撑了污染地块土壤污染风险分阶段管控和治理。

三是探索组织模式，形成了一整套覆盖调查全过程的技术、方法和组织管理模式，为今后开展全国土壤污染状况普查等调查工作积累了宝贵经验。

四是锤炼专业队伍，为我国土壤生态环境保护事业锻炼出了一支专业强、本领硬、意志坚、敢担当的专业队伍。

回顾土壤详查历程，有六条经验值得总结：

一是高度重视，形成合力。各部委切实加强土壤详查工作组织领导，共享已有调查数据和信息资源，上下联动、统筹推进，充分发挥专业优势。

二是系统设计，科技支撑。加强顶层设计，合理制定技术路线，实现调查方案、实验室筛选、评价标准、质量控制、调查时限“五统一”，充分利用智能终端、地理信息系统、物联网和卫星遥感等先进技术手段，提升工作效率。

三是统一规范，强化质控。以质量作为详查工作的生命线，建立“国家—省市—任务承担单位”三级质量管理体系，借助密码平行样、统一监控样等技术加强各环节质量控制，利用数字影像监控和信息化管理平台等手段实现信息化质量控制。

四是强化调度，帮扶指导。建立重大事项请示报告、定期会商、周调度、月评估等工作制度，加强跟踪调度和质量评估；通过质量管理周报、答疑解惑、专业纠偏等方式，分省施策，开展针对性的行政指导与技术帮扶。

五是试点先行，平稳推进。针对详查关键技术环节，进行充分论证、先行先试和经验总结，在此基础上开展集中培训和实操训练，确保工作有序推进。

六是敢于担当、无私奉献。土壤详查队伍来自生态环境、自然资源、地质调查、农业农村、质检、海关及广大社会技术服务机构，大家顾全大局、团结协作、勇于创新、无私奉献，向党中央、国务院和全国人民交上了一份满意的答卷，为详查留下了最为宝贵的精神财富。

按照《全国土壤污染状况详查总结工作方案》的要求，在生态环境部土壤司领导下，成立土壤详查技术和方法系列丛书编写工作组，统筹土壤详查技术总结工作。由笔者为组长，土壤与农业农村生态环境监管技术中心、南京环境科学研究所、国家环境分析测试中心、卫星环境应用中心等主要技术支撑单位有关专家组成。从 2021 年 10 月开始，用了近两年时间，系统整理形成覆盖农用地土壤详查和企业用地调查全过程的调查技术与方法以及质量控制技术，全面总结详查工作组织管理模式和实践经验，编写了全国土壤污染状况详查技术与方法系列丛书，分别为《全国农用地土壤污染状况详查技术与方法》、《全国重点行业企业用地土壤污染状况调查技术与方法》和《全国土壤污染状况详查质量保证与质量控制》。

2023 年 2 月 18 日，在江苏南京召开土壤详查系列丛书编写定稿研讨会，生态环境部土壤生态环境司司长苏克敬听取丛书编写情况汇报，并与大家进行座谈交流，要求各参编单位专家按时保质完成好丛书的编写任务，2023 年年底前，由中国环境出版集团正式出版发行。

这套丛书是广大土壤详查工作人员集体智慧的结晶，对今后开展同类调查或其他相关调查工作具有重要的参考价值。魏复盛院士、蔡道基院士分别为丛书写序。

2023 年 2 月 18 日，在南京召开土壤详查系列丛书编写定稿研讨会，生态环境部土壤生态环境司司长苏克敬（中间）听取丛书编写情况汇报并与大家进行座谈交流

全国土壤污染状况详查技术与方法系列丛书封面

专栏2 《全国农用地土壤污染状况详查技术与方法》简介

本书系统总结了全国农用地土壤污染状况详查技术与方法。全书分10章，内容包括：

第1章 概况：我国土壤环境自然概况，我国土壤环境污染演变过程，国家高度重视土壤环境污染问题，我国土壤环境污染总体格局和基本特征，我国土壤污染成因，农用地详查工作目标与内容，组织实施，质量保证与质量控制等。

第2章 技术路线与技术体系构建：国内外土壤环境调查概况，农用地土壤详查面临的挑战与技术难点，农用地详查技术路线确定，农用地详查技术体系的构建，统一农用地详查技术标准等。

第3章 详查范围确定、单元划分及点位布设：国内外点位布设方法，详查范围确定方法，详查单元划分方法，点位布设方法，详查点位布设全过程实践等。

第4章 样品采集、制备、流转与保存：农用地土壤污染状况详查工作特点及挑战，国内外技术方法概况，土壤样品采集与制备方法，农产品样品采集与制备方法，样品流转与保存方法等。

第5章 样品分析测试：国内土壤环境分析测试技术发展概况，适用可行样品分析测试方法确定，土壤样品分析测试方法技术要点，农产品分析测试方法技术要点，样品检测管理子系统研发与应用，样品分析测试常见问题与解决方法等。

第6章 农用地土壤污染状况详查数据分析与综合评价：详查数据审核与统计，土壤环境调查数据评价方法概况，农用地土壤污染状况详查综合评价体系构建，不同土壤环境质量类别的农用地土壤面积确定，专题分析等。

第7章 农用地土壤污染状况详查图件制作：制图难点与技术要求，制图内容与方法，制图系统及平台，详查单元划定和详查点位布设，农用地土壤环境质量评价，农用地土壤污染影响因素分析等。

第8章　详查样品库建设与运维：国内外样品库概况，样品库设计与建设，土壤和农产品样品入库，样品库运行维护管理，样品库建设典型案例介绍等。

第9章　农用地土壤污染状况详查信息技术体系构建：信息技术概述，农用地土壤污染状况详查信息管理系统总体设计，土壤污染源核实管理子系统研发与应用，采样调查管理子系统研发与应用，样品检测管理子系统研发与应用，数据分析评价管理子系统研发与应用等。

第10章　总结与展望：主要成果和经验，主要技术创新与突破，存在的不足与未来展望等。

专栏3　《全国重点行业企业用地土壤污染状况调查技术与方法》简介

本书系统总结了全国重点行业企业用地土壤污染状况调查技术与方法。全书分9章，内容包括：

第1章　概述：背景与意义，国内外建设用地环境调查与管理，企业用地调查面临的挑战，调查工作目标与内容，组织管理与实施，质量保证与质量控制等。

第2章　企业用地调查技术路线与技术体系构建：总体思路与技术路线，企业用地调查技术体系，企业用地调查主要技术难点等。

第3章　调查对象确定：重点行业分类与企业筛选原则，调查对象名单初筛，调查对象核实确定等。

第4章　风险筛查与分级：风险筛查模型的构建方法，风险筛查模型评估及优化方法，基于综合研判的风险等级优化规则，风险筛查与分级方法的应用等。

第5章　基础信息调查：基础信息调查内容，基础信息采集方法，企业地块空间信息采集方法，调查信息整合分析与档案建立等。

第 6 章　初步采样调查：初步采样调查地块的确定及工作流程，初步采集调查布点方法，测试指标筛选与方法确定，土孔钻探与地下水建井采样方法，样品保存与流转方法等。

第 7 章　数据审核与综合分析：数据审核，数据综合分析，图件编制等。

第 8 章　企业用地调查信息管理系统构建：基础信息调查子系统，初步采样调查子系统，样品检测与数据报送子系统，数据统计分析与评价子系统，系统相关软硬件配置等。

第 9 章　总结与展望：总结，展望。

专栏 4　《全国土壤污染状况详查质量保证与质量控制》简介

本书系统总结了全国土壤污染状况详查质量保证与质量控制技术与方法。全书分 7 章，内容包括：

第 1 章　概述：项目质量管理相关概念，国内外土壤环境调查项目质量保证与质量控制，土壤详查工作目标与主要任务，土壤详查质量管理面临的挑战、目标与总体思路等。

第 2 章　质量管理体系的建立与组织实施：质量管理体系的建立，质量管理工作机制，质量管理保障措施等。

第 3 章　质量保证和质量控制技术和方法：实验室能力质量保证，样品采集与制备过程质量控制，样品分析测试过程质量控制，地块基础信息调查质量控制，调查数据与信息质量控制等。

第 4 章　农用地详查全过程质量控制实践：详查范围确定、单元划分与点位布设，样品采集、流转、制备与保存，样品分析测试，成果集成等。

第 5 章　企业用地调查全过程质量控制实践：调查对象确定，基础信息调查，风险筛查与分级，采样调查，成果集成等。

第 6 章　土壤详查成果质量分析方法探索：农用地详查质量分析方法，企业用地调查质量分析方法。

第 7 章　总结与展望：总结，展望。

4. 表扬先进集体和先进个人

2020 年 7 月 22 日，生态环境部、自然资源部、农业农村部联合印发《关于表扬农用地土壤污染状况详查表现突出集体和个人的通知》（环办土壤函〔2020〕399 号），对全国农用地调查工作中表现突出的 163 个集体和 1 879 名个人予以表扬。南京环境科学研究所土壤污染防治研究中心获先进集体表扬，笔者和蔡道基、单艳红、王国庆、芦园园、孙丽、尹爱经、张亚、郑丽萍、李勖之、王磊等 11 人获先进个人表扬。

2021 年 12 月 6 日，生态环境部印发《关于表扬重点行业企业用地土壤污染状况调查表现突出集体和个人的通知》（环办土壤函〔2021〕564 号），对在企业用地调查工作中表现突出的 9 个集体和 175 名个人予以表扬。南京环境科学研究所土壤污染防治研究中心获先进集体表扬，笔者和龙涛、王国庆、单艳红、邓绍坡、张胜田、单正军、曹少华、陈樯、杜俊洋、范婷婷、甘信宏、胡哲伟、姜登登、姜锦林、解宇峰、李群、李旭伟、李勖之、芦园园、石佳奇、孙丽、万金忠、王荐、王磊、温冰、吴运金、徐建、尹爱经、应蓉蓉、张亚、张晓雨、郑丽萍、周艳、祝欣等 35 人获先进个人表扬。

（四）感悟和体会 >>>

全国土壤污染状况调查是一项重要的国情调查，是推动土壤环境风险管控、维护公众健康的重大民生工程，是实施土壤环境管理的重要基础性工作，对促进我国土壤环境管理体系建设、保障农产品质量和人居环境安全具有重要意义。

经过20年的持续努力，在国家层面上，从典型区域探查，到覆盖全国范围的排查，再到重点污染地区深入详查，分三步完成了全国土壤污染调查，基本摸清底数，查明了全国农用地土壤污染的面积、分布及对农产品质量的影响，掌握了重点行业企业用地中污染地块的分布及其风险情况。通过采样调查获得大量第一手土壤污染数据，并实现多部门数据共享，为净土保卫战提供了关键数据支撑，发挥了重要作用。

取得的积极进展：

一是推动了技术发展。通过持续开展全国土壤污染状况调查，提升了土壤污染调查技术水平，形成了农用地和建设用地土壤污染调查方法体系、质量保证和质量控制技术体系，促进了土壤分析测试技术发展，形成了一大批先进的土壤无机元素和有机污染物分析测试标准方法，提升了土壤环境分析测试实验室的现代分析仪器装备水平，增强了实验室运行管理能力。针对农用地土壤污染状况详查、重点行业企业用地土壤污染调查，专门研发的手持终端与信息管理系统实现了调查全过程线上质控审核与实时调度管理，创建了全国性调查类项目管理的新模式。

二是积累了组织管理经验。土壤污染调查技术难度大、影响因素多、调查结果不确定性大，做好顶层设计是关键。系统设计与规划，合理制定技术路线，实现调查方案、实验室筛选、评价标准、质量控制、调查时限“五统一”。强化组织管理，建立重大事项请示报告、定期会商、周调度、月评估等工作制度，加强跟踪调度和质量评估；通过质量管理周报、答疑解惑、专业纠偏等方式，分省施策，开展针对性的行政指导与技术帮扶。实现多部门联合，打破了各自为政、方法不统一、资源不共享的局面，各部委团结协作、形成合力。土壤调查队伍来自生态环境、自然资源、地质调查、农业农村、质检、海关及广大社会技术服务机构，共享已有调查数据和信息资源，充分发挥专业优势。

三是锤炼了专业队伍。通过土壤污染调查工作，在实战中为我国土壤环境保护事业的方方面面都锻炼出了一支专业强、本领硬、意志坚、敢担当的专业队伍。在调查的每一个阶段，专家和管理者都创新思路、扎实苦干，克服工作时间紧、技术基础弱、质控挑战大等诸多困难和挑战。尤其是土壤详查工作，完成了被认为几乎不可能完成的任务，全面诠释了“详查人”特别能战斗、特别能吃苦的“详查精神”。

四是严格质量控制。质量是土壤调查工作的生命线。全国性土壤污染调查参与单位多、人员多、实验室多，建立“国家—省市—任务承担单位”三级质量管理体系，一方面借助密码平行样、统一监控样等传统方法实施各环节质量控制，另一方面充分利用数字影像监控和信息化管理平台等先进手段实现信息化质量控制。

毫无疑问，土壤污染调查工作是土壤污染风险管控和环境管理的重要手段，是一个国家土壤污染防治科学研究、技术发展和环境管理水平的综合体现。从未来需求来看，《中华人民共和国土壤污染防治法》规定每十年要开展一次全国或区域性土壤污染普查工作，今后的调查必须满足动态化、精准化、精细化的要求。从未来科技发展水平来看，全国或区域性的土壤污染调查技术和方法发展趋势，必然运用先进的调查技术和方法，如大数据技术、云计算技术、三维可视化技术等，从数据化、信息化数据采集，自动化、实时监控，标准化数据传送，智能化数据处理与评价，智慧化成果表达等方面，全面提升调查全过程、各环节的一体化水平，实现动态表征和展示，提高调查工作的效率和效能。

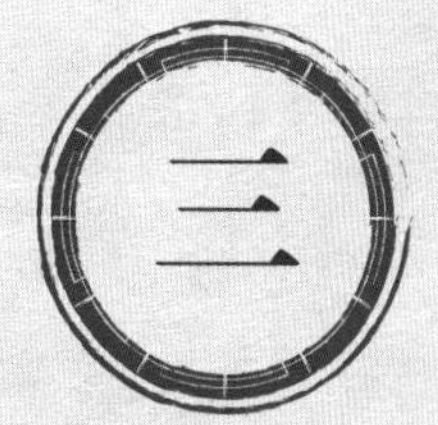

加快推进土壤污染防治立法

在相当长一段时间内，我国缺乏土壤污染防治的专门法律，在实际工作中存在无法可依的现象，加快制定土壤污染防治法刻不容缓。从 2000 年开始，专家学者和社会各界就一直呼吁尽快制定土壤污染防治法，到 2018 年十三届全国人大常委会第五次会议全票通过《中华人民共和国土壤污染防治法》并正式发布，推进土壤污染防治立法前后经历了近 20 年时间。大体上可分为立法前期研究、立法草案建议稿起草、立法草案审议稿形成、立法草案审议与发布四个阶段。

（一）立法前期研究（2006—2010 年） >>>

2006 年，国家环保总局组织实施全国土壤污染状况调查，与此同时，启动了土壤污染防治立法前期研究工作，组织部分高等院校和科研机构专家成立立法起草研究小组。小组先后赴江西、江苏、上海、广东、湖南等地开展立法相关的调研工作；系统收集并组织编译了日本、德国、瑞士、加拿大、比利时、美国等十几个国家和地区土壤污染防治方面的法律、法规，为我国土壤污染防治立法工作提供了参考借鉴；多次组织召开土壤污染防治立法专题研讨会、专家讨论会和国际研讨会，广泛听取意见和建议，最后形成了《土壤污染防治法（专家建议稿）》。

1. 国外立法模式调研

自 20 世纪 70 年代起，许多国家陆续制定了关于土壤环境保护或土壤污染防治的专门性法律。综观世界相关国家和地区，在土壤污染防治立法体例方面有独立的立法模式与附属性立法模式之分。具体而言，在立法体例上采取独立的立法模式的国家和地区，主要是将土壤环境保护和土壤污染防治的相关内容作为单行法规范对象进行立法，如欧洲的典型代表有德国、荷兰、丹麦，亚洲的典型代表有日本、韩国等。与此相对，采取附属性立法模式的国家和地区，则主要是将土壤环境保护和土壤污染防治的相关内容分散在一部法典或相关法律的不同位置之中，如美洲的典型代表有美国、加拿大，欧洲的典型代表有英国等。

专栏 5　两种立法模式简介

独立的立法模式	附属性立法模式
日本《农业用地土壤污染防治法》（1970 年颁布） 日本《土壤污染对策法》（2002 年首次颁布，2005 年、2006 年、2009 年、2011 年、2014 年进行了修订）	美国《综合环境反应、赔偿和责任法》（《超级基金法》）（1980 年首次颁布，1986 年、1996 年、2000 年、2002 年进行了修订）
韩国《土壤环境保护法》（1995 年首次颁布，1997—2010 年共进行了 11 次修订）	英国《环境保护法》第二章“污染的土地和废弃的矿山”（1990 年通过，1995 年对《环境保护法》第 57 条进行了修正）
德国《联邦土壤保护法》（1998 年首次颁布，1999 年、2004 年、2012 年进行了修订）	加拿大不列颠哥伦比亚省《环境管理法》第四部分“污染场地修复”（2003 年首次颁布，2004 年、2007 年、2008 年、2012 年、2014 年进行了修订）
荷兰《土壤保护法》（1986 年首次颁布，1994—2013 年共进行了 9 次修订）	

从国外土壤污染防治立法发展趋势来看：

一是专门立法已经成为世界上土壤污染防治立法的潮流。20 世纪后期，世界经济发展迅速，工业化进程加快，加之过分追求经济发展而忽略环境保护，许多国家和地区先后发生一系列土壤污染事件，对人类生命、健康和财产造成严重损害和威胁。愈演愈烈的土壤污染事件暴露出土壤污染防治立法不足，成为推动立法的根本动力。例如，在工业化较早的日本，富山“痛痛病”事件直接导致了 1970 年《农业用地土壤污染防治法》的出台，后来随着全社会对“城市型”土壤污染的关注，2002 年 5 月 29 日，日本公布了《土壤污染对策法》，并于同年 12 月 26 日公布了《土壤污染防治法实施细则》。在美国，从 1977 年起，拉夫运河污染事件引发了民众对土壤污染的关注。面对危险物质泄漏引起的土壤污染问题，为了明确环境义务和责任，1980 年美国国会通过了《综合环境反应、赔偿和责任法》。

二是单一的土壤污染整治法模式是土壤污染防治立法的主流。土壤污染防治立法包括两大部分内容：一是预防，即阻断土壤污染源；二是整治，即对已受污染的土壤进行修复和改良，需要建立专门的土壤污染整治制度。土壤污染防治立法是采用单一的模式，还是采用既包括土壤污染预防又包括土壤污染整治的复合型模式，是土壤污染防治立法所要解决的关键问题。

在世界范围内，土壤污染防治立法始于 20 世纪 70 年代，并在 20 世纪末期形成立法高潮，许多国家和地区纷纷制定或修改了土壤污染防治法律法规。尽管各国的法律背景有所不同，土壤污染防治立法也有所差异，但是综观具有典型意义的国家和地区的土壤污染防治立法，都经历了从分散立法到专门立法的过程，专门立法已经成为世界上土壤污染防治立法的潮流。从其他国家和地区土壤污染防治立法经验来看，土壤污染防治立法是一个系统工程，专门性的土壤污染防治立法必不可少，尽管其法律法规的名称各不相同，但是专门的土壤污染防治立法都侧重于土壤污染的整治、修复和开发利用，基本上都采取了单一的土壤污染整治法模式。当然，土壤污染预防和整治不可能绝对分开，专门性的土壤污染防治立法中包含土壤污染预防的部分内容也是正常的，但是这部分内容所占比例很小，而且往往较为原则、抽象。单凭一部专门性的土壤污染防治法无法对所有造成土壤污染的行为都进行防治，必须依赖相关外围法进行综合的协同防治。专门性立法和相关外围法相结合，既各有侧重，又相互呼应，形成完备的土壤污染防治立法体系。

2. 国外主要法律制度调研

综观各国和地区的土壤污染防治法律制度，主要有以下几类：

一是土壤污染调查制度。实行这一制度的国家主要有日本、德国、韩国、荷兰。土壤污染调查是日本《土壤污染对策法》最主要的一项法律制度，以专章加以规定。日本的土壤污染调查制度包括启动土壤污染调查的原因、实施调查活动的主体（土地所有者、指定调查机关）、土壤污染调查的对象范围、土壤污染调查的方法、土壤污染调查的程序、土壤污染调查结果的报告、对土壤污染调查的使用和受理以及与土壤污染调查相关的责任等，设计周全、合理。其他国家，如德国、韩国、荷兰等的土壤污染调查制度，远不及日本规定得详细。

二是土壤污染监测制度。实行该制度的国家有韩国、德国、荷兰。

韩国称为“土壤污染程度监测”，立法授权环境部部长建立一个监测网络，对土壤污染情况进行常规性监测，监测结果向社会发布。德国的土壤污染监测分为主管部门的监测和当事人的自行监测，自行监测应持续五年以上，并建立监测台账予以保存，主管部门可要求当事人提供自行监测结果。

三是农用地特别保护制度。该制度由德国《联邦土壤保护法》设立，纯粹是从土壤保护的角度规定的，其主要内容包括：土地耕作应当采取适当的方式；土壤的结构应当得到保护或改良；通过适当的农业轮作方式保持或提高土壤的生物活性；通过适当施加有机肥和减少土地使用强度来保持土壤腐殖质含量；保持土壤湿度；避免土壤板结等。

四是土壤保护基本规划制度。该制度是韩国在其《土壤环境保护法》中规定的。该法要求，环境部部长应每十年制定并执行一个土壤保护基本规划。基本规划主要应当包括如下事项：土壤保护政策的指导原则，土壤保护的现状、进程及其前景，有关土壤污染防治的事项，有关被污染土壤的整治或修复的事项以及土壤环境保护的其他必须事项。环境部部长应当商韩国其他中央行政机关的负责人，共同制定土壤环境保护基本规划。

五是土壤污染管制区制度。日本、韩国均设立了这一制度。日本规定，地方行政长官根据土壤污染调查结果认为某区域土壤污染状况不符合环境省规定的土壤质量标准时，即可将该区域确定为受污染区域，并向社会公告。污染消除后，地方行政长官可以撤销先前将该区域确定为受污染区域的决定。韩国规定，环境部部长可以将超过土壤污染应对措施标准的地区确定为土壤污染管制区；而地方行政长官认为有必要对其管辖区内的某特定区域采取土壤保护措施时，可以申请环境部部长将该区域确定为土壤污染管制区，即便该区域的土壤污染程度尚未超过应对措施标准；土壤污染管制区应当向社会公告；在土壤污染管制区内所采取的措施包括改进受污染土壤的项目、改变土地用途、进行居民健康损害调查并采取相应措施，制定和执行应对措施和其他事项以及环境部规定的事项。

六是土壤保护技术委员会制度。该制度由荷兰设立。根据荷兰《土壤保护法》（1998 年）的规定，为保护土壤，在荷兰设立“土壤保护技术委员会”，受住房、空间规划与环境部（简称环境部）部长的领导。该委员会的主要任务是为部长执行土壤保护方面法律或政策提供土壤保护相关技术方面的建议。

此外，国外还有土壤档案制度（格鲁吉亚）、土壤保护方案制度（澳大利亚）、土壤侵蚀受害区制度（澳大利亚）、掘取和移动污染土壤的许可证制度（加拿大）、土壤污染报告制度（韩国）、土壤污染整治区制度（我国台湾地区）、土壤污染整治基金制度（我国台湾地区）等。

2007 年 8 月 13 日，中国法学会环境资源法学研究会 2007 年年会与学术研讨会在兰州召开，左图为笔者，右图为中国环境科学研究院李发生研究员在会场留影

以上国外土壤污染防治立法的调研情况，对当时我国土壤污染防治法框架结构的顶层设计和相关制度法条的规定具有重要的借鉴意义。在此基础上，立法起草研究小组提出了我国土壤污染防治立法的专家建议。

（二）立法草案建议稿起草（2012—2014 年）>>>

2012 年 9 月，国务院总理温家宝在 22 位院士提交的《关于我国土壤污染防治的几点建议》上作出重要批示，要求环境保护部会同有关部门制定规划，推进立法，使土壤污染防治工作真正得以落实，取得成效。为落实温家宝总理的重要批示，加快推进土壤环境保护法规起草工作，环保部再次启动土壤环境保护法规起草工作。

1. 成立领导小组、工作组和专家组

2012 年 10 月，环保部经与相关部委协商，成立了由国家发展改革委、科技部、工业和信息化部、国土资源部、住房城乡建设部、农业部、卫生部、环保部等部门参加的土壤环境保护法规起草工作领导小组、工作组（环函〔2012〕274 号）和专家组（环办函〔2012〕1204 号）。环保部副部长李干杰担任法规起草领导小组组长，相关部委有关司局负责同志任成员。法规起草工作组由各部委有关处级负责同志组成。法规起草专家组由武汉大学环境法研究所王树义教授担任组长，笔者担任副组

长，成员有北京大学法学院汪劲教授、中山大学法学院李挚萍教授、北京理工大学法学院罗丽教授、武汉大学法学院罗吉教授、中国政法大学民商经济法学院胡静副教授、中国环境科学研究院李发生研究员、中国科学院地理科学与资源研究所陈同斌研究员。

2. 召开领导小组会议

2012 年 11 月 14 日，土壤环境保护法规起草工作领导小组在北京召开第一次会议。领导小组组长李干杰主持会议并作了重要讲话。环保部生态司司长庄国泰宣读了关于成立土壤环境保护法规起草工作领导小组、工作组和专家组的通知，有关单位和专家组汇报了土壤环境保护法规起草工作进展、土壤环境保护法规起草工作方案和法律框架。环保部、国家发展改革委、国土资源部、工业和信息化部、农业部、住房城乡建设部、科技部、卫生部等土壤环境保护法规起草工作领导小组和工作组成员以及专家组成员参加了会议。

2014 年 3 月 3 日，李干杰主持召开领导小组第二次会议，听取了专家组对《土壤环境保护法（草案汇报稿）》起草过程和主要内容的汇报以及对有关事项的说明。李干杰充分肯定了立法工作取得的积极进展，指出，一年多来，在各有关部门和专家的共同努力下，土壤污染防治法立法列入十二届全国人大常委会立法规划第一类项目，要求更加明确，为加快立法进程创造了有利条件。李干杰要求加强与人大环资委、国务院法制办的沟通，倒排工作计划，实行挂图作战，周密安排，精心组织，切实做好立法起草的各项工作。

2014 年 12 月，在北京召开领导小组第三次会议，再次征求了法规起草工作领导小组成员单位对草案的意见，并提出进一步修改的意见。

3. 召开专家组会议

从2012年9月至2014年10月，连续召开了14次土壤环境保护法规起草专家组会议，组织集中修改和实地调研等活动。

2012年9月27日，在北京召开专家组第一次会议。回顾总结了土壤环境保护立法前期研究工作进展，讨论了《土壤环境保护法规起草工作方案（讨论稿）》。

2012年10月13—14日，在北京召开专家组第二次会议。分别就我国土壤环境保护政策、土壤环境管理、土壤环境标准、国外土壤环境保护立法经验及其启示等作了专题交流，对我国土壤环境保护法的定位、主要法律制度和框架草案等进行了讨论。

2012年11月24—26日，在广州召开了专家组第三次会议。会议期间，与会人员赴广东大宝山就矿产资源开发对土壤环境影响情况进行了现场调研。会议交流了《土壤环境保护法（初稿）》各章节条文的起草情况，对各章节结构及条文内容进行了讨论并提出修改意见和建议。

2012年12月22—23日，在湖北恩施召开专家组第四次会议。交流了土壤环境保护法各章节条文修改情况，并讨论了下一步修改的意见和建议。

2013年1月28—31日，在湖北武汉召开专家组第五次会议。参会人员对土壤环境保护法各章节内容逐条进行了讨论并提出修改意见。

2013年3月2—3日，在江苏南京召开专家组第六次会议。继续逐

2012 年 11 月，在广东广州召开土壤环境保护法规起草专家组第三次会议

2013 年 1 月，在湖北武汉召开土壤环境保护法规起草专家组第五次会议

条讨论修改土壤环境保护法各章节内容，并提出下一步工作要求：一是完善立法文本中有关法律责任的相关内容，二是完成法律起草说明，三是确定调研计划，尽早安排落实。在研究国外同类立法和总结梳理我国土壤环境保护立法前期相关工作、开展立法调研的基础上，形成土壤污染防治法草案初稿。

2013 年 3 月，在江苏南京召开土壤环境保护法规起草专家组第六次会议

2013 年 4 月 3 日，环保部在北京召开部分全国人大和政协两会代表委员土壤污染防治立法专题座谈会，听取人大代表、政协委员对土壤污染防治立法的意见和建议。

2013 年 4 月 27 日，环保部副部长李干杰主持召开土壤环境保护立法全国两会代表委员座谈会，听取了 4 名全国人大代表和 3 名全国政协委员的发言，要求法规起草工作组和专家组认真研究吸纳。

2013 年 6 月 3 日，在北京召开专家组第七次会议。结合全国两会代表和委员的意见和建议，对各章节内容进行了认真讨论，并提出修改意见。

2013 年 6 月 15—16 日，在河南开封召开专家组第八次会议。专门就草案第二章“土壤环境标准”和第四章“土壤环境的保护和改善”进行讨论，并提出修改意见。

2013 年 6 月 25—26 日，在北京召开专家组第九次会议。继续讨论修改草案各章节内容。

2013 年 10 月，经党中央批准的《十二届全国人大常委会立法规划》，将制定土壤污染防治法列为第一类立法项目（条件比较成熟、任期内拟提请审议），并明确由全国人大环境与资源保护委员会牵头起草土壤污染防治法草案。2013 年 11 月，全国人大环资委发函《关于土壤污染防治法起草的委托函》（人环委函〔2013〕2 号），正式委托环保部组织起草《土壤污染防治法（草案建议稿）》。2014 年 2 月，环保部在前期工作基础上，形成《土壤污染防治法（草案征求意见稿）》。

2014 年 3 月 2 日，在北京召开专家组第十次会议。与会人员认真学习了党的十八届三中全会决定、2014 年中央 1 号文件中有关土壤环境保护的最新要求，听取了关于《土壤环境保护和综合治理行动计划》编制情况及主要内容的介绍，并就如何在草案中吸纳有关要求和内容进行了讨论，对草案的部分条文进行了修改完善，形成提交领导小组第二次会议讨论的草案汇报稿。

2014 年 3 月 31 日，在北京召开专家组第十一次会议。修改完善法律草案，初步形成完整的征求意见稿。2014 年 4 月，征求了党中央、国务院有关部门和各省级人民政府的意见。

2014 年 6 月 18—20 日，在江西鹰潭召开专家组第十二次会议。会议组织学习了新修订的《中华人民共和国环境保护法》中土壤环境保护的相关内容，重点对党中央、国务院有关部门以及各省级人民政府对《土壤环境保护法（征求意见稿）》提出的 400 多条意见认真分析研究，逐条提出采纳意见和建议。为提高立法的针对性和可操作性，会议期间，与会人员现场调研了江西贵溪冶炼厂周边农田污染土壤修复治理示范工程。

2014 年 7 月 20—21 日，在北京召开专家组第十三次会议。结合党中央、国务院有关部门、各省级人民政府和环保部内有关司局提出的修改意见和建议，在认真讨论的基础上，对草案进行了修改完善，并对近期立法调研提出建议。

2014 年 8 月 5 日，在北京召开土壤修复企业座谈会。起草专家组成员参会，就土壤修复责任追溯、资金机制、修复方案编制、监测验收等方面的制度设计听取 10 家土壤修复企业负责人的意见和建议。

2014 年 8 月 6—8 日，专家组赴江苏常州、泰州、南通开展立法调研。在常州召开了污染场地修复工作座谈会，现场考察了原常州化工厂地块土壤修复项目和新北区新龙生态园项目。在泰州现场考察了黄桥镇现代农业园项目，在南通现场考察调研了姚港化工区退役场地污染土壤修复工程项目，并与当地相关部门和从业单位相关人员就修复工程涉及的法律、政策、施工、验收、监理、监管等问题进行了座谈讨论。

2014 年 9 月 23 日，环保部召开部长专题会，对完善法律草案提出明确要求。2014 年 10 月 9—11 日，结合全国人大土壤污染防治重点建议办理和土壤污染防治行动计划编制，环保部组织全国人大常委会办公厅、全国人大环资委、工业和信息化部、国土资源部、水利部、农业部等部门赴湖北省开展土壤污染防治工作调研。

2014 年 10 月 15 日，在北京召开专家组第十四次会议。传达了 9 月 23 日环保部副部长李干杰在专题会议上关于土壤污染防治法的修改要求，介绍了近期全国人大常委会土壤污染防治调研情况以及对立法的建议。专家组按照专题会议精神，对土壤污染防治法草案建议稿进行了认真研究，重点就土壤污染防治管理体制和职责分工、土壤环境标准、土壤环境功能区划等内容进行了修改完善。会议要求专家组对草案建议稿作进一步修改，完善编制说明、论证材料。

4. 形成立法草案建议稿

2014 年 12 月 11 日，环保部副部长李干杰主持召开专题会，审议通过《土壤污染防治法（草案建议稿）》。根据会议意见和建议，专家组对《土壤污染防治法（草案建议稿）》进行了修改完善。12 月 15 日，环保部向全国人大环资委报送《土壤污染防治法（草案建议稿）》及其编制说明（环函〔2014〕288 号），并应全国人大环资委要求，推荐了土壤污染防治领域专家（环办函〔2014〕1641 号）。

草案建议稿主要就土壤污染防治基本制度、预防保护、管控和修复、经济措施、监督检查和法律责任等重要内容作出规定，体现了“预防为主、保护优先”的原则。主要内容包括：

一是标准、调查和规划。规定了国家土壤环境标准、地方土壤环境标准、土壤污染状况调查、土壤污染状况监测、标准和规范的制定与公布、土壤环境信息共享与公报、土壤污染防治规划等内容。

二是预防和保护。规定了环境影响评价、土壤有毒有害物质名录、重点监管行业、重点监管企业、防治设备设施拆除、矿产资源开发等活动的不良影响、控制农业投入品、土壤改良的鼓励措施、土地复垦中的土壤环境保护等内容。

三是农用地土壤污染风险管控与修复。规定了农用地地块土壤污染状况调查、风险评估、分类管理、安全利用措施、严格管控措施、修复措施等内容。

四是建设用地土壤污染风险管控和修复。规定了地块土壤污染状况调查、土地权属和用途变更、土壤污染状况调查、土壤污染风险评估、土壤污染风险管控修复名录、风险管控措施、污染土壤修复及其监理、污染土壤修复效果评估等内容。

五是土壤污染防治经济措施。规定了土壤污染防治的财政投入、土壤污染防治基金制度、资金投入与经济政策、污染治理金融政策、污染治理税收优惠政策、土壤污染修复责任保险制度等内容。

六是监督检查。规定了人大常委会监督、地方政府环保部门监督检查、强制措施、风险管控和修复监督检查、信息公开、举报等内容。

（三）立法草案审议稿形成（2014—2016 年）>>>

2014 年 12 月 15 日，全国人大环资委收到环保部报送的《土壤污染防治法（草案建议稿）》及其编制说明（环函〔2014〕288 号）。全国人大环资委组织开展了多次土壤污染防治立法调研活动，同时，在草案建议稿基础上，进行了草案审议稿的修改完善工作。

1. 立法调研情况

2014 年 4 月 24 日，全国人大环资委在北京召开土壤污染防治立法座谈会，听取环保部关于土壤污染防治法起草情况的汇报。4 月 25 日，全国人大环资委主任委员陆浩主持召开十二届全国人大环资委第十一次全体会议，研究部署土壤污染防治专题调研工作。

2014 年 5 月 12—14 日，全国人大环资委副主任委员罗清泉带队赴江苏开展土壤污染防治立法调研，听取江苏省土壤污染防治工作情况及相关立法意见和建议。在江苏考察期间，12 日下午专程赴环保部南京环境科学研究所进行调研座谈，听取南京环境科学研究所在土壤污染防治领域科研情况汇报，就土壤污染调查以及相关法律法规标准体系建设等方面进行了深入讨论，并参观了依托南京环境科学研究所建设的国家环境保护土壤环境管理与污染控制重点实验室（以下简称土壤重点实验室）。13 日，调研组前往土壤重点实验室位于江苏苏州吴江区的污染土壤修复野外研究基地进行实地考察调研，参观了土壤污染修复示范基地的植物修复区、微生物修复试验区、污染土壤热脱附修复试验区、污染土壤淋洗修复试验区、污染河道生态恢复工程和人工湿地处理工程等。环保部生态司司长庄国泰一直陪同考察调研。

2014 年 5 月 12 日，全国人大环资委副主任委员罗清泉一行参观南京环境科学研究所土壤重点实验室时的合影

2014 年 5 月 12 日，罗清泉一行参观南京环境科学研究所土壤重点实验室

2014 年 5 月 13 日，罗清泉一行赴江苏苏州吴江区参观考察土壤重点实验室污染土壤修复野外研究基地

2014 年 7 月 7 日，全国人大环资委法案室组织赴上海开展土壤污染防治立法调研，听取了上海市土壤污染防治工作汇报，参观了国家环境保护城市土壤污染控制与修复工程技术中心实验室。

2014 年 8—9 月，全国人大常委会副委员长陈昌智、沈跃跃分别率全国人大常委会专题调研组赴山东、湖南、辽宁、河南进行土壤污染防治情况调研。

2014 年 11 月 25—28 日，全国人大环资委副主任委员罗清泉带队赴广东省开展土壤污染防治立法调研。

2015 年 6 月 14—17 日，沈跃跃带队，全国人大环资委土壤污染防治法起草领导小组组长罗清泉等组成调研组，赴福建省开展调研。环保部副部长李干杰陪同调研。

2017 年 5 月 5—7 日，全国人大环资委罗清泉一行赴湖南开展土壤污染防治立法调研，全国人大常委会法工委、国家发展改革委、环保部、农业部的有关同志参加调研。

2. 举办土壤立法专题讲座

2014 年 12 月 2 日，全国人大环资委召开第十二次全体委员会议，举办土壤立法专题讲座，邀请笔者在北京作“我国土壤环境问题及其防治对策”讲座（人环委办〔2014〕52 号）。讲座内容包括我国土壤污染问题演变过程和基本特征、土壤污染成因、土壤污染危害及风险、对策建议。全国人大常委会副委员长沈跃跃听取了专题讲座。

2014 年 12 月 2 日，受邀在全国人大环资委作了“我国土壤环境问题及其防治对策”专题讲座

专题讲座现场

3. 编写《土壤污染防治立法知识读本》

为进一步配合土壤污染防治法草案起草工作，全国人大环资委、环保部组织环保部南京环境科学研究所、中国政法大学、北京理工大学、中国环境科学研究院、中国科学院地理科学与资源研究所等单位有关专家编写《土壤污染防治立法知识读本》。2015 年 3 月 12 日，根据全国人大环资委要求，环保部生态司在北京召开《土壤污染防治立法知识读本》编写组会议。编写组提交了编写提纲，明确了编写基本要求、任务分工和时间安排。

2015 年 3 月 31 日，环保部生态司在北京召开土壤污染防治立法知识读本初稿第一次审稿会。2015 年 4 月 28 日，环保部生态司在北京召开土壤污染防治立法知识读本初稿第二次审稿会。2015 年 5 月，形成《土壤污染防治立法知识读本（第三稿）》。2016 年 6 月，《土壤污染防治立法知识读本》由全国人大环资委、环保部印刷成册，发放给全国人大相关人员阅读使用。

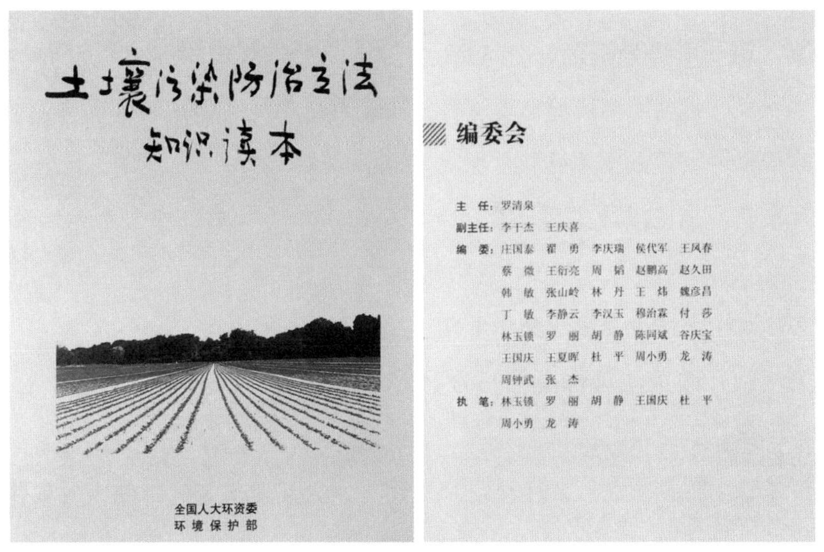

《土壤污染防治立法知识读本》封面及编委会名单

专栏 6　《土壤污染防治立法知识读本》简介

全书分为基础知识篇、形势分析篇、政策法规标准篇、国际立法经验篇和治理修复篇五大部分，全面、系统地阐述了土壤污染防治相关背景知识。主要内容包括：

第一篇　基础知识篇，分 3 章。

第一章　土壤的重要性：土壤的概念，土壤的功能，土壤的形成，土壤类型的多样性，土壤的组成，土壤元素背景值。

第二章　土壤污染及其危害：土壤污染的概念，土壤污染的特点，土壤污染物来源，土壤污染类型，土壤重金属生物有效性，土壤污染的危害，国外土壤污染事件。

第三章　土壤污染防治相关术语：土壤环境调查，土壤环境监测，土壤环境质量评价，土壤污染风险评估，风险管控，治理修复。

第二篇　形势分析篇，分4章。

第一章　我国土壤环境问题演变过程。

第二章　我国土壤环境质量现状。

第三章　土壤污染成因分析：工矿企业污染物排放，农业生产活动，地质因素。

第四章　土壤污染防治总体思路。

第三篇　政策法规标准篇，分3章。

第一章　相关政策：国家层面，地方层面。

第二章　相关法规：法律法规，部门规章，规范性文件，地方法规等。

第三章　土壤环境保护标准现状：我国土壤环境保护标准现状，现行土壤环境质量标准。

第四篇　国际立法经验篇，分4章。

第一章　主要国家和地区立法背景和主要内容：日本，韩国，我国台湾地区，德国，荷兰，美国，加拿大，英国。

第二章　立法模式：立法模式，发展趋势。

第三章　主要法律制度：土壤环境调查制度，土壤环境监测制度，土壤污染防治资金保障制度，农用地严格保护制度，土壤环境保护规划制度，土壤污染风险管控制度，土壤污染治理修复制度，土壤污染责任归属制度，本底调查制度。

第四章　发达国家和地区土壤环境标准：标准制订依据，标准功能定位，分类制订标准，污染物指标，标准制定方法，土壤基准研究。

第五篇　治理修复篇，分3章。

第一章　治理修复一般流程：环境调查，风险评估，修复目标确定，修复模式选择，修复技术筛选，修复方案优化。

第二章　农用地土壤污染治理修复案例：国外案例，国内案例。

第三章　污染场地治理与修复案例：国外案例，国内案例。

4. 召开专家座谈会

2015 年 4 月 10 日，全国人大环资委在全国人大机关办公楼第三会议室召开土壤污染防治立法专家座谈会，环保部介绍了《土壤污染防治法（草案建议稿）》起草过程和主要内容，听取会议专家对《土壤污染防治法（草案建议稿）》的意见和建议。

2015 年 5 月 20 日，全国人大环资委法案室在北京召开土壤污染防治立法座谈会，全国人大环资委、环保部有关领导和立法专家参会。通报土壤污染防治法起草部门工作组第一次会议情况，讨论《土壤污染防治法（草案建议稿）》框架，讨论土壤污染防治立法调研安排。

5. 形成立法草案审议稿

2016 年 5 月 28 日，国务院印发《土壤污染防治行动计划》，明确要求加快推进土壤污染防治法立法进程。其间，随着全国人大组织的调研活动，《土壤污染防治法（征求意见稿草案）》进行了反复修改、完善，前后完成 10 稿。2016 年 7 月 28 日，形成《土壤污染防治法（征求意见稿草案）（第十一稿）》。2016 年 10 月 12 日，形成《土壤污染防治法（征求意见稿草案）（第十三稿）》。在调研基础上，最终形成了正式的《土壤污染防治法（草案）》审议稿，提交全国人大常委会审议。

（四）立法草案审议与发布（2017—2018 年）>>>

1. 立法草案审议

鉴于土壤立法工作的特殊性、重要性和复杂性，全国人大常委会前后对《中华人民共和国土壤污染防治法（草案）》进行了三次审议。

（1）第一次审议

2017 年 6 月 22 日，第十二届全国人民代表大会常务委员会第二十八次会议第一次审议《中华人民共和国土壤污染防治法（草案）》。全国人大环境与资源保护委员会副主任委员罗清泉作了关于《中华人民共和国土壤污染防治法（草案）》的说明，阐述了土壤立法的必要性和可行性，详细介绍了草案的主要内容，如立法目的、政府 / 企业和公众土壤污染防治义务、标准、调查、监测和规划制度、土壤污染预防和保护、土壤污染风险管控和修复、土壤污染防治的经济措施等。全国人大常委会委员在审议过程中对草案提出了修改完善意见。会后，2017 年 7 月，全国人大常委会法制工作委员会将草案印发各省（区、市）、部分设区的市、基层立法联系点和中央有关部门、单位等征求意见，并在中国人大网全文公布草案，征求社会公众意见。

2017 年 8 月 24 日，全国人大法律委员会、全国人大环境与资源保护委员会、全国人大常委会法制工作委员会在全国人大机关办公楼第一会议室召开座谈会，听取部分全国人大代表和有关部门、企业、专家等对草案的意见。法律委员会、法制工作委员会还到湖北、安徽、吉林、江西和贵州调研，并就草案中的主要问题与有关部门交换意见，共同研究。法律委员会于 11 月 28 日召开会议，根据全国人大常委会第二十八次会议的审议意见和各方面意见，对草案进行了逐条审议。全国人大环境与资源保护委员会、国务院法制办公室、环保部、农业部、国土资源部、住房和城乡建设部的负责同志列席了会议。12 月 14 日，法律委员会召开会议，再次进行审议，对草案作了一些文字修改，形成了草案二次审议稿，建议提请全国人大常委会会议继续审议。

（2）第二次审议

2017 年 12 月 22 日，第十二届全国人民代表大会常务委员会第三十一次会议第二次审议《中华人民共和国土壤污染防治法（草案）》，全国人大法律委员会对草案修改情况作了汇报。修改后的草案主要内容包括：一是明确防治土壤污染应当坚持预防为主、保护优先、分类管理、风险管控、污染担责、公众参与；二是明确土壤污染防治规划、土壤污染风险管控标准、土壤污染状况普查和监测等基本制度；三是明确土壤有毒有害物质名录制度和重点监管企业名单制度，强化农业投入品管理，防止农业面源污染，加强对未污染土壤和未利用地的保护；四是明确农用地分类管理制度，针对优先保护类、安全利用类和严格管控类农用地，分别规定不同的管理措施，明确相应的风险管控和修复要求；五是明确建设用地土壤污染风险管控和修复名录制度，规定进出名录管理地块的条件、程序以及应当采取的风险管控和修复措施与禁止行为；六是明确国家采取有利于土壤污染防治的经济政策和优惠措施，安排必要的资金用于土壤污染防治，建立土壤污染防治资金保障制度；七是明确地方人民政府对土壤安全利用的主体责任、生态环境及有关部门的监督管理责任，形成土壤污染防治工作合力，建立约谈等问责机制，鼓励新闻媒体、社会公众对土壤污染防治违法行为进行监督；八是对违反本法规定行为根据不同情况规定相应的法律责任。

2018 年 5 月 20—22 日，全国人大宪法和法律委员会副主任委员胡可明一行到江苏就土壤污染防治法草案修改工作开展调研。其间，5 月 21 日，全国人大宪法和法律委员会副主任委员胡可明、全国人大常委会法制工作委员会副主任许安标等一行 9 人来南京环境科学研究所就土壤污染防治法草案的修改进行调研，重点围绕国家土壤污染风险管控标准与南京环境科学研究所专家进行了座谈。生态环境部法规与标准司副司长赵柯、土壤司副司长钟斌一起参加了调研。南京环境科学研究所土壤污染防治研究中心主任林玉锁详细汇报了《土壤环境质量　农用地土壤污染风险管控标准》《土壤环境质量　建设用地土壤污染风险管控标准》两项标准的制定背景和工作过程、标准定位以及制定方法等。与会人员就农用地和建设用地标准制定过程中的关键问题进行了深入讨论，并就立法草案中相关内容进行了咨询。座谈会后，调研组参观了南京环境科学研究所土壤污染防治研究中心，听取了土壤中心关于全国土壤环境信息分析与土壤环境功能区划、全国土壤污染详查信息管理系统、省级工业污染场地信息管理系统、污染场地数据分析与案例以及土壤污染防治修复技术设备研发等成果的介绍，并与土壤中心主要研究人员进行了面对面的交流。通过此次调研活动，调研组深入了解了国家土壤污染风险管控标准制定工作中的思路创新、体系创新、方法创新等情况，进一步了解南京环境科学研究所在土壤环境标准研究以及土壤污染防治领域的长期科研积累。

全国人大宪法和法律委员会于2018年7月25日召开会议，根据全国人大常委会组成人员的审议意见和各方面意见，对草案进行了逐条审议。全国人大环境与资源保护委员会、司法部、生态环境部、农业农村部、自然资源部、住房和城乡建设部、国家林业和草原局有关负责同志列席了会议。8月20日，全国人大宪法和法律委员会召开会议，再次进行审议。宪法和法律委员会认为，为了保护和改善环境，制定本法是必要的，草案经过两次审议已经比较成熟。但也提出了进一步修改意见：根据《国务院机构改革方案》，一些部门的职责已发生调整，名称也有变化，建议草案的规定与改革方案相衔接；应当进一步突出预防为主、保护优先，夯实企业主体责任；在对土壤污染进行防治时，应当加强对地下水污染的防治，体现水土一体防治；应当进一步理顺土壤污染风险管控和修复过程中相关主体的责任，突出污染者责任；住宅、公共管理与公共服务用地直接涉及人居安全，十分敏感，应当加强准入管理，确保土地开发利用前符合用地条件；加大对土壤污染防治违法行为的处罚力度，提高违法成本，严惩重罚，形成震慑；等等。此外，还对草案二次审议稿作了一些文字修改，形成了草案三次审议稿，全国人大宪法和法律委员会

2018年5月21日，全国人大宪法和法律委员会副主任委员胡可明一行在南京环境科学研究所召开土壤污染防治立法座谈会

2018 年 5 月 21 日，全国人大宪法和法律委员会副主任委员胡可明一行与南京环境科学研究所土壤重点实验室部分人员合影

2018 年 5 月 21 日，全国人大宪法和法律委员会副主任委员胡可明一行参观南京环境科学研究所土壤重点实验室土壤环境信息分析与应用中心

建议提请全国人大常委会会议审议通过。

（3）第三次审议

2018 年 8 月 27 日，第十三届全国人民代表大会常务委员会第五次会议第三次审议《中华人民共和国土壤污染防治法（草案）》，全国人大宪法和法律委员会对三次审议稿修改形成过程情况作了汇报。会议于 8 月 28 日下午对三次审议稿进行了分组审议，普遍认为，草案已经比较成熟，

建议进一步修改后提请本次会议通过。全国人大宪法和法律委员会于8月29日召开会议，对全国人大常委会委员提出的修改意见逐条研究修改，对草案进行了审议。此外，还对草案三次审议稿作了个别文字修改，形成了草案建议表决稿。2018年8月31日，第十三届全国人民代表大会常务委员会第五次会议全票通过《中华人民共和国土壤污染防治法》。

全国人大常委会委员长栗战书指出，《中华人民共和国土壤污染防治法》的出台，改变了我国土壤污染防治缺乏专门法律法规的状况，织密织严了生态环境保护的“法律网”。

2. 发布《中华人民共和国土壤污染防治法》

2018年8月31日，中华人民共和国主席习近平签发中华人民共和国主席令（第八号），颁布《中华人民共和国土壤污染防治法》，自2019年1月1日起施行。

全国人民代表大会常务委员会公报版

中华人民共和国
土壤污染防治法

中国民主法制出版社

中华人民共和国主席令

第八号

《中华人民共和国土壤污染防治法》已由中华人民共和国第十三届全国人民代表大会常务委员会第五次会议于2018年8月31日通过，现予公布，自2019年1月1日起施行。

中华人民共和国主席　习近平

2018年8月31日

《中华人民共和国土壤污染防治法》

《中华人民共和国土壤污染防治法》共7章99条。主要内容的法律条文规定：

一是土壤污染的法律定义。本法所称土壤污染，是指因人为因素导致某种物质进入陆地表层土壤，引起土壤化学、物理、生物等方面特性的改变，影响土壤功能和有效利用，危害公众健康或者破坏生态环境的现象。

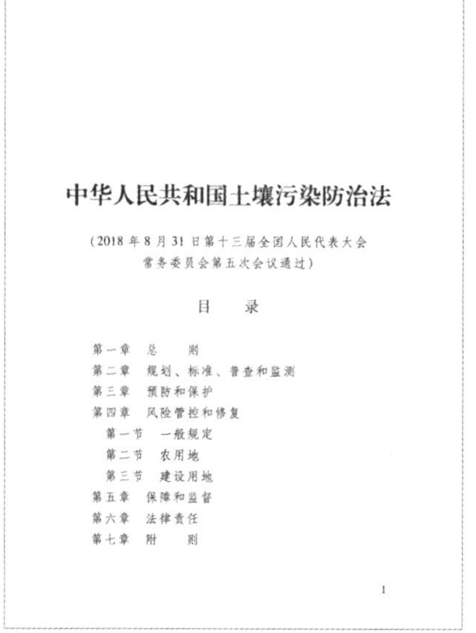

中华人民共和国土壤污染防治法

（2018年8月31日第十三届全国人民代表大会常务委员会第五次会议通过）

目　录

1

《中华人民共和国土壤污染防治法》

二是土壤污染防治原则。土壤污染防治应当坚持预防为主、保护优先、分类管理、风险管控、污染担责、公众参与的原则。

三是土壤污染防治基本制度。包括规划、标准、普查、监测、调查、风险评估、风险管控与修复、效果评估、后期管理等土壤污染防治工作涉及的主要流程或者主要环节。（1）县级以上人民政府应当将土壤污染防治工作纳入国民经济和社会发展规划、环境保护规划。设区的市级以上地方人民政府生态环境主管部门应当会同发展改革、农业农村、自然资源、住房城乡建设、林业草原等主管部门，根据环境保护规划要求、土地用途、土壤污染状况普查和监测结果等，编制土壤污染防治规划，报本级人民政府批准后公布实施。（2）国务院生态环境主管部门根据土壤污染状况、公众健康风险、生态风险和科学技术水平，并按照土地用途，制定国家土壤污染风险管控标准，加强土壤污染防治标准体系建设。省级人民政府对国家土壤污染风险管控标准中未作规定的项目，可以制定地方土壤污染风险管控标准；对国家土壤污染风险管控标准中已作规定的项目，可以制定严于国家土壤污染风险管控标准的地方土壤污染风险管控标准。地方土壤污染风险管控标准应当报国务院生态环境主管部门备案。土壤污染风险管控标准是强制性标准。国家支持对土壤环境背景值和环境基准的研究。（3）国务院统一领导全国土壤污染状况普查。国务院生态环境主管部门会同国务院农业农村、自然资源、住房城乡建设、林业草原等主管部门，每十年至少组织开展一次全国土壤污染状况普查。国务院有关部门、设区的市级以上地方人民政府可以根据本行业、本行政区域实际情况组织开展土壤污染状况详查。（4）生态环境、农业农村、林业草原、自然资源等主管部门应当对重点地块进行重点监测，对土壤污染重点监管单位周边土壤进行定期监测。（5）对有土壤污染风险的地块，用途变更为住宅、公共管理与公共服务用地等敏感用地的地块，拟开垦为耕地的地块，土壤污染重点监管单位生产经营用地地块，应当按规定进行土壤污染状况调查，并依法提交土壤污染状况调查报告。（6）对调查或者评审表明超过风险筛选值的地块，应当按照规定进行土壤污染风险评估，并依照本法规定出具风险评估报告，建设用地风险评估报告应当按照规定提交评审。（7）实施风险管控、修复活动后，应当进行效果评估，并依照本法规定出具效果评估报告，农用地地块效果评估报告应当备案，建设用地地块效果评估报告应当备案并提交评审。风险管控、修复活动完成后需要实施后期管理的，应当按照要求实施后期管理。（8）国家建立土壤环境信息共享机制。国务院生态环境主管部门应当会同国务院农业农村、自然资源、住房城乡建设、水利、卫生健康、林业草原等主管部门建立土壤环境基础数据库，构建全国土壤环境信息平台，实行数据动态更新和信息共享。

四是预防和保护制度。（1）从事生产经营活动的单位和个人，应当采取有效措施，防止有毒有害物质的渗漏、流失、扬散，避免土壤受到污染。（2）国务院生态环境主管部门应当会同国务院卫生健康等主管部门，根据对公众健康、生态环境的危害和影响程度，对土壤中有毒有害物质进行筛查评估，公布重点控制的土壤有毒有害物质名录，并适时更新。（3）设区的市级以上地方人民政府生态环境主管部门应当按照国务院生态环境主管部门的规定，根据有毒有害物质排放等情况，制定本行政区域土壤污染重点监管单位名录，向社会公开并适时更新。并具体规定了土壤污染重点监管单位应当履行的义务。（4）强化农业投入品管理，防止农业面源污染。（5）加强对未污染土壤和未利用地的保护。

五是土壤污染风险管控和修复责任制度。（1）土壤污染责任人负有实施土壤污染风险管控和修复的义务。土壤污染责任人无法认定的，土地使用权人应当实施土壤污染风险管控和修复。（2）地方人民政府及其有关部门可以根据实际情况组织实施土壤污染风险管控和修复。（3）国家鼓励和支持有关当事人自愿实施土壤污染风险管控和修复。（4）农村集体经济组织及其成员、农民专业合作社等具有协助实施风险管控和修复的义务。（5）因实施或者组织实施风险管控和修复活动所支出的费用，由土壤污染责任人承担。土壤污染责任人变更的，由承继其债权债务的单位或者个人承担相关风险管控和修复义务。政府收储的土地，土壤污染责任人为原土地使用权人的，由地方人民政府实施风险管控和修复。（6）土壤污染责任人不明确或者存在争议的，农用地由地方人民政府农业农村、林业草原主管部门会同生态环境、自然资源主管部门认定，建设用地由地方人民政府生态环境主管部门会同自然资源主管部门认定。认定办法由国务院生态环境主管部门会同有关部门制定。

六是农用地分类管理制度。（1）国家建立农用地分类管理制度。按照土壤污染程度和相关标准，将农用地划分为优先保护类、安全利用类和严格管控类。（2）对土壤污染状况普查、详查和监测、现场检查表明有土壤污染风险的农用地地块，地方人民政府农业农村、林业草原主管部门应当会同生态环境、自然资源主管部门进行土壤污染状况调查。对土壤污染状况调查表明污染物含量超过土壤污染风险管控标准的农用地地块，地方人民政府农业农村、林业草原主管部门应当会同生态环境、自然资源主管部门组织进行土壤污染风险评估，并按照农用地分类管理制度管理。（3）对安全利用类农用地地块，地方人民政府农业农村、林业草原主管部门，应当结合主要作物品种和种植习惯等情况，制定并实施安全利用方案。安全利用方案应当包括下列内容：农艺调控、替代种植；定期开展土壤和农产品协同监测与评价；对农民、农民专业合作社及其他农业生产经营主体进行技术指导和培训；其他风险管控措施。（4）对严格管控类农用地地块，地方人民政府农业农村、林业草原主管部门应当采取下列风险管控措施：提出划定特定农产品禁止生产区域的建议，报本级人民政府批准后实施；按照规定开展土壤和农产品协同监测与评价；对农民、农民专业合作社及其他农业生产经营主体进行技术指导和培训；其他风险管控措施。各级人民政府及其有关部门应当鼓励对严格管控类农用地采取调整种植结构、退耕还林还草、退耕还湿、轮作休耕、轮牧休牧等风险管控措施，并给予相应的政策支持。（5）对产出的农产品污染物含量超标，需要实施修复的农用地地块，土壤污染责任人应当编制修复方案，报地方人民政府农业农村、林业草原主管部门备案并实施。修复方案应当包括地下水污染防治的内容。修复活动应当优先采取不影响农业生产、不降低土壤生产功能的生物修复措施，阻断或者减少污染物进入农作物食用部分，确保农产品质量安全。（6）对风险管控和修复活动后，需要实施后期管理的农用地地块，应当按照要求实施后期管理。

七是建设用地风险管控和修复名录制度。（1）省级人民政府生态环境主管部门会同自然资源等主管部门制定建设用地土壤污染风险管控和修复名录，按照规定向社会公开，并根据风险管控、修复情况适时更新。（2）对土壤污染状况调查报告评审表明污染物含量超过土壤污染风险管控标准的建设用地地块，土壤污染责任人、土地使用权人应当按照国务院生态环境主管部门的规定进行土壤污染风险评估，并将土壤污染风险评估报告报省级人民政府生态环境主管部门。省级人民政府生态环境主管部门应当会同自然资源等主管部门按照国务院生态环境主管部门的规定，对土壤污染风险评估报告组织评审，及时将需要实施风险管控、修复的地块纳入建设用地土壤污染风险管控和修复名录，并定期向国务院生态环境主管部门报告。列入建设用地土壤污染风险管控和修复名录的地块，不得作为住宅、公共管理与公共服务用地。（3）对建设用地土壤污染风险管控和修复名录中的地块，土壤污染责任人应当按照国家有关规定以及土壤污染风险评估报告的要求，采取相应的风险管控措施，并定期向地方人民政府生态环境主管部门报告。风险管控措施应当包括地下水污染防治的内容。（4）对建设用地土壤污染风险管控和修复名录中的地块，地方人民政府生态环境主管部门可以根据实际情况采取下列风险管控措施：提出划定隔离区域的建议，报本级人民政府批准后实施；进行土壤及地下水污染状况监测；其他风险管控措施。（5）对建设用地土壤污染风险管控和修复名录中需要实施修复的地块，土壤污染责任人应当结合土地利用总体规划和城乡规划编制修复方案，报地方人民政府生态环境主管部门备案并实施。（6）风险管控、修复活动完成后，土壤污染责任人应当另行委托有关单位对风险管控效果、修复效果进行评估，并将效果评估报告报地方人民政府生态环境主管部门备案。（7）对达到土壤污染风险评估报告确定的风险管控、修复目标的建设用地地块，土壤污染责任人、土地使用权人可以申请省级人民政府生态环境主管部门移出建设用地土壤污染风险管控和修复名录。省级人民政府生态环境主管部门应当会同自然资源等主管部门对风险管控效果评估报告、修复效果评估报告组织评审，及时将达到土壤污染风险评估报告确定的风险管控、修复目标且可以安全利用的地块移出建设用地土壤污染风险管控和修复名录，按照规定向社会公开，并定期向国务院生态环境主管部门报告。未达到土壤污染风险评估报告确定的风险管控、修复目标的建设用地地块，禁止开工建设任何与风险管控、修复无关的项目。

八是水土一体防治制度。（1）超过风险管控标准的地块，土壤污染状况调查报告应当包括地下水是否受到污染的内容。（2）对安全利用类和严格管控类农用地地块的土壤污染影响或者可能影响地下水、饮用水水源安全的，地方人民政府生态环境主管部门应当会同农业农村、林业草原等主管部门制定防治污染的方案，并采取相应的措施。（3）建设用地地块风险管控措施应当包括地下水污染防治的内容。（4）需要实施修复的农用地或者建设用地地块，修复方案应当包括地下水污染防治的内容。

九是土壤污染防治的保障和监督管理制度。（1）国家采取有利于土壤污染防治的财政、税收、价格、金融等经济政策和措施。各级政府安排必要资金用于土壤污染防治。（2）国家加大土壤污染防治资金投入力度，建立土壤污染防治基金制度。设立中央土壤污染防治专项资金和省级土壤污染防治基金，主要用于农用地土壤污染防治和土壤污染责任人或者土地使用权人无法认定的土壤污染风险管控和修复以及政府规定的其他事项。对本法实施之前产生的，并且土壤污染责任人无法认定的污染地块，土地使用权人实际承担土壤污染风险管控和修复的，可以申请土壤污染防治基金，集中用于土壤污染风险管控和修复。（3）明确地方政府对土壤安全利用的主体责任以及生态环境及其有关主管部门的监督管理责任，建立约谈机制。（4）鼓励新闻媒体、社会公众对土壤污染防治违法行为进行监督。（5）明确生态环境主管部门和有关部门现场检查权和行政强制权。

十是违法行为的法律责任。（1）对土壤污染重点监管单位、从事土壤污染风险管控和修复的专业公司以及其他生产经营者的违法行为，给予罚款、没收违法所得、拒不改正的责令停产整治等处罚。（2）对有些违法行为除对单位进行处罚外，还对直接负责的主管人员和其他直接责任人员给予罚款、在一定期限或者终身禁止从事相关业务等处罚。（3）规定地方各级政府、生态环境及其他主管部门未依法履职的，对直接负责的主管人员和其他直接责任人员依法给予处分。（4）污染土壤造成他人人身或者财产损害的，依照有关法律承担侵权责任；构成犯罪的，依法追究刑事责任。

此外，还对有关土壤污染防治的公益诉讼、环境影响评价、突发事件应急、社会捐赠、信贷投放等作了相应法律规定。

（五）感悟和体会 >>>

土壤污染防治立法从社会呼吁，到国家和地方层面的长期实践探索，再到进入全国人大常委会正式立法程序，前后经历了近20年，是社会各界长期共同努力的结果。立法过程科学、严谨、务实：既借鉴了国际上发达国家和地区的先进立法经验和做法，也与中国国情相结合，符合国内法律体系精神；既有法律的原则性，也有实际可操作性。

土壤污染防治立法全过程是一次公开、透明立法的生动实践。特别是从2013年10月土壤污染防治法列入十二届全国人大常委会五年立法规划，到2018年8月31日十三届全国人大常委会第五次会议经表决全票通过的五年时间里，全国人大环境与资源保护委员会、十二届全国人大法律委员会、全国人大常委会法制工作委员会等机构通过多种形式广泛调研和征求意见。一是将草案印发各省（自治区、直辖市）和立法联系点及中央有关部门，在中国人大网两次公布草案全文，公开征求社会公众意见；二是到有代表性的地方和部分土壤污染综合防治先行区深入开展实地调研，现场考察国内科研机构、污染地块修复项目；三是召开座谈会、专家咨询会，听取部分全国两会代表委员、中央有关单位、高等院校和科研院所及相关专家、土壤污染重点监管单位、土壤污染风险管控和修复单位等方面的意见。全国人大常委会全票审议通过本身也说明了这部法受到社会各界广泛认可。

《中华人民共和国土壤污染防治法》是党的十八大以来，全国人大常委会制定的一部生态环境领域的重要法律，贯彻了习近平新时代中国特色社会主义思想特别是习近平生态文明思想，落实了党中央关于土壤污染防治的重大决策部署，完善了中国特色社会主义法律体系，丰富了污染防治法律制度的内容，构建了土壤污染防治制度的“四梁八柱”，为全面加强生态环境保护、坚决打好污染防治攻坚战特别是扎实推进净土保卫战筑牢了法治根基，为依法治污提供了法律保障。

从国际比较来看，我国的土壤污染防治法不一定是最完美的，但一定是适合我国国情、适应当前和今后一段时期经济社会发展阶段、满足我国土壤污染防治需求的最好、最有效的法律。今后，应该有两个方面工作需要加强：一是加强法律宣传教育。在法律实施过程中，除要严格执行条文，也要理解法律规定目的和立法精神，用好法律；二是要加强监管能力建设，加大资金保障力度，加快制定配套规定和相关标准等。

系统构建土壤环境标准体系

1995 年我国制定发布了首个土壤环境质量国家标准——《土壤环境质量标准》（GB 15618—1995），对推动我国土壤污染防治工作起到了重要作用。到 2018 年制定发布了两项国家标准《土壤环境质量　农用地土壤污染风险管控标准（试行）》（GB 15618—2018）、《土壤环境质量　建设用地土壤污染风险管控标准（试行）》（GB 36600—2018），标志着我国土壤环境标准体系建设已发展到了一个新的阶段，系统重构了以风险管控为核心的土壤环境标准体系，实现了我国土壤环境管理由“质量达标”向“风险管控”的转变，走出了一条具有中国特色的土壤环境标准发展之路。

（一）我国首个《土壤环境质量标准》（GB 15618—1995）

《土壤环境质量标准》（GB 15618—1995）于 1995 年 7 月由国家环境保护局和国家技术监督局共同颁布，自 1996 年 3 月 1 日起实施。该标准是在 20 世纪七八十年代我国取得的土壤环境背景值、土壤环境容量、土壤环境基准值等相关研究基础上制定的。这是我国第一个土壤环境质量国家标准，由国家环境保护局南京环境科学研究所牵头、夏家淇先生主持制定。

UDC 631.4 : 006.83
Z 50

GB

中华人民共和国国家标准

GB 15618—1995

土壤环境质量标准

Environmental quality standard for soils

1995-07-13发布　　1996-03-01实施

国家环境保护局
国家技术监督局　发布

专栏 7　夏家淇先生简介

夏家淇（1928—2021），男，汉族，安徽合肥人，出生于上海。1949 年 4 月中华人民共和国成立前夕参加中国共产主义青年社，1954 年 7 月参加中国共产党。南京环境科学研究所研究员，享受国务院政府特殊津贴，1991 年 6 月离休。

1948—1952 年，南京大学农学院农业化学系（后分为土壤学系、食品工业学系）学习，土壤学系本科毕业。

1952—1956 年，中国科学院南京土壤研究所土壤物理与物理化学研究室秘书、研究实习员、助理研究员，从事土壤物理研究、华北平原土壤调查工作。

1957—1958 年，中国科学院土壤队（后改名中国科学院土壤及水土保持研究所）业务秘书、助理研究员，从事华北平原土壤盐渍化防治研究。

1959—1962 年，中国科学院土壤及水土保持研究所开办的北京土壤大学教务主任、助理研究员。

1962—1978 年，中国科学院南京土壤研究所土壤物理室主任、助理研究员，从事土壤水盐运动规律和土壤盐渍化防治研究，1970 年开始污水灌溉研究。

1978—1991 年，环境保护部南京环境科学研究所（曾为江苏省环境科学研究所、国家环境保护局南京环境科学研究所）室主任、所长，助理研究员、副研究员、研究员，从事土壤重金属污染防治研究，负责土壤环境质量标准编制研究。

曾获国家级科技进步二等奖 1 项、三等奖 2 项，省部级一等奖 2 项、三等奖 1 项、优秀成果奖 1 项。2023 年 11 月，在纪念中国生态环境标准发展五十周年活动中获得“生态环境标准特别贡献专家”表彰。

1. 标准编制的原则

一是贯彻“预防为主”方针，防止土壤中有害物质对植物和环境造成危害和污染。

二是按土壤应用功能和保护目标的不同，规定不同类别的土壤环境质量要求。

三是我国地域辽阔，土壤类型众多，土壤性质复杂，有必要根据土壤主要性质分别制定标准值。

四是标准编制依据主要是国内已有的土壤调查和试验研究工作成果，并注意吸收国外经验。

2. 土壤环境质量分类

根据土壤应用功能和保护目标，划分为 3 类：

Ⅰ类：主要适用于国家规定的自然保护区（原有背景重金属含量高的除外）、集中式生活饮用水水源地、茶园、牧场和其他保护地区的土壤，土壤质量基本保持自然背景水平。这一类土壤中的重金属含量基本处于自然背景水平，不致使植物体发生过多的积累，并使植物重金属含量基本保持自然背景水平。自然保护区土壤应保持自然背景水平，纳入Ⅰ类环境质量要求；但某些自然保护区（如地质遗迹类型）原有背景重金属含量较高，则可除外，不纳入Ⅰ类要求。为了防止土壤对地表水或地下水源的污染，集中式生活饮用水水源地的土壤按Ⅰ类土壤环境质量来要求。对于其他一些要求土壤保持自然背景水平的保护地区土壤，也按Ⅰ类要求。

Ⅱ类：主要适用于一般农田、蔬菜地、茶园、果园、牧场等土壤，土壤质量基本不对植物和环境造成危害和污染。这一类土壤中的有害物质（污染物）对植物生长不会有不良的影响，植物体的可食部分符合食品卫生要求，不致使土壤生物特性恶化，对地表水、地下水不致造成污染。一般农田、蔬菜地、果园等土壤纳入Ⅱ类土壤环境质量要求。

鉴于一些植物茎叶对有害物质富集能力较强，有可能使茶叶或牧草超过《茶叶卫生标准》（GB 9679—1988）或《饲料卫生标准》（GB 13078—1991），可根据茶叶、牧草中的有害物质残留量，确定茶园、牧场土壤纳入Ⅰ类或Ⅱ类土壤环境质量。

Ⅲ类：主要适用于林地土壤及污染物容量较大的高背景值土壤和矿产附近等地的农田土壤（蔬菜地除外）。土壤质量基本不对植物和环境造成危害和污染。Ⅲ类尽管规定标准值较宽，但也要求土壤中的污染物对植物和环境不造成危害和污染。一般来说，林地土壤中污染物不进入食物链，树木耐污染能力较强，故纳入Ⅲ类环境质量要求。原生高背景值土壤、矿产附近等地土壤中的有害物质虽含量较高，但这些土壤中有害物质的活性较低，一般不对农田作物（蔬菜除外）和环境造成危害和污染，可纳入Ⅲ类；若监测有危害或污染，则不可纳入Ⅲ类。

由此标准分为三级：

一级标准：为保护区域自然生态，维护自然背景的土壤环境质量限制值。Ⅰ类土壤环境质量执行一级标准。

二级标准：为保障农业生产，维护人体健康的土壤限制值。Ⅱ类土壤环境质量执行二级标准。

三级标准：为保障农林生产和植物正常生长的土壤临界值。Ⅲ类土壤环境质量执行三级标准。

《土壤环境质量标准》（GB 15618—1995）规定的一级、二级、三级标准值见表3。

表3　土壤环境质量标准值

单位：mg/kg

<table>
<tr><th colspan="3" rowspan="3">项目</th><th>一级</th><th colspan="3">二级</th><th>三级</th></tr>
<tr><th colspan="5">土壤pH值</th></tr>
<tr><th>自然背景</th><th>＜6.5</th><th>6.5～7.5</th><th>＞7.5</th><th>＞6.5</th></tr>
<tr><td colspan="2">镉</td><td>≤</td><td>0.20</td><td>0.30</td><td>0.30</td><td>0.60</td><td>1.0</td></tr>
<tr><td colspan="2">汞</td><td>≤</td><td>0.15</td><td>0.30</td><td>0.50</td><td>1.0</td><td>1.5</td></tr>
<tr><td rowspan="2">砷</td><td>水田</td><td>≤</td><td>15</td><td>30</td><td>25</td><td>20</td><td>30</td></tr>
<tr><td>旱地</td><td>≤</td><td>15</td><td>40</td><td>30</td><td>25</td><td>40</td></tr>
<tr><td rowspan="2">铜</td><td>农田等</td><td>≤</td><td>35</td><td>50</td><td>100</td><td>100</td><td>400</td></tr>
<tr><td>果园</td><td>≤</td><td>—</td><td>150</td><td>200</td><td>200</td><td>400</td></tr>
<tr><td colspan="2">铅</td><td>≤</td><td>35</td><td>250</td><td>300</td><td>350</td><td>500</td></tr>
<tr><td rowspan="2">铬</td><td>水田</td><td>≤</td><td>90</td><td>250</td><td>300</td><td>350</td><td>400</td></tr>
<tr><td>旱地</td><td>≤</td><td>90</td><td>150</td><td>200</td><td>250</td><td>300</td></tr>
<tr><td colspan="2">锌</td><td>≤</td><td>100</td><td>200</td><td>250</td><td>300</td><td>500</td></tr>
<tr><td colspan="2">镍</td><td>≤</td><td>40</td><td>40</td><td>50</td><td>60</td><td>200</td></tr>
<tr><td colspan="2">六六六</td><td>≤</td><td>0.05</td><td colspan="3">0.50</td><td>1.0</td></tr>
<tr><td colspan="2">滴滴涕</td><td>≤</td><td>0.05</td><td colspan="3">0.50</td><td>1.0</td></tr>
</table>

注：①重金属（铬主要是三价）和砷均按元素量计，适用于阳离子交换量＞5 cmol（+）/kg的土壤，若≤5 cmol（+）/kg，其标准值为表内数值的半数。
②六六六为四种异构体总量，滴滴涕为四种衍生物总量。
③水旱轮作地的土壤环境质量标准，砷采用水田值，铬采用旱地值。

《土壤环境质量标准》（GB 15618—1995）的发布对推动我国土壤污染防治工作，特别是支撑当时土壤环境调查与评价工作，起到了重要作用。在当时食品安全问题受到全社会高度关注时，为了满足农产品产地环境质量评价需要，由南京环境科学研究所编制完成了《食用农产品产地环境质量评价标准》（HJ/T 332—2006）和《温室蔬菜产地环境质量评价标准》（HJ/T 333—2006），其中的土壤环境质量评价标准主要依据《土壤环境质量标准》（GB 15618—1995）制定，但对铅的评价指标限值有所加严。

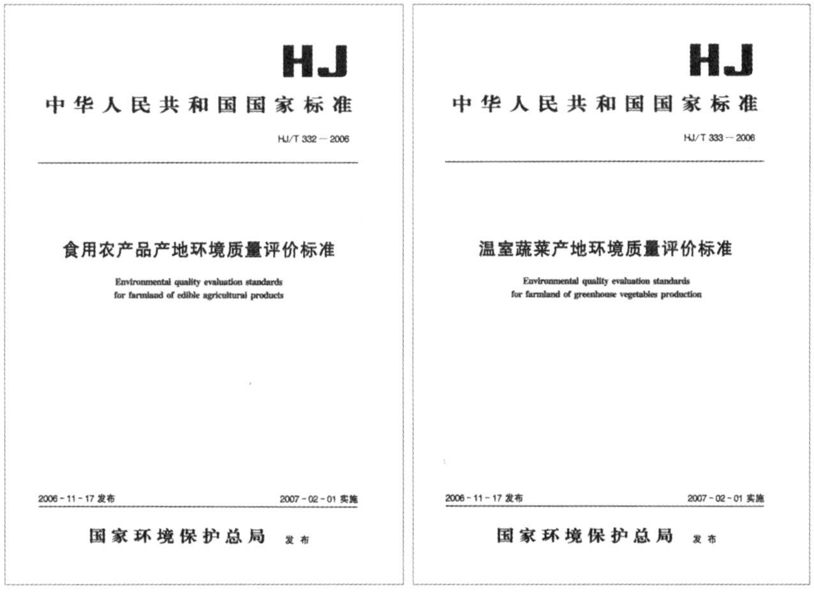

《食用农产品产地环境质量评价标准》（HJ/T 332—2006）

《温室蔬菜产地环境质量评价标准》（HJ/T 333—2006）

食用农产品产地土壤环境质量评价指标限值见表 4，温室蔬菜产地土壤环境质量评价指标限值见表 5。

表 4　食用农产品产地土壤环境质量评价指标限值[①]

单位：mg/kg

项目[②]			pH 值＜ 6.5	pH 值[③] 6.5 ～ 7.5	pH 值＞ 7.5
土壤环境质量基本控制项目：					
总镉	水作、旱作、果树等	≤	0.30	0.30	0.60
	蔬菜	≤	0.30	0.30	0.40
总汞	水作、旱作、果树等	≤	0.30	0.50	1.0
	蔬菜	≤	0.25	0.30	0.35
总砷	旱作、果树等	≤	40	30	25
	水作、蔬菜	≤	30	25	20
总铅	水作、旱作、果树等	≤	80	80	80
	蔬菜	≤	50	50	50
总铬	旱作、蔬菜、果树等	≤	150	200	250
	水作	≤	250	300	350
总铜	水作、旱作、蔬菜、柑橘等	≤	50	100	100
	果树	≤	150	200	200
六六六[④]			≤	0.10	
滴滴涕[④]			≤	0.10	
土壤环境质量选择控制项目：					
总锌		≤	200	250	300
总镍		≤	40	50	60
稀土总量（氧化稀土）		≤	背景值[⑤] + 10	背景值[⑤] + 15	背景值[⑤] + 20
全盐量		≤	1 000　2 000[⑥]		

注：①对实行水旱轮作、菜粮套种或果粮套种等种植方式的农地，执行其中较低标准值的一项作物的标准值。

②重金属（铬主要是三价）和砷均按元素量计，适用于阳离子交换量＞ 5 cmol/kg 的土壤，若≤ 5 cmol/kg，其标准值为表内数值的半数。

③若当地某些类型土壤 pH 值变异在 6.0～7.5 范围，鉴于土壤对重金属的吸附率，在 pH 值 6.0 时接近 pH 值 6.5，pH 值 6.5 ～ 7.5 组可考虑在该地扩展为 pH 值 6.0 ～ 7.5 范围。

④六六六为四种异构体总量，滴滴涕为四种衍生物总量。

⑤背景值：采用当地土壤母质相同、土壤类型和性质相似的土壤背景值。

⑥适用于半漠境及漠境区。

表 5　温室蔬菜产地土壤环境质量评价指标限值

单位：mg/kg

项目[①]		pH[②]		
		< 6.5	6.5 ～ 7.5	> 7.5
土壤环境质量基本控制项目：				
总镉	≤	0.30	0.30	0.40
总汞	≤	0.25	0.30	0.35
总砷	≤	30	25	20
总铅	≤	50	50	50
总铬	≤	150	200	250
六六六[③]	≤	0.10		
滴滴涕[③]	≤	0.10		
全盐量	≤	2 000		
土壤环境质量选择控制项目：				
总铜	≤	50	100	100
总锌	≤	200	250	300
总镍	≤	40	50	60

注：①重金属和砷均按元素量计，适用于阳离子交换量＞5 cmol/kg 的土壤，若≤5 cmol/kg，其标准值为表内数值的半数。

②若当地某些类型土壤 pH 值变异在 6.0 ～ 7.5 范围，鉴于土壤对重金属的吸附率，在 pH 值 6.0 时接近 pH 值 6.5，pH 值 6.5 ～ 7.5 组可考虑在该地扩展为 pH 值 6.0 ～ 7.5 范围。

③六六六为四种异构体（α-666、β-666、γ-666、δ-666）总量，滴滴涕为四种衍生物（p,p'-DDE、o,p'-DDT、p,p'-DDD、p,p'-DDT）总量。

另外，当时农业部门推动的绿色食品和无公害农产品，以及环保部门推动的有机食品等产地环境质量认证工作中，大多依据《土壤环境质量标准》（GB 15618—1995）开展土壤环境质量的评价。

3. 推动我国环境基准的相关研究

在土壤环境质量标准制定过程中，起草工作组遇到的最大困难是我国土壤环境基准研究资料严重不足，深切体会到土壤环境基准研究对制定土壤环境质量标准的重要性和必要性。因此，呼吁重视和加强开展我国的环境基准研究，包括大气、水、土壤环境基准的研究工作。

（1）开展国外环境基准等效采用程序和方法研究

限于当时我国各方面条件，难以开展系统性环境基准研究工作。因此，借鉴国外环境基准研究资料是唯一的选择。1992 年，在国家环境保护局科技发展计划项目支持下，启动了“环境质量基准等效采用的程序和方法研究”（编号：921030336），由南京环境科学研究所承担，笔者为项目负责人。下设大气、水和土壤三个方面，分别研究提出了国外环境质量基准等效采用的程序和方法，为相关环境基准科研工作者，特别是标准制定人员提供技术方法的参考。

（2）举办全国环境基准学术研讨会

1993 年 5 月 24—28 日，中国环境科学学会环境基准专业委员会在南京环境科学研究所组织召开了第一次全国环境基准学术讨论会，笔者负责整个会议组织工作。来自卫生和环境领域 40 多位专家参加了会议，参会专家围绕环境基准与标准相关问题进行了广泛讨论，对当时正在进行的土壤环境质量标准制定工作起到了很好的促进和推动作用。

1993 年 5 月，在南京环境科学研究所召开的全国环境基准学术讨论会。上图为会议现场，下图为参会人员合影（左一为笔者）

（二）启动建设用地土壤环境质量标准研究（2001—2006年） >>>

2000年前后，我国城市地区出现了大量的工业场地土壤污染问题，在对城区工业场地进行土壤污染调查评估时，缺少相应的土壤环境评价标准。为此，2001年7月30日，南京环境科学研究所向国家环保总局科技司提交了《关于开展城市建设用地土壤环境质量问题及控制标准研究的建议》。

1. 列入标准计划

国家环保总局高度重视城市建设用地土壤环境质量标准研究。2001年12月12日，国家环保总局印发《关于下达2001年度国家环境标准制（修）订项目计划的通知》（环办〔2001〕139号），将“城市建设用地土壤环境质量标准”列入2001年标准计划（项目编号：8），由国家环保总局南京环境科学研究所承担，笔者为项目负责人。2001年12月18日，国家环保总局科技司向南京环境科学研究所下达“城市建设用地土壤环境质量标准”项目计划任务书。

2. 标准编制情况

2002年7月8日，国家环保总局科技司在北京召开国家环境保护标准“城市建设用地土壤环境质量标准”实施方案开题论证会，专家建议该标准名称改为“建设用地土壤环境质量标准”。

标准制定研究工作正式启动，主要开展了以下几个方面的研究工作。首先，调研了国外的情况。20 世纪 80—90 年代，许多国家十分重视土壤的保护。鉴于清洁土壤的重要性和土壤污染的严重危害，发达国家纷纷制订了土壤修复计划。美国从 20 世纪 80 年代开始启动超级基金（superfund）计划，要求对过去已受到污染场地的土壤进行清洁处理，在开发土壤污染修复技术的同时，研究制定相应的土壤标准。美国许多州如佛罗里达州、新泽西州、马里兰州等在 20 世纪 90 年代就制定了土壤中化学污染物标准，分别对居住区、非居住区和保护地下水作饮用水水源的土壤中污染物浓度进行了规定。对于居住区和非居住区主要根据人体对土壤中化学污染物的接触暴露及化学污染物性质和毒性，采用风险评价模型进行计算。对于保护地下水的土壤标准是根据化学污染物的淋溶特性及化学污染物在地下水中的基准值来计算土壤中污染物的允许浓度。在美国各州的标准中，化学污染物包括挥发性有机污染物、半挥发性有机污染物、农药等持久性有机污染物和无机污染物。从数量上说，少则几十种，多则几百种。美国各州制定的标准在实施中随着研究数据的完善和修改，也在不断修改。如美国佛罗里达州在 2003 年年初对 1999 年制定的土壤标准进行了重新修订。其他国家也颁布了居住用地土壤中污染物的标准，如德国、加拿大、荷兰、英国等都颁布了居住地土壤中铅的标准。日本在 1994 年颁布了土壤污染环境质量标准，包括 25 种污染物，其中无机污染物 9 种、有机污染物 16 种（包括 3 种农药）。中国台湾地区在 2001 年颁布了土壤污染管制标准，包括 39 种污染物，其中无机污染物 8 种、有机化合物 21 种、农药 8 种、其他有机化合物 2 种。

其次，建设用地土壤环境质量评价指标选择。原则为：一是反映我国城市环境污染源类型和土壤中污染物种类。污染物分无机污染物、有机污染物两大类，涵盖城市主要污染源，如石化、印染、农药、医药、有色金属冶炼、机械加工、垃圾及有害废物填埋等。二是根据化学污染物特性，选择对人体健康危害大的污染物，如具有致癌性，对人体神经、肾、肝、心血管、呼吸道、血液、生殖造成损伤等。三是反映国际上最为关注的持久性有机污染物，如有机氯农药、除草剂、多氯联苯等。标准共选择了 56 个指标，包括：无机污染物 10 个指标；挥发性有机污染物 17 个指标；半挥发性有机污染物 10 个指标；持久性有机污染物（农药和多氯联苯）17 个指标；其他（碳氢化合物）2 个指标。

再次，制定方法。标准中各种污染物在土壤中的最大允许浓度以保护居民和企业工作人员的人体健康为目标，应用风险评价模型进行计算得出。采用了美国佛罗里达州的计算模型。土壤中化学污染物对人体接触暴露的途径分吸入、经口摄入、皮肤接触。鉴于当时我国缺乏关于人体健康暴露方面的系统性参数，要根据我国人体暴露的参数进行计算还不具备条件，如果仅对单一参数进行修正，可能有失其完整性和系统性。所以，在当时情况下，标准拟采用美国佛罗里达州 2003 年修改后的土壤标准为基础，再结合我国国情进行综合考虑确定。

最后，标准值确定。研究收集了不同国家和地区的有关土壤环境质量标准，主要有美国马里兰州、美国新泽西州、日本、中国台湾地区，还包括文献报道的有关欧洲标准。同时与我国现行的有关土壤标准进行比较，如《土壤环境质量标准》（GB 15618—1995）和《工业企业土壤环境质量风险评价基准》（HJ/T 25—1999）。最后经过综合考虑后提出了污染物标准值。将建设用地土壤环境质量限值浓度标准分为 3 类：一类，主要适用于居住区，如居民住宅区、学校、公园及其他人群较为集中的公共场地等用地；二类，主要适用于非居住区，如工业企业用地、生活垃圾及其他废物处理场地等用地；三类：主要适用于以防治地下水污染为主要目标的建设用地。

以苯为例：苯为具有强致癌性的挥发性有机污染物。根据美国佛罗里达州规定，居住区土壤标准为 1.2 mg/kg，工业区为 1.7 mg/kg，保护地下水的土壤标准为 0.007 mg/kg。美国新泽西州居住区土壤标准定为 3 mg/kg，工业区定为 13 mg/kg，保护地下水的土壤标准定为 1 mg/kg。美国马里兰州居住区土壤标准定为 1.2 mg/kg，工业区为 100 mg/kg，保护地下水的土壤标准为 0.005 mg/kg。日本土壤环境质量标准中规定苯在浸出液中浓度为 0.01 mg/L。我国《工业企业土壤环境质量风险评价基准》（HJ/T 25—1999）定为 1 640 mg/kg，保护地下水的土壤基准为 177 mg/kg，明显偏松。因此，标准制订将采用上述中最严格的美国佛罗里达州标准，即居住区标准定为 1.2 mg/kg，非居住区标准定为 1.7 mg/kg，保护地下水的土壤标准定为 0.007 mg/kg。

另外，标准中污染物指标的分析方法采用国标方法，如果没有国标方法，则等效采用国外方法，如美国 EPA 方法。在标准文本中以附录形式进行推荐。

3. 形成标准草案建议稿

经过一年左右的时间，2003 年 8 月，国家环保总局南京环境科学研究所完成《建设用地土壤环境质量标准研究技术报告》，提交了《建设用地土壤环境质量标准（草案）》。2004 年 4 月 7 日，中国环境科学研究院环境标准研究所对标准进行了技术审查，返回《关于〈建设用地土壤环境质量标准（草案）〉意见的回复》（环院标函〔2004〕第 20 号）。2006 年 4 月 12 日，国家环保总局科技司在南京召开《建设用地土壤环境质量标准（草案）》征求意见会。

《建设用地土壤环境质量标准（草案）》中关于 54 项指标的标准值建议见表 6。

表 6　建设用地土壤环境质量标准值建议草案

单位：mg/kg

序号	项目指标	CAS #	居住区	非居住区	保护地下水
无机污染物					
1	铅	7439-92-1	100	500	—
2	镉	7440-43-9	8	170	—
3	砷	7440-38-2	15	40	—
4	汞	7439-97-6	0.3	1.7	—
5	甲基汞	22967-92-6	0.11	0.6	—
6	铬（六价）	18540-29-9	90	300	—
7	镍	7440-02-0	40	200	—
8	锌	7440-66-6	100	500	—
9	氰化物	57-12-5	3.4	340	—
挥发性有机污染物					
10	丙烯醛	107-02-8	0.05	0.3	0.06
11	丙烯酰胺	79-06-1	0.1	0.4	0.000 03
12	丙烯腈	107-13-1	0.3	0.6	0.000 3

续表

序号	项目指标	CAS #	居住区	非居住区	保护地下水
13	苯	71-43-2	1.2	1.7	0.007
14	甲苯	108-88-3	520	2 800	0.5
15	四氯化碳	56-23-5	0.5	0.7	0.04
16	氯甲烷	74-87-3	4	5.7	0.01
17	二氯甲烷	75-09-2	17	26	0.02
18	1,1-二氯乙烷	75-34-3	390	2 100	0.4
19	1，1,2-三氯乙烷	79-00-5	1.4	2	0.03
20	四氯乙烯	127-18-4	2.8	4.3	0.03
21	1,2-二溴乙烷	106-93-4	0.01	0.05	0.000 1
22	二溴氯甲烷	124-48-1	1.5	2.3	0.003
23	氯乙烯	75-01-4	0.2	0.4	0.007
24	1,1-二氯乙烯	75-35-4	95	510	0.06
25	三氯乙烯	79-01-6	0.1	0.1	0.03
半挥发性有机污染物					
26	2,4-二硝基甲苯	121-14-2	1.2	4.3	0.000 4
27	1,4-二氯苯	106-46-7	6.4	9.9	2.2
28	二（2-氯乙基）醚	111-44-4	0.3	0.5	0.000 2
29	3,3’-二氯联苯胺	91-94-1	2.1	9.9	0.003
30	苯并［*a*］蒽	56-55-3	1.3	6.6	0.8
31	苯并［*a*］芘	50-32-8	0.1	0.7	8
32	苯并［*b*］荧蒽	205-99-2	1.3	6.5	2.6
33	苯并［*k*］荧蒽	207-08-9	13	66	26
34	二苯并［*a,h*］蒽	53-70-3	0.1	0.7	0.8
35	茚并［1,2,3-*cd*］芘	193-39-5	1.3	6.6	7.2

续表

序号	项目指标	CAS #	居住区	非居住区	保护地下水
农药 / 多氯联苯					
36	艾氏剂	309-00-2	0.06	0.3	0.2
37	狄氏剂	60-57-1	0.06	0.3	0.002
38	异狄氏剂	72-20-8	25	510	1
39	毒杀芬	8001-35-2	0.9	4.5	31
40	七氯	76-44-8	0.2	1	23
41	氯丹	12789-03-6	2.8	14	9.6
42	莠去津	1912-24-9	4.3	19	0.06
43	西玛津	122-34-9	7.8	35	0.08
44	呋喃丹	1563-66-2	130	910	0.2
45	4,4-滴滴滴	72-54-8	4.2	22	6.3
46	4,4-滴滴伊	72-55-9	2.9	15	20
47	4,4-滴滴涕	50-29-3	2.9	15	12
48	α-六六六	319-84-6	0.1	0.6	0.000 3
49	β-六六六	319-85-7	0.5	2.4	0.001
50	γ-六六六	58-89-9	0.7	2.5	0.009
51	δ-六六六	319-86-8	24	490	0.2
52	多氯联苯	1336-36-3	0.5	2.6	17
其他					
53	汽油范围的有机物		230	620	
54	柴油范围的有机物		230	620	

（三）全面推进土壤环境标准体系构建（2006—2016 年） >>>

1. 启动土壤环境质量标准修订计划

《土壤环境质量标准》（GB 15618—1995）发布后，在 10 年的使用过程中，各界普遍反映标准存在不足或局限性问题，启动土壤环境质量标准修订工作势在必行。国家环保总局科技司于 2005 年将《土壤环境质量标准》修订列入计划，2006 年 8 月正式下达了《土壤环境质量标准》修订任务（项目编号：249）。正式委托《土壤环境质量标准》（GB 15618—1995）原编制单位南京环境科学研究所承担修订任务，由笔者主持土壤环境质量标准的修订工作。

土壤环境质量标准修订工作开始之际就面临诸多困难和挑战，需要回答 10 个方面的问题：一是我国土壤污染情况如何？主要危害是什么？二是我国土壤污染防治原则、管理思路是什么？三是土壤标准制定的法律依据是什么？有没有上位法支撑？四是现行标准存在的主要问题是什么？五是标准中污染物指标确定依据是什么？能否满足现阶段我国土壤污染防治工作的需要？六是现行标准制定的方法学是否科学？七是标准定值依据是否合理？八是国内土壤环境基准研究资料或基础数据能否支撑标准修订？九是国外土壤环境标准发展趋势是什么？十是我国土壤环境标准体系如何构建？标准的功能如何定位？

以上这些问题均没有现成答案。为此，国家环保总局科技司组织南京环境科学研究所及有关单位针对土壤环境质量标准修订方案开展了一系列研讨活动。

2. 召开国家土壤环境保护标准体系研讨会

2007年9月27日，国家环保总局科技司在江苏溧阳召开国家土壤环境保护标准体系研讨会，召集当时正在或计划制修订的相关土壤环境标准的承担单位（表7）一起研讨土壤环保标准制修订思路。这次会议是第一次土壤环境标准制修订工作会议，在我国土壤环境标准发展历史上具有标志性和里程碑意义，后来将这次会议称为“溧阳会议”。根据工作会议要求，本标准修订编制组全面梳理国际上土壤环境标准研究状况，广泛调研了美国、加拿大、英国、荷兰等土壤环境标准体系及制定方法，并结合中国情况，陆续提出多版修订方案草案。环境保护部科技司多次组织召开土壤环保标准制修订工作会议，反复研讨包括本标准在内的一系列土壤环境标准作用定位、适用范围、主要内容，梳理土壤环境标准体系建设思路，形成了《我国土壤环境保护标准体系建设框架方案》。

表7　当时正在或计划制修订的土壤环境标准一览表

标准名称		备注
质量标准类	土壤环境质量标准	GB 15618—1995，拟修订，2006年计划，南京环境科学研究所
	建设用地土壤环境质量标准	准备征求意见稿，拟代替《工业企业土壤环境质量风险评价基准》（HJ/T 25—1999），2001年计划，南京环境科学研究所
风险基准类	工业企业土壤环境质量风险评价基准	HJ/T 25—1999，拟废止
评价技术规范类	土壤环境质量评价技术规范	2006年计划，南京环境科学研究所

续表

标准名称		备注
评价技术规范类	污染土壤风险评价技术规范	2006 年计划，辽宁省环境科学研究院、南京环境科学研究所
	场地环境质量评价技术规范	轻工部环保所
调查程序及采样规范类	土壤 - 采样程序 / 方法及土壤调查程序指导	科技平台项目，已启动
修复导则类	受污染场地土壤修复技术导则	2006 年计划，上海市环境科学研究院、南京环境科学研究所

2007 年 9 月 27 日，在江苏溧阳召开国家土壤环境保护标准体系研讨会

南京环境科学研究所夏家淇研究员（右一）参加研讨会

3. 召开土壤环境监测方法标准体系研讨会

2009 年 3 月 26 日，环保部科技司在南京组织召开了土壤沉积物固体废物中有机污染物监测方法标准体系研讨会。会议由环保部南京环境科学研究所承办。当时已确定的 26 项土壤、沉积物、固体废物中有机污染物监测方法标准制修订承担单位的 20 余名代表参加了会议。环保部环境标准研究所、环保部标准样品研究所、中日友好环境保护中心、中国环境监测总站、环保部南京环境科学研究所有关专家也参加了研讨。会议内容包括：（1）环保部科技司冯波处长就标准制修订工作的意义、计划管理动向与要求等作了重要讲话。（2）相关标准制修订项目负责人分别介绍了各自承担标准的开题方案。（3）与会代表就我国土壤、沉积物、固体废物中有机污染物监测方法标准体系建设及各标准开题、研制工作中存在的问题进行了充分研讨。

2009 年 3 月 26 日，在江苏南京召开土壤沉积物固体废物中有机污染物监测方法标准体系研讨会

4. 召开土壤环境保护标准制修订工作会议

继2007年溧阳会议以后，环保部科技司连续召开了3次土壤环境保护标准制修订工作会议。

（1）召开第二次土壤环境保护标准制修订工作会议

2009年5月7日，环保部科技司在南京召开了土壤环境保护标准制修订工作会议。承担土壤环境保护标准制修订项目和部分土壤环境监测方法标准制订项目的共16家单位30余名代表参加了会议。会议由环保部南京环境科学研究所承办。环保部科技司冯波处长就土壤环境保护标准制修订工作的意义、目标、要求等作了重要讲话；承担土壤环境保护标准制修订任务的项目负责人分别介绍了标准制修订工作的进展情况、面临的问题和下一步工作计划。与会代表重点就我国土壤环境质量标准修订方案的科学性、合理性和可操作性等问题展开了充分讨论，提出了进一步完善和修改的方向。会议还进一步明确了土壤环境保护标准制修订工作的任务分工和时间要求。

2009年5月7日，在南京召开土壤环境保护标准制修订工作会议

（2）召开第三次土壤环境保护标准制修订工作会议

2009 年 7 月 28 日，环保部科技司在南京召开国家土壤环境保护标准编制工作会议。会议讨论了我国土壤环境保护标准体系建设框架及土壤环境质量标准制修订中的若干问题，听取了《土壤环境质量标准》修订、《场地土壤环境调查技术规范》《场地环境监测技术导则》《场地污染风险评估技术导则》《污染场地土壤修复技术导则》等编制工作进展情况汇报，要求加快时间进度，尽早完成标准制修订工作。

2009 年 7 月 28 日，在南京召开国家土壤环境保护标准编制工作会议

为了更广泛了解社会各界对《土壤环境质量标准》修订的意见，2009 年 9 月 9 日，环保部印发《关于修订国家环境保护标准〈土壤环境质量标准〉公开征求意见的通知》（环办函〔2009〕918 号），就土壤环境质量标准修订工作的几个关键问题广泛征集了国务院相关部委、各地方、相关科研机构的意见。

修订国家土壤环境质量标准相关问题：（1）现行《土壤环境质量标准》主要存在哪些不适应国家经济社会发展形势、不能满足环境保护工作需要的问题？（2）《土壤环境质量标准》应如何定位？能否将标准规定的污染物含量值作为判断土壤是否存在污染及污染程度的依据？（3）《土壤环境质量标准》的适用范围是否应调整？是否应将国家环保总局标准《工业企业土壤环境质量风险评价基准》（HJ/T 25—1999）纳入《土壤环境质量标准》？（4）应当如何设置《土壤环境质量标准》的结构和内容？如何根据我国当前土壤污染防治工作的需要、国内外相关领域科学研究的进展情况修订完善该标准？（5）现行《土壤环境质量标准》中规定的污染物项目是否需要调整？应如何调整？

中华人民共和国环境保护部办公厅

环办函〔2009〕918 号

关于修订国家环境保护标准
《土壤环境质量标准》公开征求意见的通知

为贯彻落实《中华人民共和国环境保护法》，加强生态文明建设，适应国家经济社会发展和环境保护工作的需要，保护生态环境和人体健康，完善国家环境质量标准体系，我部决定对国家环境保护标准《土壤环境质量标准》(GB15618－1995)进行修订。

鉴于该标准对于环境保护和环境质量评价工作有较大影响，标准内容涉及社会公众利益，为做好标准修订工作，充分了解各有关方面的意见，根据《国家环境保护标准制修订工作管理办法》的有关规定，现就修订该标准公开征集意见。各机关团体、企事业单位和个人均可参照附件一所列问题或其他问题，就修订标准工作向我部提出意见和建议。征集意见截止时间为2009 年 11 月 30 日。

— 1 —

《关于修订国家环境保护标准〈土壤环境质量标准〉公开征求意见的通知》（环办函〔2009〕918 号）

经广泛征集各方面意见，共收到意见回函 60 份，其中单位回函 47 份、专家意见表 13 份。概括起来，现行标准在实际应用中主要存在以下 4 个方面的问题：一是适用范围小。现行标准仅适用于农田、蔬菜地、茶园、果园、牧场、林地、自然保护区等的土壤，不适用于当前亟须监管的居住用地、工业用地等建设用地土壤。二是污染物项目少。现行标准仅规定了 8 项重金属指标和六六六、滴滴涕 2 项农药指标，而工业企业场地土壤环境管理需要评价的污染物项目数量繁多、类型复杂。三是指标限值需完善。现行标准中一级标准依据“七五”时期全国土壤环境背景研究数据对全国作了“一刀切”规定，不能体现区域差别；二级标准部分指标定值有偏严、偏宽的问题。四是标准制定方法需完善。国际上发达国家和地区对污染土壤普遍采用风险管理思路，制定了基于风险评估方法的土壤污染风险筛选值或指导值。而我国现行标准基于土壤生态环境效应方法制定了农用地土壤污染物含量限值，而对于建设用地，需要基于风险评估方法制定建设用地土壤污染风险筛选指导值。

（3）召开第四次土壤环境保护标准修订工作会议

2010 年 4 月 29 日，环保部科技司在南京主持召开了土壤环境质量标准修订工作会议。来自环保部政策法规司、环境影响评价司、环境监测司、生态司及科技司标准处、科技处等部门以及环保部南京环境科学研究所、中国环境科学研究院、环保部标准所等单位代表共 20 余人参加了会议。会议由环保部南京环境科学研究所、国家环境保护土壤环境管理与污染控制重点实验室承办。本次会议是为了贯彻国务院第 99 次常务会议和 2010 年全国环境保护工作会议精神，加快推进“十二五”土壤环境保护标准体系建设和土壤环境质量标准修订工作。会议主要议题：一是标准处通报了对《关于修订国家环境保护标准〈土壤环境质量标准〉公开征求意见的通知》（环办函〔2009〕918 号）的反馈情况；二是环保部南京环境科学研究所汇报了《土壤环境质量标准》修订的进展情况；三是环保部标准所介绍了土壤环境保护标准体系规划基本思路。与会代表就土壤环境质量标准修订的相关问题展开了热烈讨论，并提出了很好的建议。

5. 编制全国土壤污染状况调查评价技术规定

为了支撑全国土壤污染状况调查评价需求，由南京环境科学研究所负责编制全国土壤污染状况调查评价技术规定。2008 年，在标准修订方案基础上，按照全国土壤污染状况调查工作内容，结合土壤环境质量标准修订思路，编制组编制了《全国土壤污染状况评价技术规定》（环发〔2008〕39 号），在全国土壤污染状况调查中试用，这样做的好处是可以为标准的修订工作提供参考依据。

技术规定的主要内容包括：

一是规定了评价指标。本次调查中选择确定影响农作物产量和品质、对人体健康有害的污染物作为评价指标，主要包括 12 种无机污染物（砷、镉、钴、铬、铜、汞、锰、镍、铅、硒、钒、锌）和 3 类有机污染物（六六六、滴滴涕、多环芳烃）。土壤环境背景对比调查除关注上述污染物外，还包括锑、钼等 61 种元素，与“七五”期间土壤环境背景值研究的项目尽量保持一致。

二是规定了评价标准。评价标准取值原则上采用现行《土壤环境质量标准》（GB 15618—1995）、《食用农产品产地环境质量评价标准》（HJ/T 332—2006）和《温室蔬菜产地环境质量评价标准》（HJ/T 333—2006）。上述标准未规定的指标如锰、钴、多环芳烃等则采用了国外相关标准进行评价。

三是规定了土壤污染程度划分方法。本次调查土壤污染程度分为 5 级：污染物含量未超过评价标准的，为无污染；在 1 ～ 2 倍（含）的，为轻微污染；2 ～ 3 倍（含）的，为轻度污染；3 ～ 5 倍（含）的，为中度污染；大于 5 倍的，为重度污染。

6. 启动中国—荷兰土壤环境标准制定方法国际合作项目

2008 年 11 月 11 日，中国和荷兰两国部长签署了《中华人民共和国环境保护部与荷兰王国住房、空间规划与环境部环境合作谅解备忘录》（以下简称《备忘录》），《备忘录》附件三《土壤环境保护工作协议》明确提出了双方在土壤环境保护的多个方面开展合作，并将中—荷土壤环境质量标准制定方法研究专题列为《备忘录》附件三的重要工作内容之一。该专题的中方牵头技术单位为环境保护部南京环境科学研究所，荷方牵头技术单位为荷兰国家公共健康与环境研究所（以下简称 RIVM 研究所）。2009—2012 年，南京环境科学研究所承担了中国—荷兰土壤环境保护国际合作项目“土壤环境质量标准制定方法研究”，系统比较分析了荷兰等发达国家土壤环境标准发展过程和技术方法，为借鉴国际上先进的土壤污染风险评估技术方法奠定了基础。

（1）召开第一次工作研讨会

2009 年 11 月 16 日，中荷土壤环境保护合作项目在北京正式启动。2009 年 11 月 18—20 日，RIVM 研究所 Frank Swartjes 和 Piet Otte 两位专家赴南京，与南京环境科学研究所共同启动了“中—荷土壤环境质量标准制定方法研究”专题。荷兰专家与南京环境科学研究所专家就项目内容和工作计划展开了研讨，实地考察了苏南地区土壤环境状况和污染场地情况。通过研讨和考察，拟定了第二阶段工作内容和计划，双方一致决定于 2010 年 3 月在中国召开第二次工作研讨会。

2009 年 11 月 16 日，在北京召开中荷土壤环境保护合作项目启动会（图中左起：林玉锁、Frank Swartjes、Piet Otte、王国庆）

2009 年 11 月 18 日，荷兰专家与南京环境科学研究所有关专家合影（图中左起：徐海根、夏家淇、Piet Otte、Frank Swartjes、林玉锁）

2009 年 11 月 18 日，在南京环境科学研究所召开中荷土壤环境质量标准制定合作项目第一次工作研讨会

（2）召开第二次工作研讨会

2010 年 3 月 16—25 日，中—荷土壤环境质量标准制定方法第二次研讨会在南京召开。RIVM 研究所组织了 9 名技术专家分两批访问了南京环境科学研究所，其中 RIVM 研究所人体健康风险评估、生态风险评估和地下水环境技术专家 6 名，荷兰 Deltares 公司地下水环境风险评估技术专家 1 名，荷兰 CSO 公司土壤环境标准与管理成本分析技术专家 2 名。中方由环保部南京环境科学研究所牵头，邀请了中国科学院南京土壤研究所、华中科技大学环境医学研究所、南京大学等的 10 多名专家参加研讨。研讨会由荷方专家介绍荷兰现有土壤环境标准与法律法规体系、土壤环境标准制定方法学等的最新进展和考虑，中荷双方专家通过为期 10 天的技术交流，针对土壤环境标准框架体系、基于人体健康风险评估的土壤标准制定方法、基于陆地生态风险评估的土壤环境质量标准制定方法、地下水中污染物的迁移模型及相关环境标准

的制定方法、土壤环境标准相关经济成本分析方法等议题进行了充分交流。

中荷双方专家结合中国具体国情，就建立我国适宜的土壤环境质量标准体系和土壤环境质量标准制定方法学，达成了初步共识：一是提出了适用于中国的土壤环境质量标准体系框架，包括清洁土壤标准、污染土壤筛选标准和污染土壤修复行动标准。清洁土壤标准根据全国或区域土壤环境背景值制定，是实现可持续利用土壤质量的保护目标。污染土壤筛选标准基于风险评估方法制定，结合考虑我国土壤（土地）的利用方式，如农业用地、住宅用地、城市绿地和公园、工业用地等，是启动搬迁或遗留遗弃场地土壤环境调查和评估的筛选值。污染土壤修复行动标准根据具体场地的风险评估结果确定，是实施场地污染土壤治理与修复工程的启动值。二是提出了土壤环境质量标准制定方法学基本思路。中荷双方将评估荷兰基于健康风险评估、生态风险评估等标准制定方法和已有数据库资源对我国的适用性（如荷兰 CSOIL 模型、物种敏感性分布法及生态毒理数据库等），同时评估在标准制定中考虑我国土壤性质（pH、有机质、质地等）、土壤环境背景值等地区性差异的可能性，结合开展与国际上其他国家风险评估方法的比较研究，建立适用于中国的土壤环境质量标准制定方法。三是开展双方人员交流。荷方建议中方派出 1 ～ 2 位技术专家到 RIVM 研究所进行短期的访问交流，从事农业用地食物链暴露风险评估模型、土壤环境质量标准制定方法导则编写等研究工作，确保专题研究计划的顺利推进。

（3）召开第三次工作研讨会

2010 年 9 月 14 日，双方在荷兰召开第三次工作研讨会。深入研讨在土壤环境质量标准制定方法导则编制过程中的相关问题，进一步推动专题研究工作，确保研究成果产出更好地服务于我国土壤环境标准制定和土壤环境管理的需求。

2010 年 9 月 14 日，在荷兰 RIVM 研究所召开第三次工作研讨会

（4）召开合作项目总结会议

2011 年 5 月 25 日，在南京召开中荷环境合作土壤环境标准制定方法研究项目总结会议。会议全面总结了中荷合作研究取得的积极成果，交流双方在各自国情下土壤环境标准的管理功能，标准制定思路、方法及相关工作基础。结合中国土壤资源特点、土壤环境保护与管理需求及标准制定的主要技术难点，进一步探讨明确中国土壤环境质量标准的框架与功能定位，提出标准制定面临的重点问题的解决思路与方法建议。借鉴荷兰及欧洲土壤标准研制方面的经验与优势，进一步构建与完善我国土壤标准制定的技术体系及方法，编制基于人体健康风险的土壤环境

质量标准制定方法导则，促进我国土壤环境标准的研制、管理水平与国际接轨。

一是提出了中国土壤环境质量标准的分类分区方法。从中国土壤类型及区域分布、不同区域经济社会发展、农业种植及区域特征、土壤高污染区的分布（高背景、矿区、工业区、污灌区）等，分析中国土壤的管理需求，科学、合理定位标准的管理功能与框架体系，探讨标准制定相关分类分区的基本原则、依据与方法。

二是提出了基于人体健康风险的土壤环境质量标准制定方法。对不同国家土壤污染风险评估模型（健康、地下水）的适用性（暴露途径、参数等）进行比较，了解毒性等数据有效性筛选评估的方法。结合中国实际，研讨不同用地方式下标准制定相关的暴露途径与健康效应评估方法，保护地下水的标准制定方法，探讨农用地土壤环境标准制定方法，以及环境背景、生物有效性等因子在标准制定中的考虑等。

三是提出了基于生态风险的土壤环境质量标准制定方法。应用生态风险评估制定土壤标准的基本程序与方法，包括不同用地方式下受体与暴露途径的考虑，生态毒理学效应及相关评估终点的选择确定，生态毒性试验的标准化方法，适用数据的选择及评价方法，生态保护水平及相应阈值的估算方法、模型等。

四是探讨了经济、社会等因素在标准制定中的作用。经济、社会等相关因素对风险控制管理的影响及其在标准制定过程中的考虑，研讨从风险计算值确定最终标准值的程序与方法。

五是编制了基于人体健康风险的土壤环境质量标准制定导则。基于标准的分类分区及其土壤与环境特征条件，考虑不同用地方式下的受体

及其暴露途径与暴露特征，编制基于人体健康风险的土壤环境质量标准制定方法导则，为国家及地方标准制定提供指南。

2011 年 5 月 25 日，在南京召开中荷环境合作土壤环境标准制定方法研究项目总结会议

7. 加快推进污染场地相关标准的制定

建设用地土壤环境标准严重缺乏，给当时环境管理工作带来了极大的困难，为了解决管理急需，迫切需要在实践中加快推进污染场地相关标准的制定。

（1）发布《展览会用地土壤环境质量评价标准（暂行）》（HJ/T 350—2007）

2007 年，国家环保总局发布《展览会用地土壤环境质量评价标准（暂行）》（HJ/T 350—2007）。该标准由上海市环境科学研究院起草，主要为了满足 2010 年上海世博会场馆建设用地环境安全管理的需要而制定的。由于上海世博会场馆主要地处上海黄浦江浦东一侧，原为上海老工业区，规划调整后改为公共建设用地，按照国际通行做法，需要对场馆建设用地的土壤污染状况等进行环境调查和风险评估，决定后续是否需要进行土壤污染修复与治理。在当时情况下，我国尚缺乏建设用地土壤环境质量评价标准，该标准作为暂行标准，待后续正式制定发布建设用地土壤环境质量类国家标准后，将予以废止。

HJ

中华人民共和国环境保护行业标准

HJ/T 350—2007

展览会用地土壤环境质量评价标准（暂行）

2007-06-15 发布　　2007-08-01 实施

国家环境保护总局
国家质量监督检验检疫总局　发布

《展览会用地土壤环境质量评价标准（暂行）》

（2）制定污染场地 HJ 25 系列标准

为满足建设用地中污染场地环境监管所急需，环保部科技司决定在继续推进土壤环境质量标准修订工作的同时，抓紧制定适用于污染场地的土壤环境调查、监测、风险评估、修复系列标准，与土壤环境质量标准互为补充。要求各标准编制单位加快标准工作进度，尽快完成各自技术导则征求意见稿，开始公开征求意见。

2009 年 7 月 28 日于南京召开第三次土壤环境保护标准编制工作会议以后，2009 年 8 月 26 日，环保部科技司在北京主持召开了《场地土壤污染风险评价技术导则》编制工作研讨会。该标准由环境保护部南京环境科学研究所牵头编制，环境保护部标准研究所、轻工业环境保护研究所、上海市环境科学研究院和沈阳市环境科学研究院等单位参加。环境保护部科技司高吉喜副司长、冯波处长、段光明副处长及环境保护部环境影响评价司、环境监测司、污染防治司、生态司等部门代表出席了会议。会议邀请了国内从事场地环境风险评估方法研究与咨询的 12 位专家参加研讨。科技司段光明副处长主持会议。高吉喜副司长就本标准的特点、制定工作的要求等作了重要讲话。本标准编制负责人林玉锁研究员汇报了标准制定的背景、工作过程及标准框架，王国庆博士详细介绍了标准的主要内容。与会专家充分肯定了标准编制组的工作思路及已有的工作进展，并就标准内容与文本存在的问题进行了充分研讨，为标准文本的完善和修改提出了建设性意见。本次研讨会有力地推动了污染场地环境保护标准的制定工作。

2009 年 8 月 26 日，环保部科技司在北京主持召开了《场地土壤污染风险评价技术导则》编制工作研讨会暨开题论证会

开题论证会后，根据会议意见，编制组对导则进行了修改完善，形成了《污染场地风险评估技术导则（征求意见稿）》。2009 年 9 月 29 日，南京环境科学研究所编制的《污染场地风险评估技术导则（征求意见稿）》正式公开征求社会意见（环办函〔2009〕1020 号）。

与此同时，通过大家的共同努力，经过反复研讨、公开征求意见、专家审议、行政审查，各标准起草单位完成了《场地环境调查技术导则（报批稿）》、《场地环境监测技术导则（报批稿）》、《污染场地风险评估技术导则（报批稿）》、《污染场地土壤修复技术导则（报批稿）》和《污染场地术语（报批稿）》。

2014 年 2 月 19 日，环保部发布《场地环境调查技术导则》（HJ 25.1—2014）、《场地环境监测技术导则》（HJ 25.2—2014）、《污染场地风险评估技术导则》（HJ 25.3—2014）、《污染场地土壤修复技术导则》（HJ 25.4—2014）、《污染场地术语》（HJ 682—2014），于 2014 年 7 月 1 日起实施。

之所以场地 HJ 25 系列标准迟迟才正式发布实施，是因为缺少相应的配套法规支撑。2014 年 4 月 24 日修订的《中华人民共和国环境保护法》第十五条、第十八条、第二十八条、第三十二条分别规定了国家和地方环境质量标准的制定与实施制度，以及建立大气、水、土壤环境调查、监测、评估和修复制度。这就为实施场地 HJ 25 系列标准提供了上位法的有力支撑。

场地 HJ 25 系列标准发布实施后，受到了普遍欢迎，解决了长期以来缺少场地土壤污染调查、监测、评估和修复技术规范的问题，为污染场地环境管理提供了支撑。根据《土壤污染防治行动计划》的要求，2017 年 12 月 14 日，环保部以公告（环境保护部公告 2017 年第 72 号）形式发布了《建设用地土壤环境调查评估技术指南》（2018 年 1 月 1 日起施行），进一步规范了 HJ 25 系列标准在日常建设用地土壤环境管理中的使用要求。

经过 5 年的实际应用，发现场地 HJ 25 系列标准有些规定存在不足或者问题，同时结合《土壤污染防治行动计划》《中华人民共和国土壤污染防治法》等政策法规的出台，标准的名称或术语也需要统一。2019 年，生态环境部组织原标准编制单位对污染场地 HJ 25 系列标准进行了全面修订，形成了建设用地土壤污染状况调查、监测、评估与修复的系列标准，名称改为《建设用地土壤污染状况调查技术导则》（HJ 25.1—2019）、《建设用地土壤污染风险管控与修复监测技术导则》（HJ 25.2—2019）、《建设用地土壤污染风险评估技术导则》（HJ 25.3—2019）、《建设用地土壤修复技术导则》（HJ 25.4—2019）、《建设用地土壤污染风险管控与修复术语》（HJ 682—2019）。

8. 确定土壤环境质量标准修订方案（2014—2016 年）

（1）召开标准修订专题研讨会

场地 HJ 25 系列标准于 2014 年完成制定、发布后，环保部科技司继续推进土壤环境质量标准的修订工作。2014 年 6 月 26 日，科技司在北京召开《土壤环境质量标准》修订专题研讨会，邀请相关科研专家和管理部门代表参加。会议建议，修订后的《土壤环境质量标准》继续适用于农用地土壤环境质量评价，另外制定适用于建设用地土壤环境评价的建设用地土壤污染风险筛选值，与场地 HJ 25 系列标准相补充。并对标准修订工作提出了意见。

首先，明确土壤环境标准的特点和作用。本次标准修订必须充分认识土壤环境问题的特点，突出土壤环境质量标准不同于大气、水环境质量标准的特殊性：一是土壤环境本身具有不均匀性。我国土壤类型繁多，土壤环境背景和土壤性质空间差异性大，土壤标准确定及土壤环境质量评价不能简单采用“一刀切”的方法。二是土壤标准要因地而宜。确定土壤污染危害与风险要考虑土壤利用方式、土壤性质、受体类型、暴露途径等因素。因此，制定全国统一的土壤标准不能完全满足所有地区的需要，有条件的地方宜根据实际情况制定地方或特定区域的土壤环境标准。三是明确土壤标准的作用。不能简单采用“达标”或“不达标”来评判土壤污染。农用地土壤环境质量评价要依据土壤环境背景和土壤污染物含量限值两个方面进行综合评判，必要时要进一步结合土壤污染物的活性和生物有效性评价、生物试验结果和大田调查数据等进行综合判断。从国际经验来看，对建设用地土壤环境质量评价，发达国家通常采用基于风险评估方法确定的风险筛选值进行初步筛选，超过筛选值需进一步开展下一阶段详细风险评估，为实施土壤污染风险管控和修复措施提供技术支撑。

其次，明确标准修订总体思路和目标。确定修订总体思路：为适应我国现阶段及今后土壤资源保护与土壤污染防治的需要，应统筹、科学规划构建适合中国国情的土壤环境标准体系。基于土壤环境管理特点梳理了建立健全土壤环境调查、监测、评估和修复制度所需的土壤环境标准体系框架，由以下六部分组成：一是分区确定土壤环境背景值。由国家规定统一的技术要求和方法，各地分别确定具体的土壤环境背景值。二是国家制定农用地土壤环境质量标准和建设用地土壤污染风险筛选指导值，各省、自治区、直辖市可以根据实际需要补充制定地方标准。三是国家制定土壤环境调查、监测、评估和修复等技术标准，有条件的地方也可以根据实际需要补充制定地方标准。四是国家制定土壤环境监测规范，明确土壤环境监测点位布设、样品采集、分析测试、质量控制等技术要求。五是国家制定土壤环境基础标准，规范土壤环境术语、定义、标识和土壤环境标准制修订技术原则、体例、方法等，即“标准制修订工作的标准”。六是适时制定土壤环境管理相关技术规范，视土壤环境管理实践需求和土壤环境标准体系建设情况，及时制修订各类土壤环境管理工作需要的配套技术导则、规范、指南。

明确标准修订重点内容：根据标准修订的原则，针对现行标准中存在的问题，结合第一次征求意见情况，编制组认为本次标准修订工作的重点内容如下：一是对现行标准进行结构性调整，完善标准框架体系。将现行标准修订后成为系列标准，以满足土壤环境分类分级分区管理的要求。二是进一步明确体现农用地以土壤环境质量管理为主和建设用地以土壤污染风险管控为主的管理思路。两个标准定位于识别土壤污染、筛选土壤污染风险、启动土壤环境调查与风险评估之用，相当于土壤环境的“体检”标准。三是修订后的标准中不统一规定土壤环境背景值，拟另行制定“确定土壤环境背景值技术导则”，指导各地分别确定土壤环境背景值，并报国家审核备案。四是配套制定《土壤环境质量评价技术规范》，规范各类土壤环境质量评价技术工作的程序和内容，包括土壤超标评判、土壤污染物累积性评价、土壤污染物有效性检验等。五是对标准实施过程中不合理问题、比较突出的污染物项目指标，重新梳理研究其标准值确定的方法和依据，并结合新的科研、调查数据适当调整。六是加快推进配套土壤环境监测标准的制修订。

显而易见，这是继 2007 年溧阳会议后又一次重要的会议，进一步明确了土壤环境质量标准修订方案的方向和重点。

（2）召开部长专题会议

修订方案形成后，2014 年 10 月 31 日，环保部召开部长专题会议，研究了《土壤环境质量标准》修订工作思路，同意了编制组提出的修订方案。再次明确：一是将现行《土壤环境质量标准》修订后的标准名称改为《农用地土壤环境质量标准》，保持与原来标准的一致性。另外，新制定的建设用地标准名称暂定为《建设用地土壤污染风险筛选指导值》，共同构成土壤环境质量评价标准体系。二是对《农用地土壤环境质量标准》，同意取消原标准中的一级标准，不再规定全国统一的土壤环境背景值，另列计划制定《区域土壤环境背景值技术指南》，由地方政府根据该指南确定本辖区的土壤环境背景值。

按照部长专题会议精神，编制组很快完成了《农用地土壤环境质量标准（征求意见稿）》和《建设用地土壤污染风险筛选指导值（征求意见稿）》。

这里需要特别提一下的是，建设用地标准的名称怎么命名是当时的一大难题。大家认为，一是要区别于农用地标准，不能用“建设用地土壤环境质量标准”；二是国外场地标准名称也不统一，有的用“风险筛选值”，有的用“指导值”。为此，时任科技司分管标准工作的副司长王开宇提出了一个折中方案，即暂定“风险筛选指导值”，这样就暂时解决了一时的难题。

（3）第一次公开征求意见

2015 年 1 月 13 日，《农用地土壤环境质量标准》和《建设用地土壤污染风险筛选指导值》两项标准征求意见稿向社会公开征求意见（环办函〔2015〕69 号）。2015 年 3 月，编制组汇总研究了对两项标准征求意见稿的反馈意见，修改了标准草案。2015 年 3 月 26 日，环保部领导和相关业务司局专门听取了标准修订工作方案和征求意见情况汇报，对下一步工作提出了意见，要求对公开征求意见中关键的问题召开专家专题研讨，形成修改意见，并进行二次征求意见。2015 年 4 月 2 日，环保部科技司在北京组织召开了两项标准研讨会，专门邀请了来自农业、国土科研机构和高校、地方科研单位中高度关注本标准修订工作的专家，听取其意见和建议。在此基础上，编制组完成了《农用地土壤环境质量标准（二次征求意见稿）》和《建设用地土壤污染风险筛选指导值（二次征求意见稿）》，另外配套编制了《土壤环境质量评价技术规范（征求意见稿）》。

（4）第二次公开征求意见

2015 年 8 月 14 日，《农用地土壤环境质量标准》、《建设用地土壤污染风险筛选指导值》和《土壤环境质量评价技术规范》三项标准征求意见稿向社会公开征求第二次意见（环办函〔2015〕1320 号）。征求意见返回汇总后，经研究处理反馈意见，编制组修改完成三项标准送审稿。

（5）召开标准技术审查会

2015 年 10 月 23 日，环保部科技司组织召开标准审议会，邀请土壤环境专家、管理部门代表和相关行业、企业代表对三项标准进行技术审查。会议审查通过三项标准，并提出修改意见。编制组按照专家审议意见进一步修改完善形成三项标准报批稿。2015 年 11 月 17 日，三项标准报批稿通过环保部科技司司务会审议后，上报环保部。

（6）召开部长专题会

2015 年 12 月 29 日，环保部召开部长专题会议，审议并原则同意《农用地土壤环境质量标准》等三项标准草案的体系框架和主要内容。会议提出，鉴于土壤标准修订改动大、影响广、社会关注度高，需要第三次向社会公开征求意见；征求意见材料要首先说明标准体系框架及各类标准的区别，书面印送全国人大环资委和国务院相关部委。

（7）第三次公开征求意见

2016 年 3 月 10 日，按照部长专题会议要求，环保部印发《关于征求〈农用地土壤环境质量标准（三次征求意见稿）〉等三项国家环境保护标准意见的函》（环办函〔2016〕455 号）。这是《农用地土壤环境质量标准》和《建设用地土壤污染风险筛选指导值》两项标准向社会第三次公开征求意见，《土壤环境质量评价技术规范》向社会第二次公开征求意见。标准编制单位根据第三次征求意见的反馈意见和建议，对标准进行了修改完善后，形成了《农用地土壤环境质量标准》、《建设用地土壤污染风险筛选指导值》和《土壤环境质量评价技术规范》三项标准的报批稿。

（四）创新制定土壤污染风险管控标准（2016—2018 年）>>>

2016 年 3 月，环境保护部将土壤环境领域标准制修订工作的业务指导由原科技标准司转移至业务司。新成立的土壤环境管理司多次组织南京环境科学研究所结合土壤环境管理实际需求研究修订完善三个标准文本，部领导多次听取标准修订完善思路的汇报。

1. 土壤环境管理思路重大转变

2016 年 5 月 28 日，国务院发布《土壤污染防治行动计划》（国发〔2016〕31 号），标志着我国土壤环境管理真正开始，业内称为“2016 年是中国土壤环境管理元年”。为落实《土十条》关于 2017 年年底前发布农用地土壤环境质量标准的要求，结合全国人大正在审议的《土壤污染防治法（草案）》，环保部土壤环境管理司组织标准编制组在前期工作的基础上，进一步对《农用地土壤环境质量标准》的定位进行反复研究讨论，多次召开专家研讨会听取意见，根据现阶段我国土壤风险管控思路，结合《土壤污染防治法（草案）》的立法精神，形成了《土壤污染风险管控标准　农用地土壤污染风险筛选值和管制值（征求意见稿）》（以下简称《农用地风险管控标准》）。这是农用地标准随着土壤环境管理思路变化的一次重大转变，由质量标准转变为风险管控标准。同时，将《建设用地土壤污染风险筛选指导值》标准名称改为《土壤污染风险管控标准　建设用地土壤污染风险筛选值和管制值》。

2. 风险管控标准征求意见、技术审查及审议

（1）第一次公开征求意见

2017 年 8 月 31 日，环保部印发《关于征求〈土壤污染风险管控标

准　农用地土壤污染风险筛选值和管制值（试行）（征求意见稿）〉等两项国家环境保护标准意见的函》（环办土壤函〔2017〕1385 号），再次向社会公开征求意见。标准编制组根据征求意见情况对标准进行了修改完善，形成了标准送审稿和编制说明。

（2）召开标准技术审查会

2017 年 10 月 28 日，环保部科技司与土壤环境管理司共同组织召开了标准技术审查会，邀请土壤环境领域专家、管理部门代表对标准进行技术审查。会议审查通过本标准，并提出修改完善意见。编制组按照专家技术审查意见作了进一步修改完善后形成标准报批稿，提交环保部。

2017 年 10 月 22 日，环保部土壤环境管理司负责人与编制组一起研究讨论标准的修改与完善

（3）召开部长专题会议

2017 年 11 月 8 日，环保部召开部长专题会议，审议并原则通过标

准报批稿。会议提出进一步修改完善标准名称等相关内容。编制组按照专题会意见进一步修改完善，形成报批稿。最后将标准名称定为《土壤环境质量　农用地土壤污染风险管控标准》和《土壤环境质量　建设用地土壤污染风险管控标准》。

（4）召开部常务会议

2017年12月25日，环保部部长李干杰主持召开部常务会议，审议《土壤环境质量　农用地土壤污染风险管控标准》和《土壤环境质量　建设用地土壤污染风险管控标准》两项标准报批稿。经会议讨论后提出要求，进一步在建设用地标准中增加管制值等相关内容，并要求再次征求意见。

（5）召开第二次部长专题会议

会后，编制组按照部常务会议要求，组织研究建设用地标准中的风险管制值的制定，在原来已有的研究工作基础上提出了管制值建议。2018年1月15日，再次召开部长专题会议，审议《土壤环境质量　农用地土壤污染风险管控标准（试行）》和《土壤环境质量　建设用地土壤污染风险管控标准（试行）》两项标准报批稿。会议原则通过两项标准报批稿，要求土壤司按照会议意见修改完善后，按程序再次公开征求意见。

（6）第二次公开征求意见

2018年1月22日，环保部印发《关于征求〈土壤环境质量　农用地土壤污染风险管控标准（试行）（征求意见稿）〉等两项国家环境保护标准意见的函》（环办标征函〔2018〕3号），再次向社会公开征求意见。标准编制单位根据征求意见的反馈和建议进行了修改完善后，形成了送审稿和编制说明。

（7）召开第二次部常务会议

2018 年 4 月 12 日，生态环境部部长李干杰主持召开部常务会议，再次审议并原则通过《土壤环境质量　农用地土壤污染风险管控标准（试行）》和《土壤环境质量　建设用地土壤污染风险管控标准（试行）》送审稿。

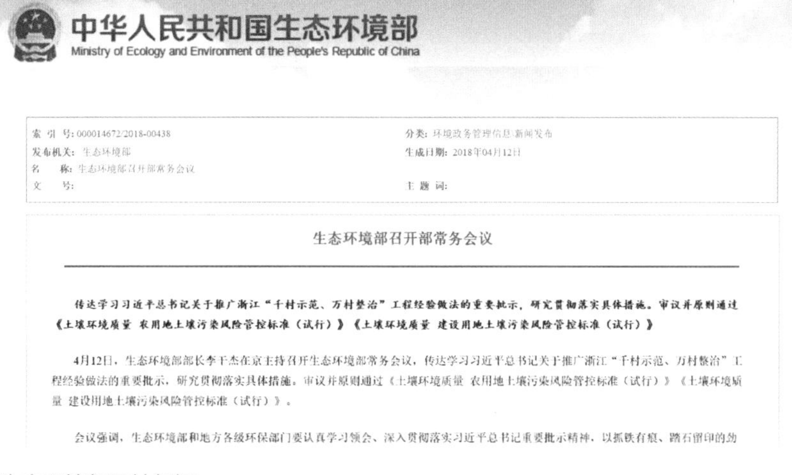

中华人民共和国生态环境部
Ministry of Ecology and Environment of the People's Republic of China

索 引 号：000014672/2018-00438	分类：环境政务管理信息\新闻发布
发布机关：生态环境部	生成日期：2018年04月12日
名　　称：生态环境部召开部常务会议	
文　　号：	主 题 词：

生态环境部召开部常务会议

传达学习习近平总书记关于推广浙江“千村示范、万村整治”工程经验做法的重要批示，研究贯彻落实具体措施。审议并原则通过《土壤环境质量 农用地土壤污染风险管控标准（试行）》《土壤环境质量 建设用地土壤污染风险管控标准（试行）》

4月12日，生态环境部部长李干杰在京主持召开生态环境部常务会议，传达学习习近平总书记关于推广浙江“千村示范、万村整治”工程经验做法的重要批示，研究贯彻落实具体措施。审议并原则通过《土壤环境质量 农用地土壤污染风险管控标准（试行）》《土壤环境质量 建设用地土壤污染风险管控标准（试行）》。

会议强调，生态环境部和地方各级环保部门要认真学习领会、深入贯彻落实习近平总书记重要批示精神，以抓铁有痕、踏石留印的劲

生态环境部网站新闻

3. 发布土壤污染风险管控两项国家标准

2018 年 6 月 22 日，生态环境部以 2018 年第 13 号公告，与国家市场监督管理总局联合发布《土壤环境质量　农用地土壤污染风险管控标准（试行）》（GB 15618—2018）、《土壤环境质量　建设用地土壤污染风险管控标准（试行）》（GB 36600—2018），自 2018 年 8 月 1 日起实施。

中华人民共和国生态环境部

公　　告

2018 年　第 13 号

为贯彻《中华人民共和国环境保护法》，保护土壤环境质量，管控土壤污染风险，现批准《土壤环境质量 农用地土壤污染风险管控标准（试行）》《土壤环境质量 建设用地土壤污染风险管控标准（试行）》等两项标准为国家环境质量标准，由生态环境部与国家市场监督管理总局联合发布。

标准名称、编号如下：

《土壤环境质量 农用地土壤污染风险管控标准（试行）》（GB 15618－2018）；

《土壤环境质量 建设用地土壤污染风险管控标准（试行）》（GB36600－2018）。

— 1 —

以上标准自 2018 年 8 月 1 日起实施，由中国环境出版社出版，标准内容可在生态环境部网站（kjs. mep. gov. cn/hjbhbz/）查询。

自以上标准实施之日起，《土壤环境质量标准》（GB 15618－1995）废止。

特此公告。

（此公告业经国家市场监督管理总局田世宏会签）

2018 年 6 月 22 日

生态环境部办公厅　　2018 年 6 月 28 日印发

— 2 —

2018 年 6 月 28 日，生态环境部发布公告

（1）《土壤环境质量　农用地土壤污染风险管控标准（试行）》（GB 15618—2018）主要内容

①规定了适用范围。标准规定了农用地土壤污染风险筛选值和管制值，以及监测、实施和监督要求。适用于耕地土壤污染风险筛查和分类，园地和牧草地可参照执行。

ICS
Z

GB

中华人民共和国国家标准

GB 15618—2018
代替GB 15618—1995

土壤环境质量
农用地土壤污染风险管控标准
（试行）

Soil environmental quality
Risk control standard for soil contamination of agricultural land

（发布稿）

2018-06-22 发布　　2018-08-01 实施

生　态　环　境　部
国家市场监督管理总局　发布

②制定了农用地土壤污染风险筛选值。农用地土壤污染风险筛选值是指土壤污染可能对食用农产品质量安全、农作物生长或土壤生态环境存在不利影响的风险，需要采取安全利用

措施的土壤中污染物含量水平。分必测项目和其他项目。农用地土壤污染风险筛选值的基本项目为必测项目，包括镉、汞、砷、铅、铬、铜、镍、锌，风险筛选值见表 8。

表 8　农用地土壤污染风险筛选值（基本项目）

单位：mg/kg

序号	污染物项目①②		风险筛选值			
			pH ≤ 5.5	5.5 < pH ≤ 6.5	6.5 < pH ≤ 7.5	pH > 7.5
1	镉	水田	0.3	0.4	0.6	0.8
		其他	0.3	0.3	0.3	0.6
2	汞	水田	0.5	0.5	0.6	1.0
		其他	1.3	1.8	2.4	3.4
3	砷	水田	30	30	25	20
		其他	40	40	30	25
4	铅	水田	80	100	140	240
		其他	70	90	120	170
5	铬	水田	250	250	300	350
		其他	150	150	200	250
6	铜	果园	150	150	200	200
		其他	50	50	100	100
7	镍		60	70	100	190
8	锌		200	200	250	300

注：①重金属和类金属砷均按元素总量计。
②对于水旱轮作地，采用其中较严格的风险筛选值。

农用地土壤污染风险筛选值的其他项目为选测项目，包括六六六、滴滴涕和苯并 [*a*] 芘，风险筛选值见表 9。其他项目由地方环境保护主管部门根据本地区土壤污染特点和环境管理需求进行选择。

表 9　农用地土壤污染风险筛选值（其他项目）

单位：mg/kg

序号	污染物项目	风险筛选值
1	六六六总量①	0.10
2	滴滴涕总量②	0.10
3	苯并 [*a*] 芘	0.55

注：①六六六总量为 α-六六六、β-六六六、γ-六六六、δ-六六六四种异构体的含量总和。

②滴滴涕总量为 *p*, *p*'-滴滴伊、*p*, *p*'-滴滴滴、*o*, *p*'-滴滴涕、*p*, *p*'-滴滴涕四种衍生物的含量总和。

③制定了农用地土壤污染风险管制值。农用地土壤污染风险管制值项目包括镉、汞、砷、铅、铬，风险管制值见表 10。

表 10　农用地土壤污染风险管制值

单位：mg/kg

序号	污染物项目	风险管制值			
		pH ≤ 5.5	5.5 < pH ≤ 6.5	6.5 < pH ≤ 7.5	pH > 7.5
1	镉	1.5	2.0	3.0	4.0
2	汞	2.0	2.5	4.0	6.0
3	砷	200	150	120	100
4	铅	400	500	700	1 000
5	铬	800	850	1 000	1 300

④明确了农用地土壤污染风险筛选值和管制值的使用要求。

当土壤中污染物含量等于或低于表 8 和表 9 规定的风险筛选值时，农用地土壤污染风险低，一般情况下可以忽略；高于表 8 和表 9 规定的风险筛选值时，可能存在农用地土壤污染风险，应加强土壤环境监测和农产品协同监测。

当土壤中镉、汞、砷、铅、铬的含量高于表 8 规定的风险筛选值、等于或低于表 10 规定的风险管制值时，可能存在食用农产品不符合质量安全标准等土壤污染风险，原则上应当采取农艺调控、替代种植等安全利用措施。

当土壤中镉、汞、砷、铅、铬的含量高于表 10 规定的风险管制值时，食用农产品不符合质量安全标准等农用地土壤污染风险高，且难以通过安全利用措施降低食用农产品不符合质量安全标准等农用地土壤污染风险，原则上应当采取禁止种植食用农产品、退耕还林等严格管控措施。

土壤环境质量类别划分应以本标准为基础，结合食用农产品协同监测结果，依据相关技术规定进行划定。

⑤其他规定。包括监测点位和样品采集等相关规定要求，土壤污染物分析方法要求等。实施与监督明确了标准由各级生态环境主管部门会同农业农村等相关主管部门监督实施。

（2）《土壤环境质量　建设用地土壤污染风险管控标准（试行）》（GB 36600—2018）主要内容

①规定了适用范围。标准规定了保护人体健康的建设用地土壤污染风险筛选值和管制值，以及监测、实施与监督要求，适用于建设用地土壤污染风险筛查和风险管制。

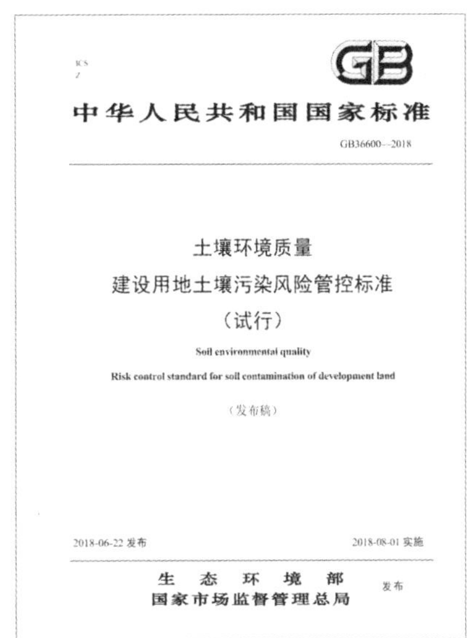
ICS
Z
GB
中华人民共和国国家标准
GB36600—2018
土壤环境质量
建设用地土壤污染风险管控标准
（试行）
Soil environmental quality
Risk control standard for soil contamination of development land
（发布稿）
2018-06-22 发布　　2018-08-01 实施
生态环境部
国家市场监督管理总局　发布

②明确了建设用地分类。建设用地中，城市建设用地根据保护对象暴露情况的不同，可划分为以下两类：

第一类用地：包括 GB 50137 规定的城市建设用地中的居住用地（R），公共管理与公共服务用地中的中小学用地（A33）、医疗卫生用地（A5）和社会福利设施用地（A6），以及公园绿地（G1）中的社区公园或儿童公园用地等。

第二类用地：包括 GB 50137 规定的城市建设用地中的工业用地（M），物流仓储用地（W），商业服务业设施用地（B），道路与交通设施用地（S），公用设施用地（U），公共管理与公共服务用地（A）（A33、A5、A6 除外），以及绿地与广场用地（G）（G1 中的社区公园或儿童公园用地除外）等。

建设用地中，其他建设用地可参照上述分类划分类别。

③制定了建设用地土壤污染风险筛选值和管制值。建设用地土壤污染风险筛选值是指在特定土地利用方式下，建设用地土壤中污染物含量等于或低于该值的，对人体健康的风险可以忽略；超过该值的，对人体健康可能存在风险，应当开展进一步的详细调查和风险评估，确定具体污染范围和风险水平。建设用地土壤污染风险管制值是指在特定土地利用方式下，建设用地土壤中污染物含量超过该值的，对人体健康通常存在不可接受风险，应当采取风险管控或修复措施。保护人体健康的建设用地土壤污染风险筛选值和管制值见表 11 和表 12，其中表 11 为基本项目，表 12 为其他项目。

表 11　建设用地土壤污染风险筛选值和管制值（基本项目）

单位：mg/kg

序号	污染物项目	CAS 编号	筛选值		管制值	
			第一类用地	第二类用地	第一类用地	第二类用地
重金属和无机物						
1	砷	7440-38-2	20①	60①	120	140
2	镉	7440-43-9	20	65	47	172
3	铬（六价）	18540-29-9	3.0	5.7	30	78
4	铜	7440-50-8	2 000	18 000	8 000	36 000
5	铅	7439-92-1	400	800	800	2 500
6	汞	7439-97-6	8	38	33	82
7	镍	7440-02-0	150	900	600	2 000
挥发性有机物						
8	四氯化碳	56-23-5	0.9	2.8	9	36
9	氯仿	67-66-3	0.3	0.9	5	10
10	氯甲烷	74-87-3	12	37	21	120
11	1, 1-二氯乙烷	75-34-3	3	9	20	100
12	1, 2-二氯乙烷	107-06-2	0.52	5	6	21
13	1, 1-二氯乙烯	75-35-4	12	66	40	200
14	顺-1, 2-二氯乙烯	156-59-2	66	596	200	2 000
15	反-1, 2-二氯乙烯	156-60-5	10	54	31	163
16	二氯甲烷	75-09-2	94	616	300	2 000
17	1, 2-二氯丙烷	78-87-5	1	5	5	47
18	1, 1, 1, 2-四氯乙烷	630-20-6	2.6	10	26	100
19	1, 1, 2, 2-四氯乙烷	79-34-5	1.6	6.8	14	50
20	四氯乙烯	127-18-4	11	53	34	183
21	1, 1, 1-三氯乙烷	71-55-6	701	840	840	840
22	1, 1, 2-三氯乙烷	79-00-5	0.6	2.8	5	15
23	三氯乙烯	79-01-6	0.7	2.8	7	20

续表

序号	污染物项目	CAS 编号	筛选值		管制值	
			第一类用地	第二类用地	第一类用地	第二类用地
24	1,2,3-三氯丙烷	96-18-4	0.05	0.5	0.5	5
25	氯乙烯	75-01-4	0.12	0.43	1.2	4.3
26	苯	71-43-2	1	4	10	40
27	氯苯	108-90-7	68	270	200	1 000
28	1,2-二氯苯	95-50-1	560	560	560	560
29	1,4-二氯苯	106-46-7	5.6	20	56	200
30	乙苯	100-41-4	7.2	28	72	280
31	苯乙烯	100-42-5	1 290	1 290	1 290	1 290
32	甲苯	108-88-3	1 200	1 200	1 200	1 200
33	间二甲苯+对二甲苯	108-38-3，106-42-3	163	570	500	570
34	邻二甲苯	95-47-6	222	640	640	640
半挥发性有机物						
35	硝基苯	98-95-3	34	76	190	760
36	苯胺	62-53-3	92	260	211	663
37	2-氯酚	95-57-8	250	2 256	500	4 500
38	苯并[*a*]蒽	56-55-3	5.5	15	55	151
39	苯并[*a*]芘	50-32-8	0.55	1.5	5.5	15
40	苯并[*b*]荧蒽	205-99-2	5.5	15	55	151
41	苯并[*k*]荧蒽	207-08-9	55	151	550	1 500
42	䓛	218-01-9	490	1 293	4 900	12 900
43	二苯并[*a,h*]蒽	53-70-3	0.55	1.5	5.5	15
44	茚并[1,2,3-*cd*]芘	193-39-5	5.5	15	55	151
45	萘	91-20-3	25	70	255	700

注：①具体地块土壤中污染物检测含量超过筛选值，但等于或者低于土壤环境背景值水平的，不纳入污染地块管理。土壤环境背景值可参见GB 36600—2018附录A（表13、表14、表15）。

表 12 建设用地土壤污染风险筛选值和管制值（其他项目）

单位：mg/kg

序号	污染物项目	CAS 编号	筛选值		管制值	
			第一类用地	第二类用地	第一类用地	第二类用地
重金属和无机物						
1	锑	7440-36-0	20	180	40	360
2	铍	7440-41-7	15	29	98	290
3	钴	7440-48-4	20①	70①	190	350
4	甲基汞	22967-92-6	5.0	45	10	120
5	钒	7440-62-2	165①	752	330	1 500
6	氰化物	57-12-5	22	135	44	270
挥发性有机物						
7	一溴二氯甲烷	75-27-4	0.29	1.2	2.9	12
8	溴仿	75-25-2	32	103	320	1 030
9	二溴氯甲烷	124-48-1	9.3	33	93	330
10	1,2-二溴乙烷	106-93-4	0.07	0.24	0.7	2.4
半挥发性有机物						
11	六氯环戊二烯	77-47-4	1.1	5.2	2.3	10
12	2,4-二硝基甲苯	121-14-2	1.8	5.2	18	52
13	2,4-二氯酚	120-83-2	117	843	234	1 690
14	2,4,6-三氯酚	88-06-2	39	137	78	560
15	2,4-二硝基酚	51-28-5	78	562	156	1 130
16	五氯酚	87-86-5	1.1	2.7	12	27
17	邻苯二甲酸二（2-乙基己基）酯	117-81-7	42	121	420	1 210
18	邻苯二甲酸丁基苄酯	85-68-7	312	900	3 120	9 000

续表

序号	污染物项目	CAS 编号	筛选值		管制值	
			第一类用地	第二类用地	第一类用地	第二类用地
19	邻苯二甲酸二正辛酯	117-84-0	390	2 812	800	5 700
20	3, 3'-二氯联苯胺	91-94-1	1.3	3.6	13	36
有机农药类						
21	阿特拉津	1912-24-9	2.6	7.4	26	74
22	氯丹②	12789-03-6	2.0	6.2	20	62
23	*p*,*p*'-滴滴滴	72-54-8	2.5	7.1	25	71
24	*p*,*p*'-滴滴伊	72-55-9	2.0	7.0	20	70
25	滴滴涕③	50-29-3	2.0	6.7	21	67
26	敌敌畏	62-73-7	1.8	5.0	18	50
27	乐果	60-51-5	86	619	170	1 240
28	硫丹④	115-29-7	234	1 687	470	3 400
29	七氯	76-44-8	0.13	0.37	1.3	3.7
30	α-六六六	319-84-6	0.09	0.3	0.9	3
31	β-六六六	319-85-7	0.32	0.92	3.2	9.2
32	γ-六六六	58-89-9	0.62	1.9	6.2	19
33	六氯苯	118-74-1	0.33	1	3.3	10
34	灭蚁灵	2385-85-5	0.03	0.09	0.3	0.9
多氯联苯、多溴联苯和二噁英类						
35	多氯联苯（总量）⑤	—	0.14	0.38	1.4	3.8
36	3, 3', 4, 4', 5-五氯联苯（PCB 126）	57465-28-8	4×10^{-5}	1×10^{-4}	4×10^{-4}	1×10^{-3}
37	3, 3', 4, 4', 5, 5'-六氯联苯（PCB 169）	32774-16-6	1×10^{-4}	4×10^{-4}	1×10^{-3}	4×10^{-3}

续表

序号	污染物项目	CAS 编号	筛选值		管制值	
			第一类用地	第二类用地	第一类用地	第二类用地
38	二噁英类（总毒性当量）	—	1×10^{-5}	4×10^{-5}	1×10^{-4}	4×10^{-4}
39	多溴联苯（总量）	—	0.02	0.06	0.2	0.6
石油烃类						
40	石油烃（$C_{10}\sim C_{40}$）	—	826	4 500	5 000	9 000

注：①具体地块土壤中污染物检测含量超过筛选值，但等于或者低于土壤环境背景值水平的，不纳入污染地块管理。土壤环境背景值可参见 GB 36600—2018 附录 A（表 13、表 14、表 15）。
②氯丹为 α-氯丹、γ-氯丹两种物质含量总和。
③滴滴涕为 o,p'-滴滴涕、p,p'-滴滴涕两种物质含量总和。
④硫丹为 α-硫丹、β-硫丹两种物质含量总和。
⑤多氯联苯（总量）为 PCB77、PCB81、PCB105、PCB114、PCB118、PCB123、PCB126、PCB156、PCB157、PCB167、PCB169、PCB189 十二种物质含量总和。

④建设用地土壤污染风险筛选污染物项目的确定。表 11 中所列项目为初步调查阶段建设用地土壤污染风险筛选的必测项目。初步调查阶段，建设用地土壤污染风险筛选的选测项目依据 HJ 25.1、HJ 25.2 及相关技术规定确定，可以包括但不限于表 12 中所列项目。

⑤建设用地土壤污染风险筛选值和管制值的使用。建设用地规划用途为第一类用地的，适用表 11 和表 12 中第一类用地的筛选值和管制值；规划用途为第二类用地的，适用表 11 和表 12 中第二类用地的筛选值和管制值。规划用途不明确的，适用表 11 和表 12 中第一类用地的筛选值和管制值。

建设用地土壤中污染物含量等于或者低于风险筛选值的，建设用地土壤污染风险一般情况下可以忽略。

通过初步调查确定建设用地土壤中污染物含量高于风险筛选值的，应当依据 HJ 25.1、HJ 25.2、HJ 25.3 等标准及相关技术要求，开展详细调查和风险评估，确定具体污染范围和风险水平，并判断是否需要采取风险管控或修复措施。

通过详细调查确定建设用地土壤中污染物含量高于风险管制值的，对人体健康通常存在不可接受风险，应当采取风险管控或修复措施。

建设用地若需采取修复措施，其修复目标应当依据 HJ 25.3、HJ 25.4 等标准及相关技术要求确定，且应当低于风险管制值。

表 11 和表 12 中未列入的污染物项目，可依据 HJ 25.3 等标准及相关技术要求开展风险评估，推导特定污染物的土壤污染风险筛选值。

⑥土壤环境背景值。土壤环境背景值是指基于土壤环境背景含量的统计值。通常以土壤环境背景含量的某一分位值表示。其中，土壤环境背景含量是指在一定时间条件下，仅受地球化学过程和非点源输入影响的土壤中元素或化合物的含量。在附录 A 中给出了砷、钴和钒的土壤环境背景值（表 13 至表 15）。

表 13　各主要类型土壤中砷的背景值

单位：mg/kg

土壤类型	砷背景值
绵土、篓土、黑垆土、黑土、白浆土、黑钙土、潮土、绿洲土、砖红壤、褐土、灰褐土、暗棕壤、棕色针叶林土、灰色森林土、棕钙土、灰钙土、灰漠土、灰棕漠土、棕漠土、草甸土、磷质石灰土、紫色土、风沙土、碱土	20
水稻土、红壤、黄壤、黄棕壤、棕壤、栗钙土、沼泽土、盐土、黑毡土、草毡土、巴嘎土、莎嘎土、高山漠土、寒漠土	40
赤红壤、燥红土、石灰（岩）土	60

表 14　各主要类型土壤中钴的背景值

单位：mg/kg

土壤类型	钴背景值
白浆土、潮土、赤红壤、风沙土、高山漠土、寒漠土、黑垆土、黑土、灰钙土、灰色森林土、碱土、栗钙土、磷质石灰土、篓土、绵土、莎嘎土、盐土、棕钙土	20
暗棕壤、巴嘎土、草甸土、草毡土、褐土、黑钙土、黑毡土、红壤、黄壤、黄棕壤、灰褐土、灰漠土、灰棕漠土、绿洲土、水稻土、燥红土、沼泽土、紫色土、棕漠土、棕壤、棕色针叶林土	40
石灰（岩）土、砖红壤	70

表 15　各主要类型土壤中钒的背景值

单位：mg/kg

土壤类型	钒背景值
磷质石灰土	10
风沙土、灰钙土、灰漠土、棕漠土、篓土、黑垆土、灰色森林土、高山漠土、棕钙土、灰棕漠土、绿洲土、棕色针叶林土、栗钙土、灰褐土、沼泽土	100
莎嘎土、黑土、绵土、黑钙土、草甸土、草毡土、盐土、潮土、暗棕壤、褐土、巴嘎土、黑毡土、白浆土、水稻土、紫色土、棕壤、寒漠土、黄棕壤、碱土、燥红土、赤红壤	200
红壤、黄壤、砖红壤、石灰（岩）土	300

⑦其他规定。建设用地土壤环境调查与监测执行 HJ 25.1、HJ 25.2 及相关技术规定要求。土壤污染物分析方法按国家标准执行。暂未制定分析方法标准的污染物项目，待相应分析方法标准发布后实施。标准由各级生态环境主管部门及其他相关主管部门监督实施。

（五）感悟和体会 >>>

总体来讲，我国土壤环境标准研究落后于发达国家，也晚于国内大气、水和固体废物等领域。从 1995 年《土壤环境质量标准》（GB 15618—1995）发布，到 2018 年两项国家风险管控标准发布，经历了 20 多年，特别是从 2006 年开始修订《土壤环境质量标准》到 2018 年的 12 年，是我国土壤环境标准发展的重要时期，取得了积极进展。概括起来，实现了“四个转变”：

一是标准适用范围（对象）由农用地拓展到建设用地；

二是标准结构由“三级标准”（一级、二级、三级）变为“双值标准”（风险筛选值、风险管制值）；

三是标准功能定位由原来“质量达标”判定变为“风险筛查”识别；

四是由一个质量标准发展成为一套完整的标准体系（调查、监测、评估、修复；分析测试方法、标准样品、术语）。

土壤环境质量标准制修订过程历经 12 年，是全社会关注、各阶层参与、凝聚智慧共识的过程。土壤环境标准公开征求意见连续进行了五次，这也是迄今环境标准制定历史上进行公开征求意见次数最多的，再次证明土壤环境标准的复杂性和敏感性。

回顾所走过的路，总结得到以下的经验和体会。

一是坚持目标、问题和需求为导向。土壤环境标准发展始终以保护和改善土壤环境质量为目标导向，以解决不同时期土壤环境突出问题为导向，以满足不同阶段土壤环境管理需求为导向。

二是坚持“两个立足”。一方面，要立足我国国情和发展阶段。我国土壤类型多样，土地开发强度大、土壤利用方式变化快，污染问题复杂、污染风险多发且叠加，仍处于工业化发展阶段，等等。另一方面，要立足本国的科研实际，充分利用本国的调查数据和科研成果，发展完善自己的方法论，适度借鉴国外的先进理念、方法和经验。

三是掌握“两个规律”。土壤环境标准制定要建立在两个规律把握基础上：通过实地调查和科学验证，充分了解我国土壤污染发生过程及其演变规律；同时要跟踪土壤学、地质学和生态学等最新科研成果，了解我国土壤生态环境系统演变过程及其变化规律。

四是处理好“两个关系”。土壤环境标准是土壤生态环境管理的重要手段和核心工具，必须处理和统一好“科学性和可操作性”的关系以及“合理性和可行性”的关系，将标准制定得“适合、适度”、让标准“能用、好用”是关键，这既是标准制定工作的难点和挑战，也是一门标准制修订工作的艺术。

两项土壤污染风险管控标准的发布实施，支撑了全国土壤污染状况详查工作，支撑了《土壤污染防治行动计划》目标任务实施，支撑了《中华人民共和国土壤污染防治法》贯彻落实，推动了土壤污染防治体系，特别是政策法规标准体系建设，促进和引领了土壤污染防治科技进步与创新，为打好污染防治攻坚战，特别是净土保卫战，发挥了标准的关键作用。

环境标准是一个国家科学技术发展水平和环境管理能力的综合体现，也是不断完善、更新的过程。今后，一是要继续践行中国特色生态环境标准发展理念。以保护和改善土壤环境质量为目标，守牢土壤环境安全底线，有效管控土壤污染风险，保障土壤安全利用，实现土壤生态系统良性循环，支撑美丽中国建设。

二是要继续发展、完善土壤环境标准体系。与时俱进、不断丰富标准体系的内涵，将健康风险与生态风险、传统污染物和新污染物、农用地和建设用地、土壤和地下水等并重。

三是要继续协同处理好“两个协调”。一个是土壤环境标准体系内各种标准的协调性（内协调），另一个是土壤环境标准体系与其他环境要素生态环境标准体系的协调性（外协调），为推进整个生态环境标准体系发展作出贡献。

四是要继续重视和强化土壤污染防治科技支撑作用。特别是加强土壤环境基准研究，建设一流的科研创新平台和高水平的科研队伍。

实践探索土壤环境监督管理

很长一段时间，我国缺乏土壤污染防治的专门法规，土壤环境监督管理体系尚未建立。为此，环保部门积极探索污染土壤环境管理思路、制度、体制机制，在实践中积累经验，为建立土壤环境管理体系、完善土壤污染防治法规政策体系奠定坚实基础。

（一）积极推动全国土壤污染防治工作 >>>

1. 召开第一次全国土壤污染防治工作会议

为了提高环保系统管理人员对土壤污染防治重要性和紧迫性的认识，加强土壤污染防治工作，2008 年 1 月 8 日，国家环保总局在北京召开第一次全国土壤污染防治工作会议，各省（区、市）环保厅（局）主要负责人参会。会议由国家环保总局副局长吴晓青主持，国家环保总局局长周生贤参会并发表题为“深入贯彻落实党的十七大精神，努力开创土壤污染防治工作新局面”的讲话。会议的召开对推动全国土壤污染防治工作、探索土壤环境监督管理、提高全社会土壤污染防治意识发挥了直接的促进作用，掀开了全

2008 年 1 月 8 日，在北京召开第一次全国土壤污染防治工作会议

国土壤污染防治工作的序幕，意义重大而深远。

周生贤在讲话中指出，党中央、国务院把土壤污染防治提上了重要议事日程。新年伊始，召开第一次全国土壤污染防治工作会议，主要任务是深入贯彻落实党的十七大精神，明确工作思路，部署全国土壤污染防治工作。提出三点要求：

一是充分认识加强土壤污染防治的重要意义。加强土壤污染防治，是深入贯彻落实科学发展观的重要举措，是建设社会主义新农村的重要内容，是构建国家生态安全体系的重要部分，是实现农产品质量安全的重要保障。我国农产品质量安全问题，日益得到各级政府的高度重视和社会各界的广泛关注。解决农产品质量安全问题，除保护“蓝天、碧水”外，更重要的是防治土壤污染，确保土壤环境质量安全。清洁的土壤是农产品质量安全的基本保证。唯有“净土”，才有“洁食”。

二是认清我国土壤污染防治面临的严峻形势。在党中央、国务院的正确领导下，各地区、各部门认真贯彻落实中央关于环境保护工作的决策和部署，不断加大工作力度，对土壤污染防治工作也作了积极探索和有益实践，取得了一些成效。一是开展基础调查。先后组织开展了全国土壤环境背景值调查、“菜篮子”种植基地土壤环境质量、主要污灌区污染状况、土壤肥力和地球化学元素专项调查等一系列基础调查工作。二是完善制度规范。制定并发布实施了《土壤环境质量标准》《土壤环境监测技术规范》等一系列标准和技术规范，一些法律法规对土壤污染防治的制度措施作了原则性规定。三是强化监管防控。不断强化污染源监管，严格控制点源污染；发展生态农业、推广有机食品；实行测土配方施肥和保护性耕作，控制面源污染。四是提升科技支撑。在 863、

973 等国家重大科研项目中，先后安排了一批与土壤有关的基础和应用研究项目。五是组织试点示范。污染土壤修复与综合治理试点示范开始启动，相关的国际合作与交流正在展开。

在肯定工作成绩的同时，我们也要更加清醒地认清当前全国土壤污染的总体形势。一是部分地区土壤污染严重。二是土壤污染类型多样，呈现出新老污染物并存、无机有机复合污染的局面。三是土壤污染途径多、原因复杂、控制难度大。四是由土壤污染引发的农产品安全和人体健康事件多有发生，成为影响社会稳定的重要因素。

目前，我国土壤污染防治工作的基础还比较薄弱，存在不少困难和问题。突出表现是，全国土壤污染底数不清。法律法规和标准体系不健全，监管能力薄弱，科技支撑不够，资金投入严重不足。全社会土壤污染防治的意识不强。我们必须充分认识土壤污染防治的长期性、艰巨性和复杂性，进一步增强紧迫感、责任感和使命感，下更大的决心、用更大的力气，把土壤污染防治工作摆上更加重要的位置，务求取得实际成效。

三是当前和今后一个时期土壤污染防治工作总体部署。当前和今后一个时期，土壤污染防治工作要以党的十七大精神和科学发展观为指导，加大投入力度，夯实工作基础，提升管理水平，切实解决当前突出的土壤环境问题。具体要求：明确一个总体目标，坚持两项基本原则，落实八项工作任务。

明确一个总体目标：土壤污染防治工作，必须紧紧围绕改善土壤环境质量，保障农产品质量安全和建设良好人居环境这一总体目标展开。

坚持两项基本原则：一是预防为主，防治结合。土壤污染防治必须认真总结国内外经验教训，把握规律性，富于创造性，运用生态系统管理、循环经济等理念和方法，着重预防，标本兼治，逐步构建适合我国国情的土壤污染防治管理体系。二是梯次推进，重点突破。土壤污染防治是一个复杂的系统工程。需要调动各方力量，整合各种资源，综合运用法律、经济、技术和必要的行政措施和办法。土壤污染防治涉及方方面面，要坚持梯次推进，实现重点突破。

落实八项工作任务：一是搞好全国土壤污染状况调查。二是强化农用土壤环境监管与综合防治。三是城市建设用地和遗弃污染场地环境监管。四是拓宽土壤污染防治资金投入渠道。五是增强土壤污染防治科技支撑能力。六是建立健全土壤环境保护法律法规和标准体系。七是加强土壤环境监管体系和能力建设。八是加大土壤污染防治宣传教育力度。

吴晓青副局长在讲话中对 2008 年土壤污染防治重点工作进行了部署。一是切实搞好全国土壤污染状况调查，按时完成样品采集、分析测试、数据处理和报告编写工作。二是切实加强土壤污染防治法规政策标准建设。加快推进《土壤污染防治法》的立法工作，争取早日将土壤立法列入人大立法规划，加快制定发布《关于加强土壤污染防治工作的意见》，提出土壤污染防治的指导思想、基本原则、工作目标、主要任务和保障措施，以指导全国土壤污染防治工作。加快研究制定《城市遗弃污染场地环境管理监督管理办法》，研究制定全国土壤污染防治专项规划，着手制定建设用地环境质量标准，提出对现行《土壤环境质量标准》具体修订方案。三是切实提高土壤污染防治科技支撑能力。完成好国家环境宏观战略研究中关于土壤环境保护战略研究任务，组织开展土壤环境质量评价方法和指标体系研究，组织开展土壤污染风险评估技术方法研究，总结污染土壤修复与综合治理试点工作，筛选一批污染土壤修复实用技术，编制污染土壤修复技术指南，指导地方开展污染土壤修复与综合治理工作，着手研制一批国家土壤分析标准样品。四是切实抓好与土壤污染防治有关的其他工作。例如，推进对城市遗弃污染场地进行一次系统调查，建立档案和信息系统；组织开展土壤污染防治专题宣传活动，编写土壤污染防治科普宣传手册等。

第一次全国土壤污染防治工作会议代表合影

2008.01.08 北京

2008 年 1 月 8 日，参加在北京召开的第一次全国土壤污染防治工作会议全体人员合影

2. 发布《关于加强土壤污染防治工作的意见》

为贯彻落实第一次全国土壤污染防治工作会议精神，按照领导讲话的要求，2008 年 6 月 6 日，环保部制定并发布了《关于加强土壤污染防治工作的意见》（环发〔2008〕48 号，以下简称《意见》）。

专栏 8 《关于加强土壤污染防治工作的意见》简介

《意见》分四个部分共 15 条。主要内容包括：

一是要充分认识加强土壤污染防治的重要性和紧迫性。

（一）土壤污染防治工作取得初步成效。党中央、国务院高度重视土壤污染防治工作。各地区、各部门认真贯彻落实中央关于环境保护工作的决策和部署，不断加大工作力度，在开展土壤基础调查、完善相关制度规范、强化污染源监管、提升土壤污染防治科技支撑能力、组织污染土壤修复与综合治理试点示范等方面进行了积极探索和有益实践，取得了初步成效。

（二）土壤环境面临严峻形势。目前，我国土壤污染的总体形势不容乐观，部分地区土壤污染严重，在重污染企业或工业密集区、工矿开采区及周边地区、城市和城郊地区出现了土壤重污染区和高风险区；土壤污染类型多样，呈现出新老污染物并存、无机有机复合污染的局面；土壤污染途径多，原因复杂，控制难度大；土壤环境监督管理体系不健全，土壤污染防治投入不足，全社会土壤污染防治的意识不强；由土壤污染引发的农产品质量安全问题和群体性事件逐年增多，成为影响群众身体健康和社会稳定的重要因素。

（三）加强土壤污染防治意义重大。土壤是构成生态系统的基本环境要素，是人类赖以生存和发展的物质基础。加强土壤污染防治是深入贯彻落实科学发展观的重要举措，是构建国家生态安全体系的重要部分，是实现农产品质量安全的重要保障，是新时期环保工作的重要内容。各级环保部门要从全局和战略的高度，进一步增强紧迫感、责任感和使命感，把土壤污染防治工作摆上更加重要和突出的位置，统筹土壤污染防治工作，切实解决突出的土壤环境问题。

二是明确土壤污染防治的指导思想、基本原则和主要目标。

（四）指导思想。以科学发展观为指导，以改善土壤环境质量、保障农产品质量安全和建设良好人居环境为总体目标，以农用土壤环境保护和污染场地环境保护监管为重点，建立健全土壤污染防治法律法规，落实土壤污染防治工作机构和人员，增强科技支撑能力，拓宽资金投入渠道，加大宣传教育力度，夯实工作基础，提升管理水平，切实解决关系群众切身利益的突出土壤环境问题，为全面建设小康社会提供环境保障。

（五）基本原则。第一条原则是预防为主，防治结合。土壤污染治理难度大、成本高、周期长，因此，土壤污染防治工作必须坚持预防为主；要认真总结国内外土壤污染防治经验教训，综合运用法律、经济、技术和必要的行政措施，实行防治结合。第二条原则是统筹规划，重点突破。土壤污染防治工作是一项复杂的系统工程，涉及法律法规、监管能力、科技支撑、资金投入和宣传教育等各个方面，要统筹规划，全面部署，分步实施。重点开展农用土壤和污染场地土壤的环境保护监督管理。第三条原则是因地制宜，分类指导。结合各地实际，按照土壤环境现状和经济社会发展水平，采取不同的土壤污染防治对策和措施。农村地区要以基本农田、重要农产品产地特别是"菜篮子"基地为监管重点；城市地区要根据城镇建设和土地利用的有关规划，以规划调整为非工业用途的工业遗留遗弃污染场地土壤为监管重点。第四条原则是政府主导，公众参与。土壤是经济社会发展不可或缺的重要公共资源，关系到农产品质量安全和群众健康。防治土壤污染是各级政府的责任。各级环保部门要在同级党委政府统一领导下，认真履行综合管理和监督执法职责，积极协调国土、规划、建设、农业和财政等部门，共同做好土壤污染防治工作。鼓励和引导社会力量参与，支持土壤污染防治。

（六）主要目标。到2010年，全面完成土壤污染状况调查，基本摸清全国土壤环境质量状况；初步建立土壤环境监测网络；编制完成国家和地方土壤污染防治规划，初步构建土壤污染防治的政策法律法规等管理体系框架；编制完成土壤环境安全教育行动计划并开始实施，公众土壤污染防治意识有所提高。到2015年，基本建立土壤污染防治监督管理体系，出台一批有关土壤污染防治的政策法律法规，土壤污染防治标准体系进一步完善；建立土壤污染事故应急预案，土壤环境监测网络进一步完善；土壤环境保护监管能力明显增强，公众土壤污染防治意识显著提高；土壤污染防治规划全面实施，土壤污染防治科学研究深入开展，污染土壤修复与综合治理示范项目取得明显成效。

三是突出土壤污染防治的重点领域。

（七）农用地土壤环境保护监督管理。以基本农田、重要农产品产地特别是“菜篮子”基地为监管重点，开展农用土壤环境监测、评估与安全性划分。加强影响土壤环境的重点污染源监管，严格控制主要粮食产地和蔬菜基地的污水灌溉，强化对农药、化肥及其废弃包装物，以及农膜使用的环境管理。对污染严重难以修复的耕地提出调整用途的意见，严格执行耕地保护制度。积极引导和推动生态农业、有机农业，规范有机食品发展，组织开展有机食品生产示范县建设，预防和控制农业生产活动对土壤环境的污染。

（八）污染场地土壤环境保护监督管理。结合重点区域土壤污染状况调查，对污染场地特别是城市工业遗留、遗弃污染场地土壤进行系统调查，掌握原厂址及其周边土壤和地下水污染物种类、污染范围和污染程度，建立污染场地土壤档案和信息管理系统。建立污染土壤风险评估和污染土壤修复制度。对污染企业搬迁后的厂址和其他可能受到污染的土地进行开发利用的，环保部门应督促有关责任单位或个人开展污染土壤风险评估，明确修复和治理的责任主体和技术要求，监督污染场地土壤治理和修复，降低土地再利用特别是改为居住用地对人体健康影响的风险。对遗留污染物造成的土壤及地下水污染等环境问题，由原生产经营单位负责治理并恢复土壤使用功能。加强对化工、电镀、油料存储等重点行业、企业的监督检查，发现土壤污染问题，要及时进行处理。区域性或集中式工业用地拟规划改变其用途的，所在地环保部门要督促有关单位对污染场地进行风险评估，并将风险评估的结论作为规划环评的重要依据。同时，要积极推动有关部门依法开展规划环境影响评价，并按规定程序组织审查规划环评文件；对未依法开展规划环评的区域，环保部门依法不得批准该区域内新建项目环境影响评价文件。按照“谁污染，谁治理”的原则，被污染的土壤或者地下水，由造成污染的单位和个人负责修复和治理。造成污染的单位因改制或者合并、分立而发生变更的，其所承担的修复和治理责任，依法由变更后承继其债权、债务的单位承担。变更前有关当事人另有约定的，从其约定；但是不得免除当事人的污染防治责任。造成污染的单位已经终止，或者由于历史等原因确实不能确定造成污染的单位或者个人的，被污染的土壤或者地下水，由有关人民政府依法负责修复和治理；该单位享有的土地使用权依法转让的，由土地使用权受让人负责修复和治理。有关当事人另有约定的，从其约定；但是不得免除当事人的污染防治责任。

四是强化土壤污染防治工作措施。

（九）搞好全国土壤污染状况调查。各级环保部门要按照全国土壤污染状况调查工作的统一部署，加强沟通协调，有效整合资源，强化质量管理，落实配套资金，确保调查的进度和质量；在搞好调查成果集成的基础上，组织对调查成果的开发利用，服务于国家和地方经济社会发展。同时，要严格执行国家有关保密的规定，做好数据、文件、资料、报告的信息安全和保密工作，确保万无一失。

（十）建立健全土壤污染防治法律法规和标准体系。抓紧研究、制定有关土壤污染防治的法律法规和政策措施。加快制定污染场地土壤环境保护监督管理办法，并组织好实施。组织制修订有关土壤环境质量、污染土壤修复、污染场地判别、土壤环境监测方法等标准，不断完善土壤环境保护标准体系。鼓励地方因地制宜，积极探索制定切实可行的土壤污染防治地方性法规、标准和政策措施。

（十一）加强土壤环境监管能力建设。把土壤环境质量监测纳入先进的环境监测预警体系建设，制定土壤环境监测计划并组织落实。进一步加大投入，不断提高环境监测能力，逐步建立和完善国家、省、市三级土壤环境监测网络，定期公布全国和区域土壤环境质量状况。加强土壤环境保护队伍建设，加大培训力度，培养和引进一批专门人才。制定土壤污染事故应急处理处置预案。编制国家和省级土壤污染防治专项规划，并组织实施。国家和地方环境保护规划应包括土壤污染防治的内容，并提出具体的目标、任务和措施。

（十二）开展污染土壤修复与综合治理试点示范。根据土壤污染状况调查结果，组织有关部门和科研单位，筛选污染土壤修复实用技术，加强污染土壤修复技术集成，选择有代表性的污灌区农田和污染场地，开展污染土壤治理和修复试点。重点支持一批国家级重点治理与修复示范工程，为在更大范围内修复土壤污染提供示范、积累经验。

（十三）建立土壤污染防治投入机制。地方要加大土壤污染防治投入，保证投入每年有所增长。中央集中的排污费等专项资金安排一定比例用于土壤污染防治，保证资金逐年增加并适当向中西部地区倾斜；地方也应在本级预算中安排一定资金用于土壤污染防治。我部将协调中央财政部门视情况对地方土壤污染防治给予资金补助。财政资金重点支持土壤环境监测、污染场地调查与评估、土壤污染防治科学研究和技术开发、污染土壤修复与综合治理示范工程建设。按照“谁投资，谁受益”的原则，引导和鼓励社会资金参与土壤污染防治。

（十四）增强科技支撑能力。组织开展土壤环境质量评价方法与指标体系、土壤污染风险评估技术方法等研究。研究开发污染土壤修复技术，编制污染土壤修复技术指南，制定土壤污染防治技术政策和土壤污染防治最佳可行技术导则，筛选污染土壤修复实用技术。推动建成一批土壤污染防治国家重点实验室和土壤修复工程技术中心。研制一批国家土壤分析测试方法和标准样品，开发污染土壤修复装备。积极开展国际合作与交流，不断提升我国土壤污染防治科技水平。

（十五）加大土壤污染防治宣传、教育与培训力度。发挥舆论导向作用，充分利用广播电视、报刊杂志、网络等新闻媒体，大力宣传土壤污染的危害以及保护土壤环境的相关科学知识和法规政策。把土壤污染防治融入学校、工厂、农村、社区等的环境教育和干部培训当中，引导广大群众积极参与和支持土壤污染防治工作。

《意见》的发布回答了人们对土壤污染防治的“三问”，即如何看待我国土壤污染问题和面临的形势，如何采取措施解决当前突出的土壤环境安全问题，如何确定土壤污染防治的总体思路、基本原则、主要任务和保障措施。在当时情况下，土壤环境管理没有专门法规可依，《意见》的发布起到了重要的指导作用。同时，也对我国土壤污染防治工作的方方面面进行了一次较为全面、系统的构思，为后来土壤污染防治体系建设的各个方面的考虑都奠定了很好的基础。

（二）探索工业污染场地土壤环境监督管理 >>>

进入21世纪，随着我国产业结构调整的深入推进，大量工业企业被关停并转、破产或搬迁，腾出的工业企业场地作为城市建设用地被再次开发利用。但一些重污染企业遗留场地的土壤和地下水受到污染，环境健康风险隐患突出，被老百姓称为“毒地”的开发事件引起社会强烈反响，呼吁国家有关部门加强受污染土地环境安全监管，保障人民群众身体健康。

1. 发布《关于切实做好企业搬迁过程中环境污染防治工作的通知》（环办［2004］47号）

2004年4月28日，北京宋家庄地铁站施工过程中发生一起施工人员中毒事件，经查明，为一家关闭的农药厂遗留的化学污染物质所致。这起事件成为中国开始重视工业污染场地修复与再开发利用的标志性事件。为此，2004 年，国家环保总局印发《关于切实做好企业搬迁过程中环境污染防治工作的通知》（环办〔2004〕47 号，以下简称《通知》）。

专栏 9　《关于切实做好企业搬迁过程中环境污染防治工作的通知》简介

《通知》提出三点要求：

一是所有产生危险废物的工业企业、实验室和生产经营危险废物的单位，在结束原有生产经营活动，改变原土地使用性质时，必须经具有省级以上质量认证资格的环境监测部门对原址土地进行监测分析，报送省级以上环境保护部门审查，并依据监测评价报告确定土壤功能修复实施方案。当地政府环境保护部门负责土壤功能修复工作的监督管理。监测评价报告要对原址土壤进行环境影响分析，分析内容包括遗留在原址和地下的污染物种类、范围和土壤污染程度；原厂区地下管线、储罐埋藏情况和土壤、地下水污染现状等的评价情况。

二是对于已经开发和正在开发的外迁工业区域，要尽快制定土壤环境状况调查、勘察、监测方案，对施工范围内的污染源进行调查，确定清理工作计划和土壤功能恢复实施方案，尽快消除土壤环境污染。

三是对遗留污染物造成的环境污染问题，由原生产经营单位负责治理并恢复土壤使用功能。

2005 年，国家环保总局发布《废弃危险化学品污染环境防治办法》（国家环境保护总局令　第 27 号），对工业企业在关停、搬迁后的废弃危险化学品安全处置及污染防治工作提出明确要求。本办法于 2016 年 7 月 13 日废止。

2. 启动污染场地土壤环境保护监督管理办法起草工作

为落实周生贤部长在第一次全国土壤污染防治工作会议上提出的"要加强土壤污染防治的政策措施，出台专门管理办法"要求，以及《关于加强土壤污染防治工作的意见》中"抓紧研究、制定有关土壤污染防治的法律法规和政策措施""加快制定污染场地土壤环境保护监督管理办法"的要求，2008年1月至2011年3月，环保部生态司启动《污染场地土壤环境管理暂行办法》（以下简称《办法》）起草工作，以满足当时管理之急需。

（1）《办法》起草与调研

2008年1月，成立了由南京环境科学研究所、中国环境科学研究院等单位有关专家组成的《办法》起草组。起草组对国际上的相关法律法规进行了广泛调研，较为全面地掌握了美国、英国、加拿大等国家实施污染场地环境管理的主要做法和经验。在此基础上，起草小组对《沈阳市污染场地环境治理及修复管理办法（试行）》等国内已有污染场地环境监督管理相关的地方性法规进行了认真研究，针对我国污染场地土壤环境存在的突出问题，结合土壤环境管理实际需要，于2008年2月提出了《办法》初稿。初稿形成后，环保部生态司就有关问题多次进行调研、专题研讨和座谈论证，广泛听取专家、部内各司办和地方环保部门的意见，形成了《办法》征求意见稿。

2008年3月和2009年5月，环保部生态司会同政策法规司分别在四川成都和浙江宁波召开专题研讨会，对《办法》进行研讨和修改。

（2）《办法》征求意见

2009 年 7 月，书面征求了部内各司办和 31 个省（区、市）及建设兵团环保部门的意见。2009 年 10 月 27 日，《办法》通过部长专题会审议。2009 年 12 月，征求了国务院各部门和直属机构的意见。2010 年 11 月，再次征求了部内主要司办的意见。

（3）《办法》送审

2010 年 12 月，环保部政策法规司、生态司对国务院各部门、直属机构以及部内各司办意见进行了认真研究，经反复修改、完善，形成了《办法》草案送审稿。

《办法》草案共分 6 章 27 条。主要内容包括：第一章为“总则”，共 8 条。主要包括立法目的、适用范围、定义、管理职责、标准规范、责任承担、技术单位、举报等内容。第二章为“土壤环境调查与风险评估”，共 4 条。主要包括调查及调查报告的内容、风险评估及风险评估报告的内容等。第三章为“污染场地治理修复”，共 6 条。主要包括治理修复方案及治理修复方案内容、环保要求、危险废物处置、工程防护和监测等内容。第四章为“监督管理”，共 4 条。主要包括监督管理、监督检查、档案制度和信息公开等内容。第五章为“罚则”，共 3 条。主要包括违反规定的处罚、对有关机构和人员的要求等内容。第六章为“附则”，共 2 条。主要包括报告格式及要求、实施时间等。《办法》草案主要规定了 3 项制度：（1）污染场地土壤环境调查与风险评估制度；（2）污染场地治理修复制度；（3）污染场地档案管理制度。这在当时情况下，是对建立我国污染场地土壤环境监督管理制度的初步探索。在土壤污染防治法出台之前，《办法》的制定可以为土壤污染防治立法积累实践经验，并为后续《污染地块土壤环境管理办法》的正式出台奠定了基础。2011 年 3 月 24 日，部务会审议并原则通过《办法》草案，根据实际情况择机发布。

3.《污染地块土壤环境管理办法（试行）》完善与发布

国务院印发的《土壤污染防治行动计划》明确要求，2016 年年底前，发布污染地块土壤环境管理办法。新成立的环境保护部土壤环境管理司，组织原编制组依据《土十条》精神，在原《办法》送审稿基础上，对内容进行了全面修改和完善，还作了文字修改，使之与《土十条》说法保持一致。例如，在政府和法规文件中，“污染场地”统一称为“污染地块”。

2016 年 12 月，环境保护部相关负责人与编制组一起讨论修改《污染地块土壤环境管理办法（试行）》时的合影

2016年11—12月，修改后的《办法》通过环境保护部官方网站和《中国环境报》向社会公开征求意见。2016年12月27日，《办法》再次通过环境保护部部务会审议。2016年12月31日，环境保护部发布《污染地块土壤环境管理办法（试行）》（环境保护部令　第42号），自2017年7月1日起施行。

中华人民共和国环境保护部令

第 42 号

《污染地块土壤环境管理办法(试行)》已于2016年12月27日由环境保护部部务会议审议通过，现予公布，自2017年7月1日起施行。

部长　陈吉宁

2016年12月31日

— 1 —

《污染地块土壤环境管理办法（试行）》发布令

专栏10　《污染地块土壤环境管理办法（试行）》简介

《办法》共7章33条。主要内容包括：

第一章　总则，共8条。包括立法目的、定义、适用范围、管理职责、标准规范、污染地块信息系统、公众举报、环境公益诉讼等内容。

第二章　各方责任，共3条。包括土地使用权人责任、治理与修复责任认定、专业机构及第三方机构责任等内容。

第三章　环境调查与风险评估，共6条。包括疑似污染地块名单、初步调查、污染地块名录、高风险地块重点监管、详细调查、风险评估等内容。

第四章　风险管控，共5条。包括一般要求、编制风险管控方案、风险管控措施、环境应急、划定管控区域等内容。

第五章　治理与修复，共6条，包括一般要求、治理与修复工程方案、二次污染防范、治理与修复效果评估、环评审批约束、部门联动监管等内容。

第六章　监督管理，共4条。包括监督检查、监督检查措施、定期报告、信用约束等内容。

第七章　附则，共1条。规定了施行日期。

正式发布的《污染地块土壤环境管理办法（试行）》与原来起草的办法相比，发生了明显的变化。

一是明确监管重点。由于污染地块类型复杂、数量众多，相关监督管理工作任务重，必须突出重点，抓住当前环境风险高的污染地块进行优先管理。按照《土壤污染防治行动计划》规定，将拟收回、已收回土地使用权的有色金属冶炼、石油加工、化工、焦化、电镀、制革等行业企业用地，以及土地用途拟变更为居住和商业、学校、医疗、养老机构等公共设施的上述用地作为重点监管对象。

二是突出风险管控。按照《土壤污染防治行动计划》要求，对拟开发利用的土地用途变更为居住和商业、学校、医疗、养老机构等公共设施的用地，重点开展人体健康风险评估和风险管控；对暂不开发利用的污染地块，开展以防止扩散为目的的环境风险评估与风险管控。

三是落实各方责任。依据《中华人民共和国环境保护法》有关规定和《土壤污染防治行动计划》有关要求，明确了土地使用权人、造成土壤污染的责任人及第三方机构的责任。

四是强化信息公开。借鉴国际通行做法，建立污染地块管理流程，规定全过程各个环节的主要信息应当向社会公开，包括疑似污染地块土壤环境调查初步调查报告、详查调查报告、风险评估结果、风险管控方案、治理与修复方案、效果评估结果等。

4.《工矿用地土壤环境管理办法（试行）》起草与发布

按照国务院印发的《土壤污染防治行动计划》要求完成《污染地块土壤环境管理办法（试行）》后，环保部土壤司组织起草了针对在产企业土壤污染防治的《工矿用地土壤环境管理办法》。2018年4月12日，《工矿用地土壤环境管理办法（试行）》由生态环境部部务会议审议通过，由生态环境部部长李干杰签发（生态环境部令 第3号），自2018年8月1日起施行。

专栏11 《工矿用地土壤环境管理办法（试行）》简介

《办法》共4章21条。主要内容包括：

第一章为总则，共6条。包括立法目的、适用范围、重点监管单位、国家和地方管理职责、责任主体。

第二章为污染防控，共10条。包括调查、标准、防渗、污染隐患排查、监测、风险评估、治理与修复、拆除活动污染防治、突发环境事件应急预案、终止生产经营活动前的管理要求。

第三章为监督管理，共3条。包括现场检查、监督措施、企业信用公示。

第四章为附则，共2条。包括用语解释、施行时间。

5. 印发《关于加强工业企业关停、搬迁及原址场地再开发利用过程中污染防治工作的通知》（环发〔2014〕66号）

2014年5月14日，环保部印发《关于加强工业企业关停、搬迁及原址场地再开发利用过程中污染防治工作的通知》（环发〔2014〕66号）。通知要求，充分认识加强工业企业关停、搬迁及原址场地再开发利用过程中污染防治工作的重要性，强化工业企业关停搬迁过程污染防治，组织开展关停搬迁工业企业场地环境调查，严控污染场地流转和开发建设审批，加强场地调查评估及治理修复监管，加大信息公开力度。

6. 印发《地震灾区土壤污染防治指南（试行）》

2008 年 5 月 12 日，我国四川汶川发生特大地震，在抗震救灾的过程中做好环境保护工作是一次前所未有的挑战。为了加强地震灾区土壤污染防治工作，环保部生态司委派南京环境科学研究所土壤污染防治专家林玉锁、张胜田赶赴四川地震灾区，对可能存在的土壤污染问题进行实地调研，经过近一个月的调研和座谈，及时撰写并提交了《关于地震灾区土壤污染防治工作情况的报告》。2008 年 6 月 23 日，环保部印发《关于地震灾区土壤污染防治工作情况的报告》（环发〔2008〕57 号）上报国务院。同时编写了《地震灾区土壤污染防治指南（试行）》，环保部于 2008 年 6 月 30 日正式发布（环境保护部公

急 件

中华人民共和国环境保护部

公　　告

2008 年　第 27 号

为指导地震灾区土壤污染防治工作，保障农产品质量安全和人民群众身体健康，我部制定了《地震灾区土壤污染防治指南（试行）》，现发布施行。

附件：地震灾区土壤污染防治指南（试行）

中华人民共和国环境保护部

二〇〇八年六月三十日

— 1 —

《地震灾区土壤污染防治指南（试行）》（环境保护部公告 2008 年第 27 号）

2008 年 5 月，赴四川地震灾区考察化工企业受灾现场

告 2008 年第 27 号）。指南主要内容包括地震灾区重点关注的土壤污染问题识别、地震灾区土壤污染防治的基本原则、土壤污染调查与评估、土壤污染治理和修复、保障措施等。

这次应对工作不仅对加强地震灾区的土壤污染防治工作提出了指导性文件，而且是一次突出事件应急管理能力提升的实战锻炼。充分表明，土壤污染防治已经进入环境管理议程，并在实践中加以探索、主动作为。

（三）探索农用地土壤环境监督管理 >>>

1. 启动农用地土壤环境保护监督管理办法起草工作

为了加强农用地土壤环境管理，2011 年 12 月，环保部生态司将《农用地土壤环境保护监督管理办法》（以下简称《办法》）起草列为 2012 年重点工作之一，并组织南京环境科学研究所等单位专家启动《办法》起草工作。

（1）《办法》起草与调研

2012 年 4 月 23 日，起草组向环保部生态司提交了《办法》起草工作计划。2012 年 5 月 15—17 日，环保部生态司组织起草组赴江苏省南京、扬州、无锡和苏州等地进行了农用地土壤环境保护工作调研，广泛听取了地方环保、农业、国土等管理部门的意见和建议。同时，起草组对国内外相关法律法规进行了广泛收集和梳理，较全面地掌握了国内外耕地、农产品产地等农用地土壤环境保护监管相关的做法和经验。综合分析了国内外农用地土壤环境保护监管特点和差异性，针对我国农用地土壤环境普遍存在的问题，结合土壤环境管理实际需要，提出了《办法（草案）》（第一稿）。2012 年 6 月 26 日，环保部生态司组织专家听取意见和建议，进行了多次修改，形成《办法（草案）》（第二稿）。2012 年 11 月 29 日，环保部生态司在北京组织召开了专家咨询会。根据参会专家提出的意见和建议进行了修改，形成《办法（草案）》（第三稿）。

2012 年 5 月，起草组赴江苏进行农用地土壤环境保护工作调研

2013 年 1 月 16 日，环保部生态司在北京组织召开了部分省市环境保护厅（局）处长座谈会，听取地方管理部门对《办法（草案）》的意见和建议，并进行了修改，形成《办法（草案）》（第四稿）。3 月 6 日，环保部生态司在北京组织召开专家研讨会，进一步对《办法（草案）》进行研讨，根据会议提出的意见和建议进行了修改，形成第五稿。9 月 23 日，环保部生态司组织召开了专家咨询会，根据专家意见和建议进

行了修改，于 9 月 28 日向环保部生态司报送了《办法（草案）》（第六稿）。按照环保部生态司有关意见和建议，进一步对《办法（草案）》（第六稿）进行了修改完善，并于 10 月 17 日向环保部生态司报送了《办法（草案）》（第七稿）。

2014 年 1—10 月，起草组按照环保部生态司要求，结合新修订《环境保护法》、《土壤环境保护法（草案）》和《土壤污染防治行动计划（草案）》等相关政策和制度的设计，对《办法（草案）》进行了多次研讨和修改，形成了《农用地土壤环境管理办法（征求意见稿）》。

2014 年 11 月 11 日，环保部生态司组织在江苏泰兴召开农用地土壤环境监督管理办法专家讨论会，与会专家和代表针对农用地土壤环境质量监测、农用地土壤环境质量等级划分与监管、农用地污染土壤修复等内容进行了重点研讨，根据会议专家意见修改形成了《办法（征求意见稿）》草案。

2014 年 12 月 25 日，环保部生态司组织在南京召开农用地土壤环境监督管理办法讨论会，围绕当前农用地土壤环境监测、土壤环境质量等级划分、农用地土壤污染调查与风险评估、农用地污染土壤修复等重点监管任务，结合《土壤污染防治行动计划（草案）》《土壤污染防治法（草案）》起草相关内容，对相关条文进行了修改完善，形成了《办法（征求意见稿）》。

（2）征求意见

2015 年 1 月，环保部印发《农用地土壤环境管理办法（征求意见稿）》（环办函〔2015〕20 号），征求部内各司办和地方环保部门意见，共收到意见和建议 149 条。2015 年 1 月 28 日，环保部生态司组织在南京召开会议，研究和处理部内各司局和地方环保部门反馈意见，编制组根据有关意见对办法进行了修改完善，形成了办法第二次征求意见稿。

2015 年 3 月，环保部印发了《农用地土壤环境管理办法（征求意见稿）》（环办函〔2015〕232 号），征求国务院有关部门和直属机构意见，共收到意见和建议 34 条。2015 年 4 月 17 日，环保部生态司在南京组织召开《农用地土壤环境管理办法》研讨会，研究国务院各有关部门和直属机构反馈意见和建议采纳处理，编制组根据有关意见对办法进行了修改完善，形成了《农用地土壤环境管理办法（送审稿）》。

为了与即将起草发布的《土壤污染防治行动计划》要求相衔接，待行动计划发布实施后，本办法拟由环保部会同农业部共同起草发布。

2.《农用地土壤环境管理办法（试行）》完善与发布

国务院印发的《土壤污染防治行动计划》明确要求，2016 年年底前发布农用地土壤环境管理办法。新成立的环境保护部土壤环境管理司组织原编制组依据《土十条》精神，对原《办法》送审稿进行了修改完善。2016 年 7 月 14 日，环保部土壤环境管理司在江苏南京召开研讨会，听取编制组关于《办法》编制和修改情况的汇报，与会专家和代表结合《土十条》关于农用地土壤污染防治及其监管的任务和要求，进行了研讨与交流，编制组根据会议意见对《办法》进行了修改完善。

2017 年 1 月 12 日，环保部和农业部联合组织专家讨论修改《农用地土壤环境管理办法》，形成了《农用地土壤环境管理办法（试行）

（征求意见稿）》。2017年4月18日，环保部会同农业部联合印发各省（市、区）环境保护和农业部门再次征求意见（环办土壤函〔2017〕603号）。

2017年9月25日，环境保护部、农业部联合发布《农用地土壤环境管理办法（试行）》（环境保护部　农业部令第46号），自2017年11月1日起施行。

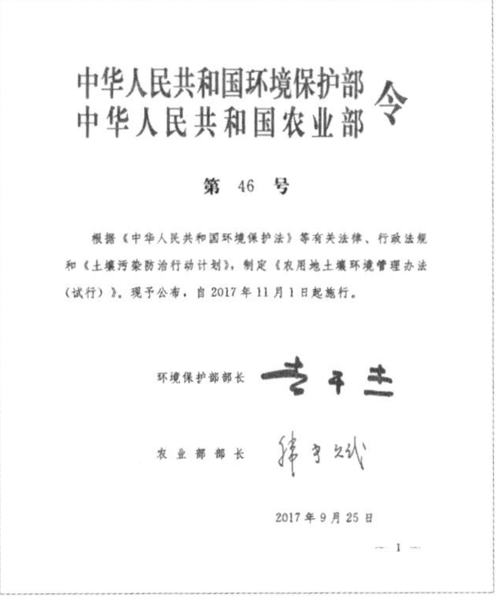
中华人民共和国环境保护部
中华人民共和国农业部
令

第 46 号

根据《中华人民共和国环境保护法》等有关法律、行政法规和《土壤污染防治行动计划》，制定《农用地土壤环境管理办法（试行）》，现予公布，自2017年11月1日起施行。

环境保护部部长

农业部部长

2017年9月25日

— 1 —

《农用地土壤环境管理办法（试行）》

专栏12　《农用地土壤环境管理办法（试行）》简介

《办法》共6章30条。主要内容包括：

第一章为总则，共7条。主要规定了立法目的、适用范围、管理职责、标准规范、土壤污染防治规划、农用地土壤环境管理信息系统、专业机构要求等内容。

第二章为土壤污染预防，共5条。主要规定了防止生产经营活动对农用地的污染、加强生产经营活动监管、防止畜禽养殖和农产品加工对农用地的污染、防止农业生产对农用地的污染、禁止向农用地非法排污等内容。

第三章为调查与监测，共3条。主要规定了定期调查制度、农用地土壤环境质量监测、农产品协同监测等内容。

第四章为分类管理，共10条。主要规定了土壤环境质量类别划分、农用地土壤优先保护、安全利用类耕地的管理要求、治理与修复、效果评估、严格管控类耕地的风险管控要求等内容。

第五章为监督管理，共4条。主要规定了农用地土壤环境重点监管企业监管、监督检查、事故应急管理、信用约束等内容。

第六章为附则，共1条。规定了施行日期。

正式发布的《农用地土壤环境管理办法（试行）》与办法草案相比，发生了很大变化。在总体考虑上，一是突出重点。《土十条》提出农用地土壤污染防治以耕地为重点，据此本《办法》主要针对耕地的土壤环境管理，园地、草地、林地的土壤环境管理可参照本办法。二是通力协作。环境保护和农业部门在各自职责范围内，按照《土十条》的任务分工，加强合作，通力做好农用地土壤污染防治工作。三是处罚有别。本《办法》不设处罚内容，对造成农用地土壤污染的行为，主要依据水、气、固体废物污染防治有关法律法规进行处罚。对现行法律法规未涉及的其他污染农用地的行为，如过度使用农药、农膜不及时回收等污染农用地的行为，监管尚在探索之中，暂不设相关处罚条款。

《办法》明确了环保和农业部门管理职责的分工。环保部门对全国农用地土壤环境保护工作实施统一监督管理，具体负责监督管理工业源对农用地的污染防治，建立土壤污染状况调查制度，组织建设全国土壤环境质量监测网络，制定农用地土壤污染状况调查、环境监测、环境质量类别划分等技术规范。农业部门负责牵头防治农业生产对农用地的污染，组织划分农用地土壤环境质量类别并实施分类管理，制定农用地土壤安全利用、严格管控、治理与修复、治理与修复效果评估等技术规范。

《办法》设立的农用地土壤环境管理的主要制度有以下五个方面：

一是农用地土壤污染状况调查制度。依据《土十条》，《办法》规定环保部会同农业部等部门建立农用地土壤污染状况定期调查制度，每十年开展一次。

二是土壤环境质量监测制度。依据《土十条》，《办法》规定环保部会同农业部等部门建立全国土壤环境质量监测网络。

三是土壤污染预防制度。环保部门要确定农用地土壤环境重点监管企业名单，依法加强工业污染源监管。农业部门应当引导农业生产者合理使用肥料、农药、兽药、农用薄膜等农业投入品，防止农业生产对农用地的污染。

四是土壤环境质量类别划分制度。省级农业主管部门会同环境保护主管部门，按照国家有关技术规范，根据土壤污染程度、农产品质量情况，将耕地划分为优先保护类、安全利用类和严格管控类。

五是农用地分类管理制度。《办法》规定对符合条件的优先保护类耕地，划为永久基本农田，纳入粮食生产功能区和重要农产品生产保护区建设，实行严格保护。对安全利用类耕地，《办法》规定农业部门组织制定农用地安全利用方案，报所在地人民政府批准后实施。优先采取农艺调控、替代种植、轮作、间作等措施，阻断或减少污染物和其他有毒有害物质进入农作物可食部分，降低农产品超标风险。对严格管控类耕地，《办法》规定农业部门应当会同环境保护等部门加强用途管理，依法提出划定特定农产品禁止生产区域的建议，会同有关部门按照国家退耕还林还草计划，组织制定种植结构调整或者退耕还林还草计划，报所在地人民政府批准后组织实施。

3. 探索农用地污染土壤修复项目监督管理

为推动农田土壤修复技术实际应用，2012 年 11 月 2 日，环保部生态司在广西环江召开了农田土壤修复工作现场会，与会人员参观了中国科学院地理科学与资源研究所陈同斌研究团队长期从事植物修复技术研发与示范应用的工程现场。

2012 年 11 月 2 日，环境保护部生态司在广西环江召开农田土壤修复工作现场会

农田土壤修复工作现场会会议现场

为加强农用地污染土壤修复项目监督管理，保障土壤修复项目顺利实施，环保部生态司组织有关单位组织制定了《农用地污染土壤修复项目管理指南（试行）》，2014 年 10 月 29 日，环保部办公厅印发各地环保系统参照执行（环办〔2014〕93 号）。为加强对农用地污染修复工作的技术指导，又组织有关单位编制了《农用地污染土壤植物萃取

部分参会人员在现场考察时的合影

技术指南（试行）》，2014 年 12 月 29 日，环保部办公厅印发各地环保部门参照执行（环办〔2014〕114 号）。这是环保部门在没有相应技术规范等标准文件的情况下，以管理技术文件形式规范土壤修复活动的一次尝试。

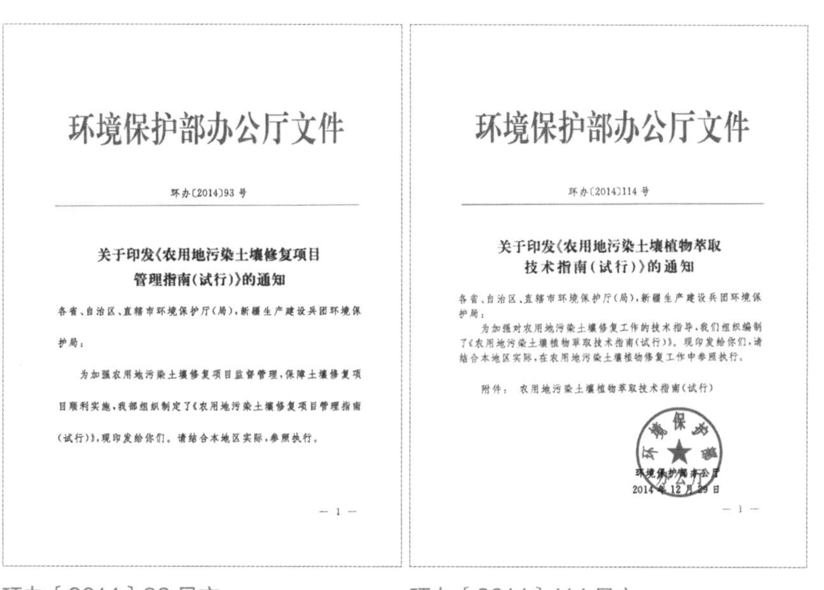

环境保护部办公厅文件

环办〔2014〕93 号

关于印发《农用地污染土壤修复项目管理指南（试行）》的通知

各省、自治区、直辖市环境保护厅（局），新疆生产建设兵团环境保护局：

为加强农用地污染土壤修复项目监督管理，保障土壤修复项目顺利实施，我部组织制定了《农用地污染土壤修复项目管理指南（试行）》，现印发给你们。请结合本地区实际，参照执行。

— 1 —

环境保护部办公厅文件

环办〔2014〕114 号

关于印发《农用地污染土壤植物萃取技术指南（试行）》的通知

各省、自治区、直辖市环境保护厅（局），新疆生产建设兵团环境保护局：

为加强对农用地污染土壤修复工作的技术指导，我们组织编制了《农用地污染土壤植物萃取技术指南（试行）》，现印发给你们，请结合本地区实际，在农用地污染土壤植物修复工作中参照执行。

附件：农用地污染土壤植物萃取技术指南（试行）

环境保护部办公厅

2014 年 12 月 29 日

— 1 —

环办［2014］93 号文　　环办［2014］114 号文

（四）探索土壤污染防治规划与区划 >>>

1. 启动土壤环境保护规划与土壤环境功能区划工作

2008 年，根据《环境保护部主要职责内设机构和人员编制规定》（国办发〔2008〕73 号）中环境保护部要负责制定土壤污染防治管理制度并组织实施的要求，环境保护部在对生态司的职能中提出要指导全国土壤环境保护规划和区划工作。为此环保部生态司启动土壤环境保护规划编制准备工作，将《土壤环境保护规划编制指南》《土壤环境功能区划指南》编写列入 2009 年工作内容，委托环保部南京环境科学研究所承担编制任务。

2010 年 3 月，环保部南京环境科学研究所组织编写了《土壤环境保护规划编制指南（草案）》。2010 年 9 月，生态司在北京举办全国环境保护防治规划编制培训班。

2010 年 9 月 26 日，环保部办公厅印发《关于征求土壤环境功能区划、规划意见的函》（环办函〔2010〕1033 号），向各省（自治区、直辖市 ）环境保护厅（局）、新疆生产建设兵团环境保护局征求《土壤环境保护规划编制指南（征求意见稿）》和《土壤环境功能区划指南（征求意见稿）》的意见。

为指导地方土壤环境保护规划编制工作，2011 年 3 月 16 日，环保部办公厅印发《关于印发〈土壤环境保护规划编制指南〉的通知》（环办〔2011〕28 号），要求省级环保部门加强组织领导、加强沟通协调、利用好现有成果、突出地区特色，高质量完成规划编制任务。

2. 启动《全国土壤环境保护规划（2011—2015）》编制

为贯彻落实中央关于编制第十二个五年规划的总体要求，按照国务院统一部署，依据《关于印发“十二五”期间报国务院审批的专项规划整体预案的通知》（发改规划〔2010〕2084号）有关要求，环保部会同国家发展改革委、国土资源部组织起草了《全国土壤环境保护规划（2011—2015）（送审稿）》，列入《国务院2011年专项规划审批计划》。

（1）规划编制过程

前期研究与工作准备。环保部组织有关单位开展了“土壤环境管理国际经验总结”等10余项前期专题研究，系统总结了全国土壤污染状况调查成果，为规划编制奠定了坚实基础。2010年11月，完成了规划编制工作方案，为保证全国土壤环境保护规划编制工作的顺利进行，环境保护部协调有关部门和单位成立了规划编制领导小组（环办〔2011〕288号）和工作组（环办函〔2011〕330号）。规划编制领导小组由环保部副部长李干杰任组长，环保部、国家发展改革委、国土资源部有关同志组成。成立了环保部有关司、环保部环境规划院、南京环境科学研究所、中国环境科学研究院、中国科学院南京土壤研究所等单位相关人员组成的规划编制工作组。编制工作组先后开展了资料收集、规划大纲起草、地方规划编制指南编写等工作。

规划大纲与基本思路。2010年12月，完成规划编制大纲（论证稿）。2011年1月，组织召开规划大纲专家评审会。会后根据专家意见对规划大纲进行了修改完善。编制组除多次进行内部讨论、咨询有关专家意见外，还征求了部分省（自治区、直辖市）环保厅（局）对规划编制的建议。2011 年 4 月 6 日，征询了国家发展改革委、国土资源部对规划基本思路的意见。2011 年 6 月，就耕地土壤环境优先保护等问题同农业部种植业管理司进行了沟通协调。根据有关部门和专家的意见，对规划大纲作了进一步修改完善，形成规划编制大纲（送审稿）。2011 年 7 月 4 日，李干杰主持召开全国土壤环境保护规划编制领导小组第一次会议，原则通过了规划编制大纲。

地方协调与文本编制。2011 年 4 月 13—16 日，在南京、北京召开了规划编制第一次技术协调会议。2011 年 8 月 8—11 日，在云南保山市召开了规划编制第二次技术协调会议，与各地协调对接规划重点项目、布局等有关内容。规划编制过程中，编制组还赴江苏、广东、广西、湖南、湖北等地开展调研，进一步了解地方土壤环境保护有关情况。2011 年 8 月底，根据规划大纲、国家有关要求和地方需求，规划编制组完成规划（论证稿）编写工作。

专家论证与征求意见。2011 年 8 月 31 日，环保部在北京主持召开《全国土壤环境保护规划（2011—2015）》专家认证会议。成立了以金鉴明院士、李文华院士等 8 位专家组成的专家论证组，经讨论和质询，

2011 年 4 月 13 日，环境保护生态司在南京召开全国土壤环境保护规划编制协调会议

专家组一致同意规划（论证稿）通过论证。2011 年 9 月 9 日，环保部印发《关于〈全国土壤环境保护“十二五”规划（征求意见稿）〉征求意见的函》（环办函〔2011〕1078 号），征求各省（自治区、直辖市）人民政府办公厅、新疆生产建设兵团办公厅和国家发展改革委等 15 个部门的意见，同时征求部内 15 个司（办、局）的意见。规划编制组根据专家论证意见和征求意见情况，对规划文本进行了修改完善，形成了规划（送审稿）。2011 年 11 月 8 日，规划（送审稿）提交部长专题会进行审议，根据部长专题会意见对规划进一步作了修改完善。

（2）规划主要内容

全面分析了我国土壤环境保护现状和形势，提出了“十二五”时期土壤环境保护工作的指导思想、原则和目标，明确了主要任务、重点工程和保障措施。规划共分 5 章。第一章为土壤环境保护现状和形势。第二章为指导思想、原则和目标。第三章为主要任务，包括 5 个方面：一是优先保护耕地和水源地土壤环境；二是强化土壤污染物来源控制；三是严格污染土壤环境风险管控；四是开展土壤污染治理与修复；五是夯实土壤环境监管基础。第四章为重点工程，重点开展土壤环境基础调查、耕地和水源地土壤环境保护、土壤污染物来源控制、土壤污染治理与修复和土壤环境监管基础能力建设。第五章为保障措施，包括组织领导、目标责任、资金保障、公众参与、考核评估。

3. 印发《国务院办公厅关于印发近期土壤环境保护和综合治理工作安排的通知》（国办发〔2013〕7 号）

2012 年 12 月 31 日，温家宝总理主持召开国务院常务会议，研究土壤污染防治工作。鉴于当时发布《全国土壤环境保护“十二五”规划》的时机问题，2013 年 1 月 23 日，《国务院办公厅关于印发近期土壤环境保护和综合治理工作安排的通知》（国办发〔2013〕7 号）下发各省执行。

专栏 13 《近期土壤环境保护和综合治理工作安排》简介

主要内容：

（1）工作目标。到 2015 年，全面摸清我国土壤环境状况，建立严格的耕地和集中式饮用水水源地土壤环境保护制度，初步遏制土壤污染上升势头，确保全国耕地土壤环境质量调查点位达标率不低于 80%；建立土壤环境质量定期调查和例行监测制度，基本建成土壤环境质量监测网，对全国 60% 的耕地和服务人口 50 万以上的集中式饮用水水源地土壤环境开展例行监测；全面提升土壤环境综合监管能力，初步控制被污染土地开发利用的环境风险，有序推进典型地区土壤污染治理与修复试点示范，逐步建立土壤环境保护政策、法规和标准体系。力争到 2020 年，建成国家土壤环境保护体系，使全国土壤环境质量得到明显改善。

（2）主要任务。一是严格控制新增土壤污染。二是确定土壤环境保护优先区域。将耕地和集中式饮用水水源地作为土壤环境保护的优先区域。三是强化被污染土壤的环境风险控制。四是开展土壤污染治理与修复。五是提升土壤环境监管能力。加强土壤环境监管队伍与执法能力建设。六是加快土壤环境保护工程建设。实施土壤环境基础调查、耕地土壤环境保护、历史遗留工矿污染整治、土壤污染治理与修复和土壤环境监管能力建设等重点工程。

（3）保障措施。一是加强组织领导。二是健全投入机制。三是完善法规政策。四是强化科技支撑。五是引导公众参与。六是严格目标考核。

《近期土壤环境保护和综合治理工作安排》的要求实际上是“十二五”规划的主要内容，为后来编制《土壤污染防治行动计划》奠定了重要基础。

4. 指导省级土壤环境保护和综合治理方案编制

为贯彻落实国发〔2013〕7号文，2013年4月19日，环保部印发《关于贯彻落实〈国务院关于印发近期土壤环境保护和综合治理工作安排的通知〉的通知》（环办〔2013〕46号）。环保部生态司于2013年5月10日在云南昆明举办了《土壤环境保护和综合治理方案》编制培训班。

2013年5月14日，环保部印发了《土壤环境保护和综合治理方案编制指南》的通知（环办〔2013〕54号），为指导省级开展方案编制提供了指导意见，并提出了技术要求。2013年5月23日，环保部生态司在浙江仙居召开《土壤污染治理项目实施方案编制指南》研讨会。

（五）探索土壤环境管理体制与机制 >>>

1. 探索污染场地多部门协同监督管理机制

根据2011年《国务院关于加强环境保护重点工作的意见》（国发〔2011〕35号）提出的“被污染场地再次进行开发利用的，应进行环境评估和无害化治理”的要求，为保障工业企业场地再开发利用的环境安全，维护人民群众的切身利益，2012 年 11 月 27 日，环保部、工业和信息化部、国土资源部、住房和城乡建设部联合印发《关于保障工业企业场地再开发利用环境安全的通知》（环发〔2012〕140 号，以下简称《通知》）。

专栏 14　《关于保障工业企业场地再开发利用环境安全的通知》简介

《通知》共九条。主要内容包括：

一是排查被污染场地。地方各级工业、经济主管部门制订本地区污染企业关停并转、破产或搬迁规划或方案的，应当及时向同级环境保护、国土资源、建设和城乡规划等部门提供拟关停并转、破产或搬迁企业名单。地方各级环境保护主管部门要会同同级工业、经济、国土资源、建设和城乡规划等主管部门，以已关停并转、破产、搬迁的化工、金属冶炼、农药、电镀和危险化学品生产、储存、使用企业，且原有场地拟再开发利用的以及本地区其他重点监管工业企业为对象，组织开展场地环境调查和风险评估，掌握场地土壤和地下水污染基本情况，排查被污染场地（包括潜在被污染场地），建立被污染场地数据库和环境管理信息系统并共享信息。

二是合理规划被污染场地的土地用途。地方各级国土资源、建设、城乡规划等部门编制土地利用总体规划、城乡规划等相关规划时，应当充分考虑被污染场地的环境风险，合理规划土地用途，严格用地审批。经风险评估对人体健康有严重影响的被污染场地，未经治理修复或者治理修复不符合相关标准的，不得用于居民住宅、学校、幼儿园、医院、养老场所等项目开发。

三是严控被污染场地的土地流转。关停并转、破产或搬迁工业企业原场地采取出让方式重新供地的，应当在土地出让前完成场地环境调查和风险评估工作；关停并转、破产或搬迁工业企业原有场地被收回用地后，采取划拨方式重新供地的，应当在项目批准或核准前完成场地调查和风险评估工作。经场地环境调查和风险评估属于被污染场地的，应当明确治理修复责任主体并编制治理修复方案。未进行场地环境调查及风险评估的，未明确治理修复责任主体的，禁止进行土地流转。

四是开展被污染场地治理修复。地方各级环境保护主管部门会同有关部门，在当地政府的领导下因地制宜组织开展被污染场地治理修复工作，对影响人居环境安全、饮用水安全等污染隐患突出的被污染场地，要优先安排治理；要督促责任人采取隔离等措施，防止被污染场地污染扩散。被污染场地治理修复完成，经监测达到环保要求后，该场地方可投入使用。被污染场地未经治理修复的，禁止再次进行开发利用，禁止开工建设与治理修复无关的任何项目。

五是严格环境风险评估和治理修复管理。要设定从事污染场地环境调查、风险评估、治理修复单位的准入条件，对相关单位的资金、技术、人员、业绩等提出要求，具体办法由环境保护部制定；地方应当在国家相关办法出台之前，探索建立适合本地区实际的准入条件。建立健全专家论证评审机制，必要时，所在地设区的市级以上地方环境保护主管部门应当组织专家对工业企业场地环境调查、风险评估、治理修复等文件以及治理修复后的环境监测报告的科学性、合理性等进行论证评审。建立健全档案管理制度，工业企业场地环境调查、风险评估、治理修复以及治理修复后的环境监测等各环节的文件资料及论证评审资料，应当报所在地设区的市级以上环境保护主管部门备案并永久保存；有关执业人员应当在文件资料上签字，并对文件资料负责；公众可以依法向所在地设区的市级以上地方环境保护主管部门申请公开有关信息。场地环境调查、风险评估、治理修复单位和人员应当遵守相关标准规范，对场地环境调查、风险评估的结论和治理修复的效果负责，并做好治理修复过程二次污染防范以及施工人员的安全防护工作。

六是切实防范场地污染。自本通知发布之日后经批准新（改、扩）建的建设项目，在环境影响评价阶段应当对建设用地的土壤和地下水污染情况进行环境调查和风险评估，提出防渗、监测等场地污染防治措施；建设项目竣工环境保护验收时，应对场地污染防治措施等进行验收。企业享有的土地使用权发生变更时，该企业要对土壤和地下水情况进行监测，造成污染的要依法治理修复。

七是落实相关责任主体。本着“谁污染，谁治理”的原则，造成场地污染的单位是承担环境调查、风险评估和治理修复责任（以下简称相关责任）的主体。造成场地污染的单位发生变更的，由变更后继承其债权、债务的单位承担相关责任；造成场地污染的单位已经终止的，由所在地县级以上地方人民政府依法承担相关责任；该单位享有的土地使用权依法转让的，由土地使用权受让人承担相关责任。根据责任主体的划分，环境调查、风险评估和治理修复等所需费用应列入企业搬迁成本、企业改制成本或土地整治成本。

八是强化保障工作。环境保护部等主管部门应当抓紧完善被污染场地管理相关政策法规，制修订场地环境调查、风险评估和治理修复等标准规范。鼓励地方因地制宜，制定地方性法规和标准规范，先行先试。以挥发性有机污染物、持久性有机污染物、农药、重金属等典型污染场地为重点，加大被污染场地治理修复技术研发力度，开展试点示范工程，培养专业技术队伍，筛选和推广实用技术，推动国内被污染场地治理修复技术实用化、设备国产化。探索建立污染者付费、土地开发受益者出资的资金投入机制，加大被污染场地特别是无主被污染场地治理修复资金投入。加强宣传教育，引导公众认识被污染场地环境风险及其防治措施，积极稳妥开展信息公开工作，支持和鼓励公众参与。

九是加强组织领导。各级环保、工业、经济、国土资源、建设、城乡规划，要在当地政府的统一领导下，认真履行职责、密切协调配合，重大事项要及时报告当地政府和上级相关部门。对工业企业场地再开发利用环境安全保障工作不力，影响社会发展和稳定的，要从工业企业场地再开发利用的全过程，依纪依法对当地政府及其相关部门、企业责任人员实施问责。

《通知》要求各地区要依据本通知的精神，结合当地实际，制定具体办法和措施，对本通知下发前已开发利用或正在开发利用的工业企业场地，加强环境管理和监测，防止危害人体健康。《通知》的发布实施，标志着对退役工业企业污染场地再开发利用的多部门协同监督管理机制探索的开始。在当时相应法律法规缺乏的情况下，《通知》实际上成为规范我国工业企业污染场地风险管控和治理修复的最权威的管理文件和工作的依据，对遏制当时“毒地”开发事件的频繁发生、保障污染场地再开发利用过程中的人居环境安全发挥了重要作用，为建立场地环境调查、监测、风险评估与修复制度积累了实践经验，也为后续土壤污染防治政策法规制定提供了实际经验。

2. 推进土壤环境管理体制改革

2016 年以前，土壤环境管理长期处于没有设置专门机构、专用编制、专一人员的状况，在环保系统内，土壤环境管理工作分散于其他业务司处的职能中。例如，涉及农用地土壤环境管理相关工作归生态司农村处分管，涉及工业污染场地土壤环境管理相关工作归污染防治司固体处分管。

2016 年，环保部内设机构调整后，新组建“土壤环境管理司”，专门负责分管土壤环境管理和化学品、固体废物污染防治工作。

2018 年，国务院机构调整，新成立生态环境部，在内设机构中新组建“土壤生态环境司”，专门负责土壤、地下水和农业农村生态环境管理工作。

随着国家土壤环境管理机构改革，省级环保部门也同步设置了土壤处，专门负责土壤环境管理工作。地市级、县级环保部门也设置了专门编制，有专人分管土壤环境管理相关工作。

3. 成立全国土壤污染防治部际协调小组

2018 年，为贯彻落实《中共中央　国务院关于全面加强生态环境保护　坚决打好污染防治攻坚战的意见》关于扎实推进净土保卫战的部署，推进《土壤污染防治行动计划》全面实施，生态环境部联合其他相关部门成立了全国土壤污染防治部际协调小组，专门负责协调各部门之间土壤污染防治重要工作任务的推进和落实情况。

（六）《土壤污染防治行动计划》编制与发布（2013—2016 年）>>>

1. 启动《土壤污染防治行动计划》编制

按照国务院工作部署，2013 年 8 月 30 日，环保部生态司在北京召开《土壤环境保护和综合治理行动计划》编制组会议。党的十八大以后，提出实施大气、水和土壤三个污染防治行动计划，由此将《土壤环境保护和综合治理行动计划》编制也转为《土壤污染防治行动计划》的编制。由于土壤污染防治工作基础薄弱、缺乏实用技术和管理经验，《土壤污染防治行动计划》编制工作进展相对滞后。

2014 年 2 月 10 日，环保部生态司在北京召开《土壤污染防治行动计划》编制组会议，研究《土壤污染防治行动计划》编制工作。组织环保部环境规划院和南京环境科学研究所等单位专家在原来编制草案的基础上，按照党的十八大精神，加快《土壤污染防治行动计划》的关键问题和内容的梳理和决策，特别是花了大量时间对总体要求和主要指标进行研讨，时任环境保护部副部长李干杰多次听取汇报，并与编制组一起讨论，为《土壤污染防治行动计划》的编制定向把舵。

2014 年 3 月 18 日，环保部部长周生贤主持召开环境保护部常务会议，审议并原则通过《土壤污染防治行动计划》审议稿。会议认为，良好的土壤环境是农产品安全的首要保障，是人居环境健康的重要基础。党中央、国务院对土壤环境保护高度重视，中央领导同志多次作出重要指示。按照党中央、国务院的决策和部署，各地区、各部门对土壤环境保护工作进行了积极探索和有益实践。长期以来，由于我国经济发展方式粗放，产业结构和布局不合理，污染物排放总量居高不下，部分地区土壤污染严重，对农产品质量安全和人体健康构成了严重威胁。面对严峻的土壤污染状况，在认真学习领会中央领导重要指示、深入分析污染源、总结各地保护土壤实践经验的基础上，制定《土壤污染防治行动计划》是十分必要的。计划明确提出，土壤污染防治要以邓小平理论、“三个代表”重要思想、科学发展观为指导，以保障农产品安全和人居环境健康为出发点，以保护和改善土壤环境质量为核心，以改革创新为动力，以法制建设为基础，坚持源头严控，实行分级分类管理，强化科技支撑，发挥市场作用，引导公众参与。到 2020 年，农用地土壤环境得到有效保护，土壤污染恶化趋势得到遏制，部分地区土壤环境质量得到改善，全国土壤环境状况稳中向好。围绕以上要求和目标，计划提出了依法推

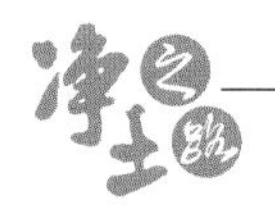

进土壤环境保护、坚决切断各类土壤污染源、实施农用地分级管理和建设用地分类管控以及土壤修复工程、以土壤环境质量优化空间布局和产业结构、提升科技支撑能力和产业化水平、建立健全管理体制机制、发挥市场机制作用等主要任务，明确了保障措施。会议决定，《土壤污染防治行动计划》经进一步修改完善后上报国务院审议。

2014 年 7 月 11 日，环保部生态司在北京召开土壤污染防治行动计划编制工作研讨会，研究修改形成《土壤污染防治行动计划（送审稿）》。

2. 发布《土壤污染防治行动计划》

经报党中央和国务院审议后，2016 年 5 月 28 日，国务院印发《土壤污染防治行动计划》（国办〔2016〕31 号），5 月 31 日新华社受权公开发布了《土壤污染防治行动计划》。6 月 1 日，《人民日报》4 版作了专门报道，还配发了评论员文章《为美丽中国筑牢大地之基》。

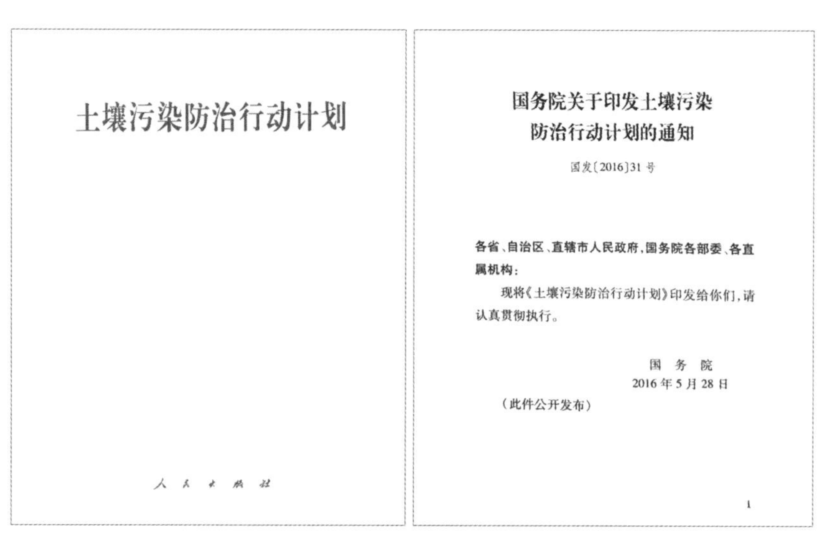

土壤污染防治行动计划

人民出版社

国务院关于印发土壤污染防治行动计划的通知

国发〔2016〕31 号

各省、自治区、直辖市人民政府，国务院各部委、各直属机构：

现将《土壤污染防治行动计划》印发给你们，请认真贯彻执行。

国务院

2016 年 5 月 28 日

（此件公开发布）

1

《国务院关于印发土壤污染防治行动计划的通知》（国发〔2016〕31 号）

《土壤污染防治行动计划》是当前和今后一个时期全国土壤污染防治工作的行动纲领。立足我国国情和发展阶段，着眼经济社会发展全局，以改善土壤环境质量为核心，以保障农产品质量和人居环境安全为出发点，坚持预防为主、保护优先、风险管控，突出重点区域、行业和污染物，实施分类别、分用途、分阶段治理，严控新增污染、逐步减少存量，形成政府主导、企业担责、公众参与、社会监督的土壤污染防治体系。

明确了分三步走的工作目标：一是到 2020 年，全国土壤污染加重趋势得到初步遏制，土壤环境质量总体保持稳定，农用地和建设用地土壤环境安全得到基本保障，土壤环境风险得到基本管控。二是到 2030 年，全国土壤环境质量稳中向好，农用地和建设用地土壤环境安全得到有效保障，土壤环境风险得到全面管控。三是到本世纪中叶，土壤环境质量全面改善，生态系统实现良性循环。

《土十条》不仅是一份行动纲领，实际上也是一份任务清单、时间清单、责任清单。责任单位涉及中央和国务院有关部门等单位共 36 家，中央单位有中央组织部、中央宣传部，国务院有关部门有国家发展改革委、财政部、公安部、国土资源部、商务部、环保部、工业和信息化部、农业部、教育部、科技部、住房城乡建设部、水利部、国家卫生计生委、国家林业局、国务院法制办、质检总局、安全监管总局、工商总局、税务总局、新闻出版广电总局、国家粮食局、供销合作总社、审计署、监察部、人民银行、银监会、证监会、保监会、最高人民检察院、最高人民法院、国家网信办、中国科学院、中国科协、国务院国资委等，形成了以政府为主导、各部门参与的新格局，开创了土壤污染防治攻坚战的新局面。

专栏 15 《土壤污染防治行动计划》简介

《土壤污染防治行动计划》提出了共十个方面 35 项任务：

一是开展土壤污染调查，掌握土壤环境质量状况。包括 3 项任务：

（1）深入开展土壤环境质量调查；

（2）建设土壤环境质量监测网络；

（3）提升土壤环境信息化管理水平。

二是推进土壤污染防治立法，建立健全法规标准体系。包括 3 项任务：

（1）加快推进立法进程；

（2）系统构建标准体系；

（3）全面强化监管执法。

三是实施农用地分类管理，保障农业生产环境安全。包括 5 项任务：

（1）划定农用地土壤环境质量类别；

（2）切实加大保护力度；

（3）着力推进安全利用；

（4）全面落实严格管控；

（5）加强林地草地园地土壤环境管理。

四是实施建设用地准入管理，防范人居环境风险。包括 3 项任务：

（1）明确管理要求；

（2）落实监管责任；

（3）严格用地准入。

五是强化未污染土壤保护，严控新增土壤污染。包括 3 项任务：

（1）加强未利用地环境管理；

（2）防范建设用地新增污染；

（3）强化空间布局管控。

六是加强污染源监管，做好土壤污染预防工作。包括 3 项任务：

（1）严控工矿污染；

（2）控制农业污染；

（3）减少生活污染。

七是开展污染治理与修复，改善区域土壤环境质量。包括4项任务：

（1）明确治理与修复主体；

（2）制定治理与修复规划；

（3）有序开展治理与修复；

（4）监督目标任务落实。

八是加大科技研发力度，推动环境保护产业发展。包括3项任务：

（1）加强土壤污染防治研究；

（2）加大适用技术推广力度；

（3）推动治理与修复产业发展。

九是发挥政府主导作用，构建土壤环境治理体系。包括4项任务：

（1）强化政府主导；

（2）发挥市场作用；

（3）加强社会监督。推进信息公开；

（4）开展宣传教育。

十是加强目标考核，严格责任追究。包括4项任务：

（1）明确地方政府主体责任；

（2）加强部门协调联动；

（3）落实企业责任；

（4）严格评估考核。

由此可见，《土壤污染防治行动计划》与《大气污染防治行动计划》和《水污染防治行动计划》不同，《土壤污染防治行动计划》是以“打基础、补短板、强能力、立制度、先试点、建模式”为主，通过系统重塑、整体重构，全面推进国家土壤污染防治体系和能力建设，提出了中国土壤污染问题的综合解决方案。就像一服中药一样，不急于求成，不急功近利，标本兼治、重在治本，向世界展示了中国方案、中国智慧。实践证明，在国际比较中，《土壤污染防治行动计划》全方位展示了中国式土壤污染防治的新模式。

《土壤污染防治行动计划》中很多内容是经过长达 15 年时间方方面面实践探索过程中的经验总结，具有很强的可操作性，同时有很多创新之处和重大突破：

一是主要指标采用安全利用率，改变了原来习惯用的对照土壤环境质量标准进行的合格率的判定做法。提出到 2020 年，受污染耕地安全利用率达 90% 左右，污染地块安全利用率达 90% 以上。到 2030 年，受污染耕地安全利用率达 95% 以上，污染地块安全利用率达 95% 以上。

二是由环保部牵头，财政部、国土资源部、农业部、国家卫生计生委等参与，地方各级人民政府负责落实深入开展土壤环境质量调查。在现有相关调查基础上，以农用地和重点行业企业用地为重点，开展土壤污染状况详查，2018 年年底前查明农用地土壤污染的面积、分布及其对农产品质量的影响；2020 年年底前掌握重点行业企业用地中的污染地块分布及其环境风险情况。《土壤污染防治行动计划》的实施，打破了原来环保、国土、农业等部门各自为政，各搞各的，调查方案、调查方法、评价标准、质量控制、组织方式等不统一，调查数据缺乏可比性，调查结论不一致等问题。并提出建立土壤环境质量状况定期调查制度，每 10 年开展 1 次。

三是提升土壤环境信息化管理水平。要求打破原来的部门间、行业间信息壁垒，利用环境保护、国土资源、农业等部门相关数据，建立土壤环境基础数据库，构建全国土壤环境信息化管理平台，借助移动互联网、物联网等技术，拓宽数据获取渠道，实现数据动态更新。加强数据共享，编制资源共享目录，明确共享权限和方式，发挥土壤环境大数据在污染防治、城乡规划、土地利用、农业生产中的作用。这是原来想做而没有做到的，《土壤污染防治行动计划》的实施取得了历史性突破。

四是建立实施农用地分类管理制度。划定农用地土壤环境质量类别，按污染程度将农用地划分为 3 个类别，未污染和轻微污染的划为优先保护类，轻度和中度污染的划为安全利用类，重度污染的划为严格管控类，以耕地为重点，分别采取相应管理措施，保障农产品质量安全。切实加大保护力度，各地要将符合条件的优先保护类耕地划为永久基本农田，实行严格保护，确保其面积不减少、土壤环境质量不下降，除法律规定的重点建设项目选址确实无法避让外，其他任何建设不得占用。产粮（油）大县要制定土壤环境保护方案。高标准农田建设项目向优先保护类耕地集中的地区倾斜。严格控制在优先保护类耕地集中区域新建有色金属冶炼、石油加工、化工、焦化、电镀、制革等行业企业，现有相关行业企业要采用新技术、新工艺，加快提标升级改造步伐。安全利用类耕地集中的县（市、区）要结合当地主要作物品种和种植习惯，制定实施受污染耕地安全利用方案，采取农艺调控、替代种植等措施，降低农产品超标风险。强化农产品质量检测。加强对农民、农民合作社的技术指导和培训。加强对严格管控类耕地的用途管理，依法划定特定农产品禁止生产区域，严禁种植食用农产品；对威胁地下水、饮用水水源安全的，有关县（市、区）要制定环境风险管控方案，并落实有关措施。

五是建立实施建设用地准入管理制度。建立调查评估制度，对拟收回土地使用权的有色金属冶炼、石油加工、化工、焦化、电镀、制革等行业企业用地，以及用途拟变更为居住和商业、学校、医疗、养老机构等公共设施的上述企业用地，由土地使用权人负责开展土壤环境状况调查评估；已经收回的，由所在地市、县级人民政府负责开展调查评估。重度污染农用地转为城镇建设用地的，由所在地市、县级人民政府负责组织开展调查评估。调查评估结果向所在地环境保护、城乡规划、国土资源部门备案。分用途明确管理措施，各地要结合土壤污染状况详查情况，根据建设用地土壤环境调查评估结果，逐步建立污染地块名录及其开发利用的负面清单，合理确定土地用途。符合相应规划用地土壤环境质量要求的地块，可进入用地程序。暂不开发利用或现阶段不具备治理修复条件的污染地块，由所在地县级人民政府组织划定管控区域，设立标识，发布公告，开展土壤、地表水、地下水、空气环境监测；发现污染扩散的，有关责任主体要及时采取污染物隔离、阻断等环境风险管控措施。落实监管责任，地方各级城乡规划部门要结合土壤环境质量状况，加强城乡规划论证和审批管理。地方各级国土资源部门要依据土地利用总体规划、城乡规划和地块土壤环境质量状况，加强土地征收、收回、收购以及转让、改变用途等环节的监管。地方各级环境保护部门要加强对建设用地土壤环境状况调查、风险评估和污染地块治理与修复活动的监管。建立城乡规划、国土资源、环境保护等部门间的信息沟通机制，实行联动监管。严格用地准入，将建设用地土壤环境管理要求纳入城市规划和供地管理，土地开发利用必须符合土壤环境质量要求。地方各级国土资源、城乡规划等部门在编制土地利用总体规划、城市总体规划、控制性详细规划等相关规划时，应充分考虑污染地块的环境风险，合理确定土地用途。

六是构建土壤环境治理体系。强化政府主导，完善管理体制。按照“国家统筹、省负总责、市县落实”原则，完善土壤环境管理体制，全面落实土壤污染防治属地责任。探索建立跨行政区域土壤污染防治联动协作机制。加大财政投入，中央和地方各级财政加大对土壤污染防治工作的支持力度，中央财政设立土壤污染防治专项资金，用于土壤环境调查与监测评估、监督管理、治理与修复等工作。完善激励政策，各地要采取有效措施，激励相关企业参与土壤污染治理与修复，开展环保领跑者制度试点。发挥市场作用，通过政府和社会资本合作（PPP）模式，发挥财政资金撬动功能，带动更多社会资本参与土壤污染防治。加大政府购买服务力度，推动受污染耕地和以政府为责任主体的污染地块治理与修复。积极发展绿色金融，发挥政策性和开发性金融机构引导作用，为重大土壤污染防治项目提供支持。鼓励符合条件的土壤污染治理与修复企业发行股票。探索通过发行债券推进土壤污染治理与修复，在土壤污染综合防治先行区开展试点。有序开展重点行业企业环境污染强制责任保险试点。加强社会监督，推进信息公开，适时发布全国土壤环境状况，各省（自治区、直辖市）人民政府定期公布本行政区域各地级市（州、盟）土壤环境状况，重点行业企业要依据有关规定，向社会公开其产生的污染物名称、排放方式、排放浓度、排放总量，以及污染防治设施建设和运行情况。引导公众参与，实行有奖举报，有条件的地方可根据需要聘请环境保护义务监督员，参与现场环境执法、土壤污染事件调查处理等。推动公益诉讼，鼓励依法对污染土壤等环境违法行为提起公益诉讼。开展检察机关提起公益诉讼改革试点的地区，检察机关可以以公益诉讼人的身份，对污染土壤等损害社会公共利益的行为提起民事公益诉讼；也可以对负有土壤污染防治职责的行政机关，因违法行使职权或者不作为造成国家和社会公共利益受到侵害的行为提起行政公益诉讼。地方各级人民政府和有关部门应当积极配合司法机关的相关案件办理工作和检察机关的监督工作。开展宣传教育，制定土壤环境保护宣传教育工作方案，普及土壤污染防治相关知识，加强法律法规政策宣传解读，营造保护土壤环境的良好社会氛围，推动形成绿色发展方式和生活方式。把土壤环境保护宣传教育融入党政机关、学校、工厂、社区、农村等的环境宣传和培训工作，鼓励支持有条件的高等学校开设土壤环境专门课程。

七是建设综合防治先行区和启动 200 个试点项目。在浙江省台州市、湖北省黄石市、湖南省常德市、广东省韶关市、广西壮族自治区河池市和贵州省铜仁市启动土壤污染综合防治先行区建设，重点在土壤污染源头预防、风险管控、治理与修复、监管能力建设等方面进行探索，力争到 2020 年先行区土壤环境质量得到明显改善。同时，在全国范围内，综合土壤污染类型、程度和区域代表性，针对典型受污染农用地、污染地块，分批实施 200 个土壤污染治理与修复技术应用试点项目，根据试点情况，比选形成一批易推广、成本低、效果好的适用技术，建立健全技术体系，加大适用技术推广力度。这充分展示了中国面对复杂而艰巨的土壤污染防治任务时的务实态度和科学智慧。

八是建立目标考核制度，严格责任追究。明确地方政府主体责任，地方各级人民政府是实施该行动计划的主体。加强部门协调联动，建立全国土壤污染防治工作协调机制，定期研究解决重大问题，各有关部门要按照职责分工，协同做好土壤污染防治工作，环保部要抓好统筹协调，加强督促检查，每年将上年度工作进展情况向国务院报告。落实企业责任，有关企业要加强内部管理，将土壤污染防治纳入环境风险防控体系，严格依法依规建设和运营污染治理设施，确保重点污染物稳定达标排放。造成土壤污染的，应承担损害评估、治理与修复的法律责任，逐步建立土壤污染治理与修复企业行业自律机制。国有企业特别是中央企业要带头落实。严格评估考核，实行目标责任制。国务院与各省（自治区、直辖市）人民政府签订土壤污染防治目标责任书，分解落实目标任务。分年度对各省（自治区、直辖市）重点工作进展情况进行评估，对该行动计划实施情况进行考核，评估和考核结果作为对领导班子和领导干部综合考核评价、自然资源资产离任审计的重要依据，评估和考核结果作为土壤污染防治专项资金分配的重要参考依据。对年度评估结果较差或未通过考核的省（自治区、直辖市），要提出限期整改意见，整改完成前，对有关地区实施建设项目环评限批；整改不到位的，要约谈有关省级人民政府及其相关部门负责人。对土壤环境问题突出、区域土壤环境质量明显下降、防治工作不力、群众反映强烈的地区，要约谈有关地市级人民政府和省级人民政府相关部门主要负责人。对失职渎职、弄虚作假的，区分情节轻重，予以诫勉、责令公开道歉、组织处理或党纪政纪处分；对构成犯罪的，要依法追究刑事责任，已经调离、提拔或者退休的，也要终身追究责任。这是中国的体制优势，也是世上最严格的中国式制度监督特色。

事实证明，尽管土壤污染防治是世界性难题，但是在中国人面前，有破解之道，也有破解之法。

（七）地方层面的实践探索 >>>

在国家层面进行土壤污染防治及环境管理方面的实践探索的同时，一些地方政府也对土壤污染防治，特别是污染场地土壤污染治理修复开展了有益的探索。

2006 年 8 月 29 日，重庆市环境保护局印发的《关于加强关停破产搬迁企业遗留工业固体废物环境保护管理工作的通知》（渝环发〔2006〕59 号），明确要求对关停破产搬迁企业原址土壤环境开展风险评价与修复。2008 年 6 月 26 日，重庆市人民政府办公厅印发的《关于加强我市工业企业原址污染场地治理修复工作的通知》（渝环发〔2008〕208 号）提出，要充分认识工业企业原址污染场地治理修复的重要性和紧迫性，规定了污染场地治理修复的对象范围、基本要求和责任主体，要求切实强化工业企业原址污染场地治理修复监管措施，落实工业企业原址污染场地治理修复工作。

2007 年 5 月 25 日，沈阳市环境保护局、沈阳市规划和国土资源局印发了《沈阳市污染场地环境治理及修复管理办法（试行）》，对污染场地的定义、监督管理、评估与认定、治理及修复和法律责任进行了规定。

2011 年 7 月 29 日，浙江省人民政府办公厅印发的《浙江省清洁土壤行动方案》（浙政发〔2011〕55 号），强调了开展清洁土壤行动的重要性和紧迫性，提出了指导思想和基本原则，明确了主要目标和实施步骤，部署了主要任务，明确了实施行动方案的保障措施。为落实《浙江省清洁土壤行动方案》，2013 年 4 月 1 日，浙江省环境保护厅会同浙江省经济和信息化委员会、浙江省财政厅、浙江省国土资源厅、浙江省住房和城乡建设厅、浙江省农业厅等 6 个部门印发了《关于加强工业企业污染场地开发利用监督管理的通知》（浙环发〔2013〕28 号），进一步明确了污染场地开发利用的要求和责任主体，提出了场地环境风险评估和修复的程序和内容，要求加强污染场地开发利用的监督管理。

2013 年 8 月 6 日，江苏省环境保护厅印发的《关于规范工业企业场地污染防治工作的通知》提出，强化污染场地日常管理，加强企业搬迁关停过程中的环境监管，认真开展工业企业场地环境调查工作，科学进行环境风险评估，规范污染场地治理修复，加强污染场地流转前的环境监管，保证调查评估和修复治理的工作质量。

2014 年，上海市环境保护局等四个部门共同发布了《关于保障工业企业及市政场地再开发利用环境安全的管理办法》（沪环保防〔2014〕188 号）。

与此同时，各地也进行了地方性土壤环境标准的制定工作，成为我国土壤环境标准体系的重要组成部分，也是国家和行业土壤环境标准的重要补充。

（八）感悟和体会 >>>

回顾 20 年我国土壤环境管理工作实践，在本世纪初土壤污染防治政策法规标准体系不健全的情况下，土壤环境管理工作面临前所未有的挑战，处于无法可依、无标准可用、无规范可循，以及主管部门及管理职责不明、监督管理能力不足、实际管理经验缺乏的状况，国家和地方环境保护部门积极探索、勇于实践，为推动土壤环境管理体系建设、提升土壤环境监管能力、建立适合中国国情的土壤环境管理政策与制度作出了积极努力，为建立和完善我国土壤污染防治政策法规标准体系积累了丰富的实践经验。

取得的积极进展：

一是通过转变习惯性或传统的土壤环境质量管理思路，引入风险管控和风险管理理念，引进国际上先进的风险评估方法，确保土壤环境管理的正确方向。

二是通过建立调查、监测、评估、修复制度，实施基于风险的农用地土壤分类管理和建设用地准入管理制度，提升了土壤环境管理的科学化、精准化、精细化水平。

三是通过厘清部门管理职责，建立多部门协调监管机制，形成合力，大幅增强了土壤环境监管能力，确保做到“管得到、管得住、管到位”。

土壤环境管理体系建立是一个长期的探索与发展过程，需要在实践中不断更新、完善。今后要继续进行理念创新、管理创新、制度创新、手段创新，以适应不同发展阶段面临的形势和任务变化的要求，与时俱进，坚持实践出真知的原则，为开创中国土壤环境管理新格局和土壤环境保护事业的新局面而继续努力探索。

积极推动土壤污染修复与综合治理试点示范

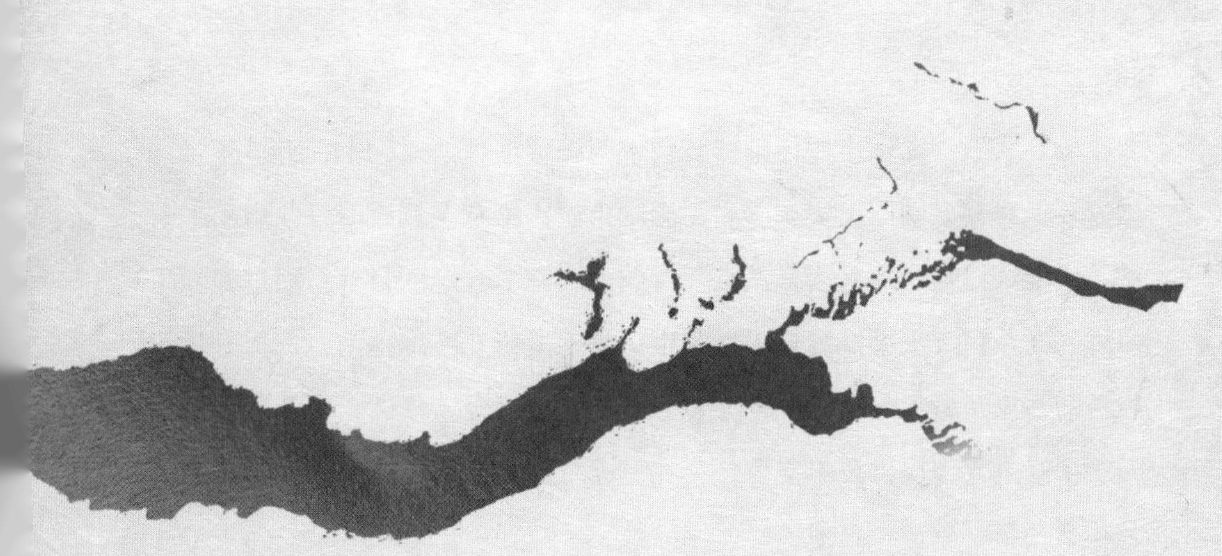

我国土壤污染防治技术发展滞后于大气、水和固废污染防治技术，也晚于国外许多发达国家和地区。根据农用地和建设用地的土地利用功能不同，需分别发展适用于农用地和建设用地的土壤污染防治技术。为此，国家相关部门一方面加强土壤污染防治技术研发，推动土壤污染防治技术实际应用试点示范；另一方面鼓励国内自主创新，同时也引进消化国外先进技术，逐步形成适用于我国土壤特点和国情的土壤污染防治技术体系、标准和规范，为污染土壤修复与综合治理提供了技术支持。

（一）启动污染土壤修复与综合治理试点（2006—2010年） >>>

为在实践中探索土壤污染修复技术与综合治理模式，早在2006年，国家环保总局会同国土资源部启动全国土壤污染状况调查时，便启动了“污染土壤修复和综合治理试点”专题。实施本专题的目标：通过实际研究，筛选污染土壤修复技术，制定污染土壤修复技术指南，选择有代表性的污染土壤/场地，开展污染土壤修复与综合治理试点，为制定污染土壤修复管理提供技术支持，为在更大范围内修复污染土壤储备技术和积累经验。

1. 成立土壤修复组

2006 年 8 月 2 日，国家环保总局成立了土壤污染状况调查顾问组和工作组（环办函〔2006〕91 号文）。其中，土壤修复组由国家环保总局南京环境科学研究所所长任组长，中国环境科学研究院副院长、国家环保总局华南环境科学研究所副所长任副组长，5 位成员来自中国环境科学研究院、国家环保总局华南环境科学研究所、中国科学院沈阳应用生态所、中国科学院南京土壤研究所。主要职责：①负责筛选土壤修复技术；②负责组织土壤修复试点；③负责土壤修复试点总结报告编制。

2. 实施方案论证

2006 年 8 月 11 日，国家环保总局生态司印发《关于组织做好全国土壤污染状况调查有关工作的函》（环生函〔2006〕53 号），要求国家环保总局南京环境科学研究所提出污染土壤修复与综合治理试点专题实施方案。专题由国家环保总局南京环境科学研究所牵头，组织国内 5 家科研院所（中国环境科学研究院、南京环境科学研究所、华南环境科学研究所、中国科学院南京土壤所、中国科学院沈阳应用生态所）开展 8 个不同类型污染土壤修复与综合治理试点项目研究。分别为：（1）废旧电容器拆解场地周边污染农田修复与综合治理试点（中国科学院南京土壤研究所承担）；（2）铜锌冶炼厂周边污染农田土壤修复与综合治理试点（中国科学院南京土壤研究所承担）；（3）油田区石油污染土壤修复与综合治理试点（中国科学院沈阳应用生态研究所承担）；（4）污灌区农田污染土壤修复与综合治理试点（中国科学院沈阳应用生态研究所）；（5）胜利油田孤东采油厂油泥污染场地修复与综合治理试点（中国环境科学研究院承担）；（6）废弃有机污染场地土壤修复与综合治理试点（环境保护部南京环境科学研究所承担）；（7）废弃工业场地和铅锌污染土壤修复与综合治理试点（环境保护部华南环境科学研究所承担）；（8）重金属 Cd 污染土壤修复与综合治理试点（中国科学院沈阳应用生态研究所承担）。

2006 年 10 月，南京环境科学研究所科研人员在吴江污染场地调查时的现场合影（左起：俞飞、金鑫、林玉锁、田猛、徐亦钢、徐建）

2007 年 1—4 月，国家环保总局生态司组织专家对 8 个污染土壤修复与综合治理试点方案进行了论证，专家组认真听取了各单位的方案汇报，并就方案的可实施性和可能出现的问题提出了建议，各单位按专家意见修改完善了实施方案并上报备案。各家单位开始项目实施。

2007 年 3 月 24 日，国家环保总局生态司在江苏省吴江市召开废弃有机污染场地修复方案论证会

3. 项目管理与总结

2008 年 7 月，环保部生态司组织各家单位进行项目中期检查，要求各家单位上报工作进展，并对照项目合同分析存在的问题，及时调整和完善。

2009 年 12 月，环保部生态司制定项目总结方案，并组织各家单位进行项目结题预验收。2010 年 5 月，环保部生态司组织汇总项目技术文件、成果，编制并提交《全国土壤污染状况调查专项之污染土壤修复与综合治理试点技术报告》。2010 年 8 月，环保部生态司组织编制《全国土壤污染状况调查专项之污染土壤修复与综合治理试点工作报告》。2010 年 10 月 19—20 日，根据全国土壤污染状况调查工作总体安排，环保部生态司在江苏省吴江市召开了污染土壤修复与综合治理试点专题总结验收会议。8 个试点工程项目负责人分别汇报了项目研究过程和任务完成情况，与会专家详细审查了验收材料并对工程完成情况进行了评审。与会专家和领导还现场参观由南京环境科学研究所完成的废弃有机污染场地修复与综合治理示范工程及化工类有机污染土壤修复技术试验平台建设情况。专家认为，本专题针对我国典型的油田区石油污染土壤、废弃有机污染场地、废弃铜锌冶炼工业场地重金属污染土壤、污灌区多环芳烃和镉污染农田土壤、废旧电容器拆解场地周边污染农田土壤，开展了污染土壤修复和治理技术工艺和设备研发，建成了一批修复工程，经过 1 ~ 2 年运行，达到预期效果。结合试点研究，编制了一批土壤修复技术指南和实用技术操作规程，为建立适合我国国情的污染土壤修复技术体系和修复模式提供了工程经验。专家组同意通过验收。

2010 年 10 月 19—20 日，环保部生态司在江苏省吴江市召开污染土壤修复与综合治理试点专题总结验收会议

项目共完成示范工程 13 个，共修复污染土壤面积 9.5 万 m^2，共完成 PCB 复合污染土壤植物 - 微生物联合修复技术、PCB 复合污染热脱附修复技术、多氯联苯污染土壤化学氧化（芬顿试剂）修复技术、多氯联苯污染土壤低温等离子体氧化修复技术、农田土壤重金属（铜、锌、镉等）污染土壤植物（景天、能源植物）修复技术、油田污染土壤电动 - 微生物联合修复技术、固定化微生物修复污灌区多环芳烃土壤技术、油

泥污染土壤植物修复技术、油泥污染土壤微生物修复技术、油泥污染土壤生物通风修复技术、有机污染土壤生物堆肥处理技术、有机污染土壤热脱附预处理技术、有机（石油烃、农药）污染土壤微生物修复技术、重度污染土壤（底泥）焚烧处理技术、有机污染土壤淋洗修复技术、多金属污染土壤淋洗修复技术、多金属污染土壤固化技术、石油烃（多环芳烃）污染土壤淋洗修复技术、镉污染土壤植物阻断技术共 19 项土壤修复技术和相关预处理和后处理技术。

（二）持续加大科研投入 >>>

1. 设立公益性行业科研专项（2007—2015 年）

2007—2015 年，国家设立公益性行业科研专项经费，支持行业性重大管理需求和关键应用技术的攻关研究。在环保行业和农业行业，每年均设立了与土壤污染防治相关项目。环保公益行业专项立足为环境管理提供技术支撑，在 2007—2015 年实施 9 年间，共设立一批土壤污染防治类项目，研究方向覆盖：环境阈值、基准和标准品类；调查、诊断、监测、试验方法和分析测试方法类；评价标准与评价方法类；污染管控与修复技术类；规划区划方法类；污染源解析方法；土壤污染应急技术体系等。通过项目的实施，并与同期相关工作与实践相结合，积累了丰富的可靠数据，探索了科学的方法和可行的技术，提高了全行业乃至全社会对土壤污染防治的能力水平。

2. 启动首个典型工业污染场地土壤修复 863 计划项目（2009—2013 年）

2009 年，“十一五”国家高技术研究发展计划（863 计划）资源环境技术领域设立重点项目“典型工业污染场地土壤修复关键技术研究与综合示范”（2009AA063100）。根据科学技术部《关于对“十一五”863 计划典型有毒有害工业废气净化关键技术及工程示范等 9 项目立项的通知》（国科发社〔2011〕34 号），该项目牵头单位为环保部南京环境科学研究所，笔者为项目召集人。

项目总体目标：针对我国工业污染场地特点和修复需求，选择有机氯农药、挥发性有机污染物、多氯联苯、铬渣等典型工业污染场地，研发具有我国自主知识产权的工业污染场地土壤的修复技术与设备，建立一批典型工业污染场地土壤修复技术综合示范工程，制定相关的风险评估与修复技术管理规范，引导我国工业污染场地修复高技术发展方向；通过产学研结合，推动我国土壤修复产业的发展，为我国典型工业场地土壤污染控制与修复提供技术支撑。

项目主要内容：

（1）铬渣污染场地土壤修复技术设备研发与示范

一是铬渣堆存场地污染土壤固化 / 稳定化修复技术与设备研发。通过化学或微生物还原途径，研制高效的土壤六价铬化学或生物还原解毒制剂，筛选安全高效的土壤铬固定化 / 稳定化制剂；研发铬渣污染土壤还原—固化 / 稳定化修复成套技术与设备，优化土壤还原—固化 / 稳定化工艺及其效率；研究固化 / 稳定化修复技术的环境安全性和异位修复后固化体的处置方案。

二是铬渣堆存场地污染土壤淋洗修复技术与设备研发。研究用于铬渣堆存场地土壤淋洗修复的化学、生物淋洗剂，探明不同淋洗剂处理后土壤性质和铬形态的变化，筛选高效、环境友好的铬渣堆存场地污染土壤中铬及相关重金属的淋洗剂；研制污染土壤的离场和现场固液分离和淋洗液安全处理的成套技术与设备。

三是铬渣堆存场地土壤固化 / 稳定化和淋洗修复技术集成与示范。选择 1 ～ 2 个典型铬渣堆存场地，集成土壤还原—固化 / 稳定化联合修复和淋洗修复相关技术，进行铬渣堆存场地关键修复技术的工程示范，形成铬渣堆存场地污染土壤固化 / 稳定化和淋洗修复技术体系，进行经济可行性的比较分析，编制相关污染场地土壤风险评估和修复技术导则。

（2）挥发性有机物污染场地土壤气提修复技术设备研发与示范

一是高浓度挥发性有机物污染场地土壤的气提修复技术及设备研发。针对高浓度挥发性有机物污染场地的土壤，基于拖尾效应抑制技术的研究，突破土壤气提修复和尾气强化处理技术，研发具有气体抽提、收集、气水分离、尾气处理功能的关键成套设备。

二是中、低浓度挥发性有机物污染场地土壤的生物通风修复技术及设备研发。针对中、低浓度挥发性有机物污染场地的土壤，研发强化生物通风修复技术，优化通风方式及其工艺。研究增强污染物生物有效性的微生态调控技术，形成物理脱除与微生物降解相协同的强化土壤生物通风修复技术。

三是典型挥发性有机物污染场地土壤气提修复技术集成与示范。选择 1 ～ 2 个典型挥发性有机物污染场地，进行土壤气提和生物通风修复技术的集成和工程示范，形成挥发性有机物污染场地土壤气提修复技术体系，进行经济可行性的比较分析，编制相关污染场地土壤风险评估和修复技术导则。

（3）有机氯农药类污染场地土壤修复技术设备研发与示范

一是高浓度有机氯农药污染场地土壤的增效洗脱修复技术及设备研发。针对高浓度有机氯农药污染土壤，筛选环境友好型高效洗脱剂，提出最佳清单、配方及使用方法，优化洗脱修复技术工艺参数，研制具有规模化应用的移动式成套洗脱修复设备；研发洗脱后土壤和洗脱液的配套处理技术及设备。

二是高毒性有机氯农药复合污染场地土壤的催化氧化修复技术及设备研发。针对高毒性、高浓度有机氯农药（包括有机氯农药生产原料、中间体及成品等）复合污染场地土壤，研发催化氧化修复技术，优化修复工艺技术参数，研制具有规模化应用的移动式成套催化氧化修复设备。研发氧化修复后土壤及其他产物的配套处理技术及设备。

三是典型有机氯农药类污染场地土壤修复技术集成与示范。选择 1 ～ 2 个典型有机氯农药类污染场地，进行增效洗脱修复技术、催化氧化修复技术及相关配套技术的集成与工程示范，形成有机氯农药类污染场地土壤修复技术体系，进行经济可行性的比较分析，编制相关污染场地土壤风险评估和修复技术导则。

（4）多氯联苯类污染场地修复技术设备研发与示范

一是高浓度多氯联苯污染场地土壤热脱附修复技术与设备研发。针对高浓度（＞ 30 mg/kg）多氯联苯污染场地土壤，研发适用于热脱附的土壤预处理技术，开发高效低能耗的热脱附修复技术和脱附尾气的安全处理处置系统；优化进料系统、热脱附器系统、燃油和供气系统、废气处理系统、装置控制和操作系统的工艺参数，研发适用于不同污染程度的具备自动化功能的移动式多氯联苯污染土壤热脱附修复成套设备，实现高效、安全、稳定运行。

二是中低浓度多氯联苯污染场地土壤的生物强化修复技术与设备研发。针对中、低浓度（$<$ 30 mg/kg）多氯联苯污染场地土壤，研制微生物固定化功能材料和高效复合修复菌剂及相关制备工艺及设备；研发多氯联苯污染土壤的原位生物联合修复技术和针对高氯代多氯联苯污染土壤的生物联合强化修复技术，进行相关技术的环境安全性评估。

三是典型多氯联苯类污染场地土壤修复技术集成与示范。选择典型多氯联苯污染场地，进行土壤热脱附修复技术和生物强化修复技术的集成和工程示范，形成多氯联苯污染场地土壤修复技术体系，进行经济可行性的比较分析，编制相关污染场地土壤风险评估和修复技术导则。

2013 年 12 月 19 日，科技部 863 计划资源环境技术领域办公室在北京对“十一五”863 计划资源环境技术领域重点项目“典型工业污染场地土壤修复关键技术研究与综合示范”（2009AA063100）进行了验收。验收专家组听取了项目验收报告，审阅了验收材料，对项目取得的成果给予充分肯定，一致同意通过验收。

3. 设立国家重点研发计划重点专项（2016—2022 年）

（1）“农业面源和重金属污染农田综合防治与修复技术研发”重点专项

2016 年，启动了“农业面源和重金属污染农田综合防治与修复技

2013 年 12 月 19 日，科技部 863 计划资源环境技术领域办公室在北京召开项目验收会

术研发”重点专项。该专项聚集我国农田农业面源和重金属污染问题，按照“基础研究、共性关键技术研究、技术集成创新研究与示范”全链条一体化设计，以我国农业面源污染高发区和重金属污染典型区为重点，以农业面源污染物和重金属溯源、迁移和转化机制、污染负荷及其与区域环境质量及农产品质量关系等理论创新为驱动力，突破氮磷、有毒有害化合物、重金属、农业有机废弃物等农田污染物全方位防治与修复关键技术瓶颈，提升装备和产品的标准化、产业化水平，建设技术集成示范基地。

（2）“场地土壤污染成因与治理技术”重点专项

2018 年，启动了“场地土壤污染成因与治理技术”重点专项。该专项结合《土壤污染防治行动计划》目标和任务，紧紧围绕国家场地土壤污染防治的重大科技需求，重点支持场地土壤污染形成机制、监测预警、风险管控、治理修复、安全利用等技术、材料和装备创新研发与典型示范，形成土壤污染防控与修复系统解决技术方案与产业化模式，在典型区域开展规模化示范应用，实现环境、经济、社会等综合效益。

（三）全面启动全国 200 多个土壤污染治理与修复试点项目（2016—2020 年） >>>

根据《土壤污染防治行动计划》的要求，综合土壤污染类型、程度和区域代表性，在全国实施 200 余个土壤污染治理与修复技术应用试点项目。通过项目招标，由当地政府、专业公司、企业业主或农民共同参与，进行了技术、管理相结合的土壤污染风险管控与治理修复模式的探索，为建立形成土壤污染防治技术体系积累了实践经验。其中，建设用地风险管控与修复项目综合考虑地块规划用途、项目实施周期、二次污染防治、成本等因素，因地制宜采用单一技术或多技术的组合，开展污染地块治理修复与风险管控；农用地土壤污染安全利用与治理修复项目重点筛选植物修复、钝化、低累积品种替代、农艺调控等适用技术。探索形成景观生态恢复 + 工程控制、污染地块分区分层修复、高风险污染物原址刚性填埋等一批易推广、成本低、效果好的适用技术。通过以试点项目为代表的一批土壤污染治理修复项目的实施，我国在土壤污染风险管控和修复领域不断引进吸收国外先进技术、创新研发本土技术，逐步建立健全适应我国国情的技术方法和技术体系。

为指导各地土壤污染防治工作，生态环境部委托生态环境部南京环境科学研究所，会同相关科研院所、企事业单位及社会团体，系统总结近年来全国范围内具有一定数量应用案例的土壤污染风险管控和修复技术，比选具有较好应用潜力的实用技术，编制完成《土壤污染风险管控与修复技术手册》（以下简称《手册》）。《手册》系统介绍了土壤污染风险管控与修复概念，总结了农用地土壤污染风险管控与修复技术 8 类、建设用地地块土壤污染风险管控与修复技术 13 类、地下水污染风险管控与修复技术 5 类及土壤污染防治常用配套技术 6 类，土壤污染风险管控与修复技术体系如图 3 所示。并介绍了有代表性的农用地和建设用地土壤风险管控与修复示范项目，其中农用地包含我国北方、南方不同农业条件的案例，建设用地涵盖了有色金属矿采选、有色金属冶炼、石油开采、石油加工、化工、农药、焦化、电镀等重点行业，以及城市老工业区地块集中修复案例。《手册》有助于读者了解相关技术应用的适宜条件，借鉴其解决问题的管理经验与技术手段，进而因地制宜地制订风险管控和修复思路，选择相应的技术或技术组合。

《土壤污染风险管控与修复技术手册》封面

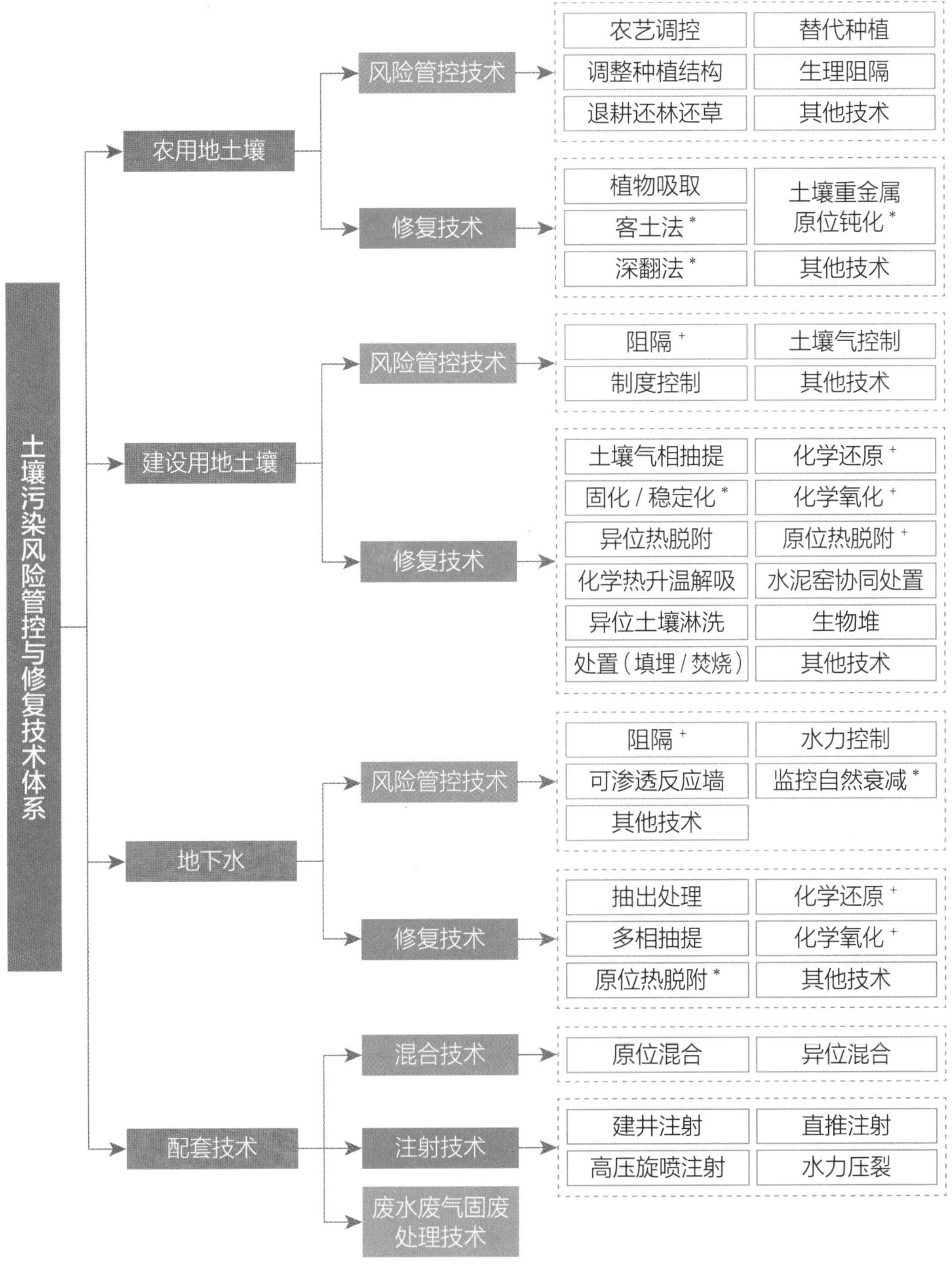

图 3 土壤污染风险管控与修复技术体系

* 当前对客土法、土壤重金属原位钝化、深翻法、固化/稳定化、监控自然衰减等技术的类别划分存在不同看法，建议对此类技术应关注具体项目治理效果的长效性、可逆性。

\+ 阻隔、化学还原、化学氧化、原位热脱附等技术既可用于土壤污染治理，也可用于地下水污染治理，《手册》主要在第三章建设用地地块土壤污染风险管控与修复技术中进行介绍。

（四）科研平台建设 >>>

1. 创建重点实验室

2008 年，南京环境科学研究所为启动土壤重点创新学科建设规划，向国家环保总局提交了建设“国家环境保护土壤环境管理与污染控制重点实验室”（以下简称土壤重点实验室）的申请和建设计划任务书，2008 年 7 月环保部组织了专家论证后，下达了批准土壤重点实验室建设的通知（环函〔2008〕138 号）。2011 年 7 月，土壤重点实验室通过环保部组织的专家验收（环函〔2011〕196 号）。

土壤重点实验室作为环保部科技创新的重要平台，针对我国土壤环境问题，瞄准国家环境战略需求和国际土壤环境科学发展前沿，以保障土壤环境安全为核心，开展土壤环境保护与污染防治相关的前瞻性、战略性的应用理论与实用技术研究，为国家土壤环境保护提供科学决策依据和技术支撑。实验室主要研究方向：（1）土壤环境标准与基准研究。主要开展我国土壤环境保护标准体系构建研究，建立基于人体健康风险、生态风险、地球化学背景和保护地下水的土壤环境基准与标准制定方法学等。（2）农产品产地及区域土壤环境安全研究。主要开展农产品

产地土壤环境质量管理与监测研究，研究区域土壤环境质量变化趋势，建立区域土壤污染风险评估与安全性划分方法，研究建立土壤环境功能区划方法及关键技术等。（3）污染场地风险评估与土壤修复研究。主要开展污染场地鉴别标准与分类管理研究，建立污染场地环境调查与风险评估技术，建立适合中国国情的污染场地治理模式与土壤修复技术体

2011 年 4 月 28 日，环保部科技标准司组织专家对土壤重点实验室进行验收

验收专家组参观土壤重点实验室成果展览

系，研发工程化应用的土壤修复技术与设备等。（4）土壤与地下水污染控制与修复。主要开展土壤与地下水污染控制理论与技术研究，建立污染场地地下水监测与风险评估技术，构建土壤和地下水污染控制与修复技术体系等。

2016 年 4 月，环保部副部长黄润秋考察土壤重点实验室

2010 年 7 月，环保部部长周生贤（前排右二）考察土壤重点实验室

2009 年 1 月，环保部副部长吴晓青（右二）考察土壤重点实验室

2011 年 10 月，环保部副部长翟青（左二）考察土壤重点实验室

2. 建设野外土壤修复研究基地

实践证明，在当时的情况下，国家环保总局启动开展土壤污染修复与综合治理试点，具有非常大的引领示范意义，项目建立的研究基地

也成为后来国内的土壤污染修复试验平台和科普基地。以南京环境科学研究所国家环境保护土壤环境管理与污染控制重点实验室野外研究基地（吴江基地）为例进行介绍。

为了加强土壤环境领域科技创新能力建设，通过实施野外基地改造项目，吴江基地条件得到了很大改善，根据重点实验室管理办法要求，吴江基地具备了对外开放、合作、交流平台的条件。主要开展了以下工作：

一是间接加热处理系统（TPS）中试。2012 年，在吴江基地组织开展了重度污染土壤热脱附修复技术中试研究。在前期试点研究工作的基础上，2011 年与加拿大公司合作，将国外一种间接加热处理设备（TPS）引进吸收，完成了在国内加工制造，实现了国产化生产，然后应用于国内有机类污染土壤的修复处理。2012 年 5 月在基地正式启动设备中试运行。环保部生态司、江苏省环保厅、苏州市环保局、吴江市政府及环保局等相关负责人出席了启动仪式，并现场观摩设备运行情况。南京环境科学研究所负责人、科技处代表、蔡道基院士等也参加了现场活动。经过运行测试，中试取得圆满成功。

二是有机污染土壤生物处理效果中试。与荷兰公司合作，组织开展了有机氯农药污染土壤的生物处理材料的中试研究，对效果进行评估。

三是支撑相关科研项目申报与实施。包括 863 项目、环保行业公益性专项等。

四是培养研究生。与南京农业大学、南京大学、东南大学、河海大学等联合培养硕士研究生，在吴江基地开展现场试验工作。

总之，经过建设与运行，吴江基地作为环保系统首个土壤环境修复领域的野外研究基地和科技创新平台，对推动我国土壤污染防治学科发展、促进土壤修复技术进步发挥了积极作用，在国内外产生了很大影响。

2014 年和 2018 年，全国人大环资委就土壤污染防治立法两次来南京环境科学研究所，对土壤重点实验室科研工作进行调研，并到吴江基

2012 年 5 月，土壤热相分离技术（TPS）工程化应用启动仪式现场

2012 年 5 月，参会人员在 TPS 中试现场参观时的合影

2008 年 4 月 8 日，中国科学院专家考察南京环境科学研究所土壤修复野外研究基地（前排左起：骆永明研究员、陆大道院士、傅家漠院士、赵其国院士）

2008 年 11 月，荷兰环境部部长（右二）到南京环境科学研究所访问

地进行实地考察。江苏省人大、中国科学院院士考察团等也到吴江基地进行了实地考察。基地前后接待来自荷兰、日本、加拿大、美国、德国等同行专家的考察访问。

2008 年 11 月，荷兰环境部长一行参观南京环境科学研究所土壤修复野外研究基地

2010 年 7 月，江苏省人大环资委代表参观考察南京环境科学研究所野外土壤修复研究基地

2019年12月26日，生态环境部南京环境科学研究所污染场地风险管控与修复野外研究基地（江阴）挂牌成立，位于江阴市青阳镇青桐路3号原江阴凯江农化有限公司地块内，由南京环境科学研究所国家环境保护土壤环境管理与污染控制重点实验室筹建。江阴基地以“长江三角洲农药污染场地修复及安全利用关键技术研究与集成示范”（2018YFC1803100）、“场地土壤环境风险评估方法和基准”（2018YFC1801100）、“污染场地修复后土壤与场地安全利用监管技术和标准”（2018YFC1801400）、“污染场地中持久性有机污染物的积累效应和健康风险研究及预测模型建立”（2019YFC1804200）、“基于大数据的场地土壤和地下水污染识别与风险管控研究”（2018YFC1800200）等5项国家重点研发计划项目落地实施为契机，联合清华大学、北京大学、南京大学、浙江大学、东南大学、同济大学、中国科学院南京土壤研究所、中国环境科学研究院、江苏省环境科学研究院、安徽省生态环境科学研究院、浙江省生态环境科学设计研究院、北京高能时代环境技术股份有限公司、中节能大地（杭州）环境修复有限公司等十余家单位，利用原江阴凯江农化有限公司76亩长期风险管控的污染场地，开展土壤污染防治技术研究和设备研发。现已完成污染阻隔、原位注入、多相抽提、生物修复、地下水在线监测、轻量土壤样品采集、土壤气在线监测等多项中试试验或装备研发，并逐步开展相应技术或设备的市场化推广。江阴基地已成为国内重要的污染地块风险管控与修复技术交流平台和科普基地。2021—2023年，接待国内外参观交流800余人次。

江阴基地航拍图

江阴基地科创园效果图

高效氧化修复技术中试现场（2021 年）

土 - 改性膨润土垂直阻隔技术中试现场（2022 年）

钻探设备研发（2021 年）

原位注入设备研发（2022 年）

清华大学环境学院副院长岳东北一行参观交流（2022 年）

中国环境科学研究院李发生研究员一行参观交流（2020 年）

中国地质大学陈鸿汉研究员一行参观交流（2019 年）

丹麦首都大区土壤环境管理中心团队一行参观交流（2018 年）

中国环境科学研究院谷庆宝研究员一行参观交流（2020 年）

北京大学朱东强教授一行参观交流（2020 年）

堆填场地土壤与地下水污染防控与修复研讨会现场科普宣传（2023 年）

南京农业大学环境工程本科生科普活动（2023 年）

南京大学环境学院本科生科普活动（2023 年）

南京林业大学本科生科普活动（2023 年）

（五）感悟和体会

土壤污染修复与治理是世界性难题。我国土壤污染防治技术发展晚于大气、水和固体废物污染防治技术，远远落后于国际上发达国家。但是，经过 20 多年的时间和努力，逐步建立与发展了适应我国国情和土壤污染特点的土壤污染防治技术体系，取得了积极进展：

一是通过试点项目，引领我国土壤修复实用技术研发方向。土壤修复类型复杂，具有面广量大、污染重、风险高、修复难度大等特点，急需研发建立适合中国国情的绿色、高效、经济的土壤修复技术体系，探索一种立足国情、立足实用、立足工程的土壤修复技术研发的模式。

二是通过科技攻关，解决污染场地及土壤修复中的关键技术难点。设立国家重大科技攻关项目，针对实际土壤修复工程的技术需求，解决了关键技术难点，为土壤修复技术的工程化应用创造条件。

三是通过成套技术设备研发，促进了我国污染场地土壤修复产业的发展。通过不同类型典型工业污染场地土壤修复关键技术设备研发，形成了成套土壤修复技术体系和修复设备系统并进行工程示范，结合中国污染场地实际需求，研发了具有我国自主知识产权的土壤修复技术设备的有效途径和模式。通过产、学、研、用的结合，培育了土壤修复工程技术研发和设备制造业的使用平台，对促进我国污染场地土壤修复产业发展，提升土壤修复设备装备水平具有重要的影响。

但我国土壤污染修复与治理也面临很多问题和挑战。通过试点示范发现，在当时技术状况下，国内主要技术、产品、设备系统距离大规模工程化应用还有一定差距，例如，关键技术或产品还不成熟，土壤修复设备系统制造和装备水平还不高，研发的关键技术和设备实用性还有待工程实践的进一步验证等。

今后，一要立足创新，完善我国土壤污染防治技术体系。鉴于我国污染场地类型多、问题复杂，对土壤修复技术要求多样，通过国家继续支持土壤修复技术设备研发项目，依靠自主研发创新逐步完善我国污染场地土壤修复技术体系。

二要立足实用，攻克土壤修复工程中关键技术难点。土壤修复技术研发关键在实用。要彻底改变目前我国土壤修复技术研究只停留在实验室和小试水平、只满足发表论文和仅仅申报专利的局面。在设计土壤修复技术研发项目时，要进一步明确核心研发技术的关键难点，有针对性提出考核指标，针对土壤修复工程的实际需求，组织开展攻关，解决工程化应用中的技术难点。

三要立足工程，构建我国土壤修复装备系统。土壤修复技术研发目标一切为了工程化应用。针对我国目前土壤修复工程的实际需求，迫切需要大量的土壤修复设备系统，解决污染场地土壤修复技术工艺组合和设备系统集成中的难点，提高设备装置生产、制造、运行和自动化控制水平，为土壤修复技术设备的产业化和系列化奠定基础。

四要立足管理，引导土壤修复技术和产业发展方向。党中央、国务院高度重视生态修复，我国环境修复作为新兴环保产业迎来了前所未有的大好发展机会，前景广阔，市场商机巨大。土壤修复市场在环保产业中的份额也逐年增大，土壤修复已成为继水污染治理和大气污染防治后又一个新兴的、高速发展的环保产业。在环保产业发达的国家，土壤修复产业占环保产业市场的30%～50%。我国土壤修复产业虽然起步晚，但发展迅猛。客观上需要加强土壤修复技术的管理，国家应出台更多土壤修复技术规范和操作规程，为引领土壤修复技术研发方向、规范土壤修复技术工程化应用、促进土壤修复产业健康发展提供保障。

总结与展望

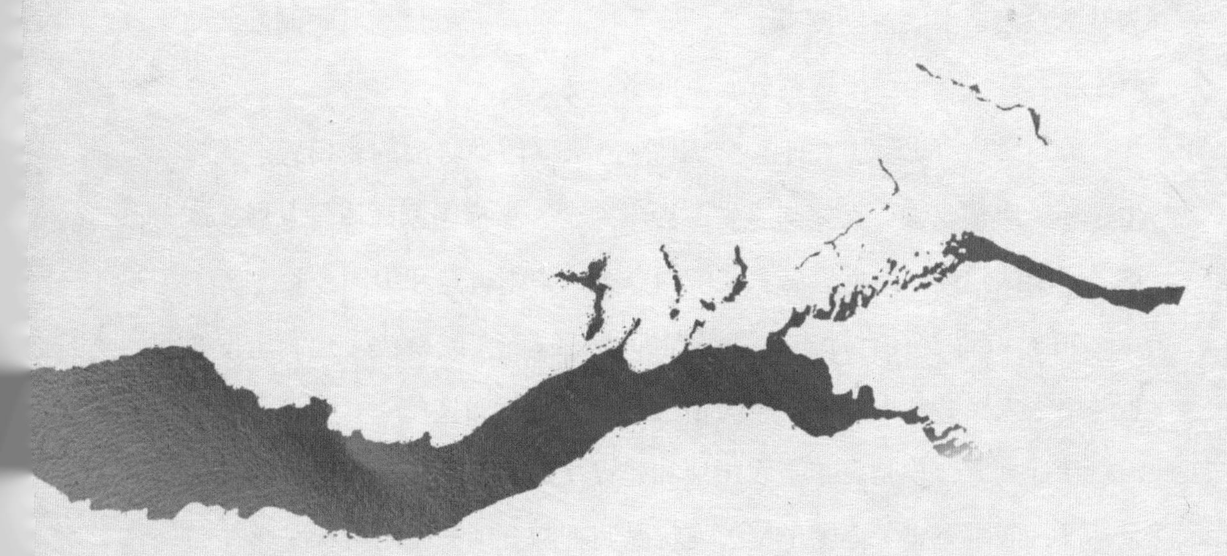

我国土壤污染防治体系建设经历了 20 多年时间，始终不忘初心，砥砺前行。坚持问题、目标导向，以土壤污染调查为主线，全面推进土壤污染防治法规、政策、标准、管理与技术等国家土壤污染防治体系建设，在实践中不断探索土壤环境管理新思路、新模式，走出了一条具有中国特色的土壤污染防治之路。

经过 20 年的努力，基本构建了我国土壤污染防治体系的“四梁八柱”制度框架。法规、政策、标准体系基本形成，国家和地方、多部门联动监督管理体制初步运行，土壤污染风险管控与修复技术体系逐步形成，土壤生态环境修复产业初见规模，土壤污染防治科技创新体系初步构建，公众意识和社会参与初见成效，全面提升了土壤污染治理能力现代化水平。

经过 20 年的努力，开创了我国土壤污染防治工作的新局面。土壤污染防治成为国家战略，预防为主、保护优先、风险管控、分类管理成为基本策略，土壤污染调查、监测、风险评估与修复成为基本制度，政府主导、社会参与、市场调节成为重要驱动力。

经过 20 年的努力，创建了中国特色土壤污染防治的新模式。支撑生态环境质量改善，支撑国家生态环境安全，支撑国家高质量发展，支撑美丽中国建设，向世界展示了中国方案、中国智慧和中国经验。

20 年取得了具有标志性、里程碑意义的重大成果：一是制定发布了《中华人民共和国土壤污染防治法》；二是发布实施了《土壤污染防治行动计划》；三是发布了农用地和建设用地土壤污染风险管控两项国家标准；四是完成了全国土壤污染状况调查和全国土壤污染状况详查。

未来 5 ～ 10 年乃至更长时间，按照党中央和国务院要求，要方向不变、力度不减、全面持续推进土壤污染防治工作。2021 年 11 月 2 日印发的《中共中央　国务院关于深入打好污染防治攻坚战的意见》提出："以更高标准打好蓝天、碧水、净土保卫战，以高水平保护推动高质量发展……深入打好净土保卫战……深入推进农用地土壤污染防治和安全利用……到 2025 年，受污染耕地安全利用率达到 93% 左右……有效管控建设用地土壤污染风险。"2022 年 10 月 16 日，习近平总书记在党的二十大报告中提出："深入推进环境污染防治。坚持精准治污、科学治污、依法治污，持续深入打好蓝天、碧水、净土保卫战。加强污染物协同控制……加强土壤污染源头防控，开展新污染物治理。"

展望未来，要继续探索中国式土壤污染防治新模式，做好两个"倒逼"、三个"模式"探索：倒逼企业"三废"治理能力与水平提升，倒逼重点污染行业高质量发展；探索形成土壤、大气、水污染"协防 + 共治"模式，探索农用地污染"风险防控 + 安全利用"模式，探索建设用地"环境修复 + 开发利用"模式。

但是，当前仍存在许多问题和挑战，需要我们长期坚持、毫不动摇做好土壤污染防治工作。一是坚持土壤生态环境保护与污染风险管控并重。在国家层面，应始终坚持土壤生态环境保护与污染风险管控并重，做到两手都要抓，两手都要硬。但是在各级地方层面，土壤生态环境面临的问题和挑战不完全一样，应该有所差异，不应"一刀切"。对于大部分省份或地区，主要工作重点应该放在土壤生态环境保护上；对于部分省份或地区，土壤生态环境保护和污染风险管控两者都要抓，尽管目前的工作重点主要放在污染风险管控上，但是从长期看，主要任务挑战仍还是土壤生态环境保护。二是加强土壤污染源头管控，推动土壤环境质量稳中向好。当务之急，要稳得住，遏制土壤环境质量下降或恶化的趋势，做到范围不扩大、面积不增加、程度不加重。党的二十大提出要加强土壤污染源头管控，最重要的是做好“水、气、土协同共治”。在工业污染源管控方面，要着力推动水、气、土协同治理；在污染源环境监测方面，要推动水、气、土协同监测；在环境执法方面，要推动水、气、土协同监管。从根本上阻断污染物通过水、大气途径向土壤环境转移，防止水和大气污染问题向土壤污染问题的转嫁。三是推动土壤污染修复绿色化、低碳化转型发展。土壤污染修复绿色化、低碳化是发展方向，但需要经过较长时间的努力。对建设用地来说，需要推动“环境修复 + 开发利用”模式的探索与试点；对农用地特别是耕地来说，需要推动“边生产、边修复”模式的探索与试点。只有在土地开发利用、农业生产过程中，才能有效管控土壤污染风险，变“静态管控”为“动态管控”。

“净土之路”永远在路上。

附 1：中国土壤污染防治工作大事记

序号	年份	大事	备注
1	1985—1990	全国土壤环境背景值调查研究	国家“七五”科技攻关专题（75-60-01-01）
2	1985—1990	土壤环境容量研究	国家“七五”科技攻关专题（75-60-02-03）
3	1991—1995	国家环境保护局编制发布《土壤环境质量标准》	GB 15618—1995（2018 年修订后废止）
4	1992	环境质量基准等效采用的程序和方法研究	国家环境保护局科技发展计划（课题编号：921030336）
5	1999	国家环境保护总局发布《工业企业土壤环境质量风险评价基准》	HJ/T 25—1999（2014 年废止）
6	2001—2005	国家环境保护总局启动“典型区域土壤环境质量状况探查”	国家环境保护总局科技发展计划（项目编号：2001-1）
7	2004	国家环境保护总局印发《关于切实做好企业搬迁过程中环境污染防治工作的通知》	环办〔2004〕47 号
8	2001—2006	国家环境保护总局启动《城市土壤环境质量标准》制定研究	2001 年标准计划（项目编号：8）
9	2005	国家环境保护总局发布《废弃危险化学品污染环境防治办法》	国家环境保护总局令第 27 号（2016 年废止）
10	2005	国务院发布《关于落实科学发展观加强环境保护的决定》	国发〔2005〕39 号
11	2006	国家环境保护总局印发《关于开展全国土壤污染状况调查的通知》	环发〔2006〕116 号
12	2006	国家环境保护总局启动《土壤环境质量标准》修订计划	2006 年标准计划（项目编号：249）
13	2006	国家环境保护总局发布《食用农产品产地环境质量评价标准》	HJ/T 332—2006

续表

序号	年份	大事	备注
14	2006	国家环境保护总局发布《温室蔬菜产地环境质量评价标准》	HJ/T 333—2006
15	2006—2010	国家环境保护总局启动“污染土壤修复与综合治理试点”	
16	2007	国家环境保护总局发布《展览会用地土壤环境质量评价标准（暂行）》	HJ/T 350—2007（2018 年废止）
17	2007—2015	实施公益性行业科研专项经费环保项目，每年设立土壤污染防治项目	
18	2008	2008 年 1 月 8 日，国家环境保护总局召开“第一次全国土壤污染防治工作会议”	
19	2008	环境保护部发布《关于加强土壤污染防治工作的意见》	环发〔2008〕48 号（2016 年废止）
20	2008	环境保护部发布《地震灾区土壤污染防治指南（指南）》	环境保护部公告 2008 年第 27 号
21	2008	环境保护部发布《关于批准“国家环境保护土壤环境管理与污染控制重点实验室”建设的通知》	环函〔2008〕138 号
22	2008	环境保护部启动《污染场地土壤环境管理暂行办法》起草工作	
23	2010	环境保护部组织完成全国土壤污染状况调查成果集成工作	
24	2010	环境保护部启动《全国土壤环境保护“十二五”规划》编制工作，成立了规划编制领导小组和工作组	环办〔2011〕288 号；环办函〔2011〕330 号
25	2011	国务院发布《国务院关于加强环境保护重点工作的意见》	国发〔2011〕35 号
26	2011	环境保护部发布《关于国家环境保护土壤环境管理与污染控制重点实验室通过验收的通知》	环函〔2011〕196 号
27	2011	环境保护部部务会审议并原则通过《污染场地土壤环境管理暂行办法（送审稿）》（择机发布）	

续表

序号	年份	大事	备注
28	2011	环境保护部启动《农用地土壤环境管理暂行办法》起草工作	
29	2012	2012 年 10 月 31 日，国务院常务会议研究部署全国土壤环境保护和综合治理工作	
30	2012	环境保护部、工业和信息化部、国土资源部、住房和城乡建设部联合印发《关于保障工业企业场地再开发利用环境安全的通知》	环发〔2012〕140 号
31	2012	环境保护部启动土壤环境保护法规起草工作，成立领导小组、工作组及专家组	环函〔2012〕274 号；环办函〔2012〕1204 号
32	2013	国务院办公厅发布《近期土壤环境保护和综合治理工作安排》	国办发〔2013〕7 号
33	2013	环境保护部启动《土壤污染防治行动计划》起草工作	
34	2014	环境保护部发布《关于加强工业企业关停、搬迁及原址场地再开发利用过程中污染防治工作的通知》	环发〔2014〕66 号
35	2014	2014 年 4 月 17 日，环境保护部、国土资源部发布《全国土壤污染状况调查公报》	
36	2014	环境保护部发布《场地环境调查技术导则》	HJ 25.1—2014（2019 年修订后废止）
37	2014	环境保护部发布《场地环境监测技术导则》	HJ 25.2—2014（2019 年修订后废止）
38	2014	环境保护部发布《污染场地风险评估技术导则》	HJ 25.3—2014（2019 年修订后废止）
39	2014	环境保护部发布《污染场地土壤修复技术导则》	HJ 25.4—2014（2019 年修订后废止）
40	2014	2014 年 4 月 24 日，《中华人民共和国环境保护法》修订发布	中华人民共和国主席令第九号

续表

序号	年份	大事	备注
41	2015	环境保护部签发《关于表扬全国土壤污染状况调查工作先进集体和先进个人的通报》	环发〔2015〕26 号
42	2016	环境保护部机构调整，新组建“土壤环境管理司”	
43	2016	2016 年 5 月 28 日，国务院印发《土壤污染防治行动计划》	国发〔2016〕31 号
44	2016	2016 年 12 月 27 日，环境保护部、财政部、国土资源部、农业部、国家卫生和计划生育委员会关于印发《全国土壤污染状况详查总体方案》的通知	环土壤〔2016〕188 号
45	2016	2016 年 12 月 31 日，环境保护部发布《污染地块土壤环境管理办法（试行）》	环境保护部令第 42 号
46	2016	科技部启动国家重点研发计划“农业面源和重金属污染农田综合防治与修复技术研发”重点专项	
47	2017	2017 年 7 月 31 日，环境保护部、财政部、国土资源部、农业部、卫生计生委召开全国土壤污染状况详查工作动员部署视频会议	
48	2017	环境保护部发布《建设用地土壤环境调查评估技术指南》	环境保护部公告 2017 年第 72 号
49	2017	2017 年 9 月 25 日，环境保护部、农业部发布《农用地土壤环境管理办法（试行）》	环境保护部、农业部令第 46 号
50	2018	国务院机构调整，生态环境部组建“土壤生态环境司”	
51	2018	2018 年 5 月 3 日，生态环境部发布《工矿用地土壤环境管理办法（试行）》	生态环境部令第 3 号
52	2018	2018 年 8 月 31 日，全国人大常委会通过《中华人民共和国土壤污染防治法》	中华人民共和国主席令第八号
53	2018	生态环境部发布《土壤环境质量　农用地土壤污染风险管控标准（试行）》	GB 15618—2018 生态环境部公告 2018 年第 13 号

续表

序号	年份	大事	备注
54	2018	生态环境部发布《土壤环境质量　建设用地土壤污染风险管控标准(试行)》	GB 36600—2018 生态环境部公告 2018年第13号
55	2018	生态环境部发布《污染地块风险管控与土壤修复效果评估技术导则(试行)》	HJ 25.5—2018
56	2018	各省（区、市）完成农用地土壤污染状况详查报告，报送全国土壤污染状况详查办公室	
57	2018	生态环境部发布《环境影响评价技术导则　土壤环境（试行）》	HJ 964—2018
58	2018	生态环境部组建“生态环境部土壤与农业农村生态环境监管技术中心”	
59	2018	科技部启动国家重点研发计划“场地土壤污染成因与治理技术”重点专项	
60	2019	生态环境部发布《污染地块地下水修复和风险管控技术导则》	HJ 25.6—2019
61	2019	生态环境部、自然资源部、农业农村部完成全国农用地土壤污染状况详查成果集成，详查报告于2019年6月31日前报送国务院	
62	2019	生态环境部发布《建设用地土壤污染状况调查技术导则》	HJ 25.1—2019
63	2019	生态环境部发布《建设用地土壤污染风险管控和修复监测技术导则》	HJ 25.2—2019
64	2019	生态环境部发布《建设用地土壤污染风险评估技术导则》	HJ 25.3—2019
65	2019	生态环境部发布《建设用地土壤修复技术导则》	HJ 25.4—2019
66	2020	各省（区、市）完成重点行业企业用地土壤污染状况调查报告，报送全国土壤污染状况详查办公室	

续表

序号	年份	大事	备注
67	2020	生态环境部、自然资源部、农业农村部联合印发《关于表扬农用地土壤污染状况详查表现突出集体和个人的通知》	环办土壤函〔2020〕399 号
68	2021	生态环境部组织完成全国重点行业用地土壤污染状况调查成果集成，调查成果于 2021 年 6 月 31 日前报送国务院	
69	2021	2021 年 12 月 20 日，生态环境部、财政部、自然资源部、农业农村部、国家卫生健康委员会五部委召开全国土壤污染状况详查工作总结视频会议	
70	2021	生态环境部印发《关于表扬重点行业企业用地土壤污染状况调查表现突出集体和个人的通知》	环办土壤函〔2021〕564 号
71	2021	生态环境部发布《区域性土壤环境背景含量统计技术导则（试行）》	HJ 1185—2021

附 2：土壤污染防治行动计划

国务院关于印发土壤污染防治行动计划的通知

国发〔2016〕31 号

各省、自治区、直辖市人民政府，国务院各部委、各直属机构：

现将《土壤污染防治行动计划》印发给你们，请认真贯彻执行。

国务院

2016 年 5 月 28 日

（此件公开发布）

土壤污染防治行动计划

土壤是经济社会可持续发展的物质基础，关系人民群众身体健康，关系美丽中国建设，保护好土壤环境是推进生态文明建设和维护国家生态安全的重要内容。当前，我国土壤环境总体状况堪忧，部分地区污染较为严重，已成为全面建成小康社会的突出短板之一。为切实加强土壤污染防治，逐步改善土壤环境质量，制定本行动计划。

总体要求：全面贯彻党的十八大和十八届三中、四中、五中全会精神，按照“五位一体”总体布局和“四个全面”战略布局，牢固树立创新、协调、绿色、开放、共享的新发展理念，认真落实党中央、国务院决策部署，立足我国国情和发展阶段，着眼经济社会发展全局，以改善土壤环境质量为核心，以保障农产品质量和人居环境安全为出发点，坚持预防为主、保护优先、风险管控，突出重点区域、行业和污染物，实施分类别、分用途、分阶段治理，严控新增污染、逐步减少存量，形成政府主导、企业担责、公众参与、社会监督的土壤污染防治体系，促进土壤资源永续利用，为建设“蓝天常在、青山常在、绿水常在”的美丽中国而奋斗。

工作目标：到 2020 年，全国土壤污染加重趋势得到初步遏制，土壤环境质量总体保持稳定，农用地和建设用地土壤环境安全得到基本保障，土壤环境风险得到基本管控。到 2030 年，全国土壤环境质量稳中向好，农用地和建设用地土壤环境安全得到有效保障，土壤环境风险得到全面管控。到本世纪中叶，土壤环境质量全面改善，生态系统实现良性循环。

主要指标：到 2020 年，受污染耕地安全利用率达到 90% 左右，污染地块安全利用率达到 90% 以上。到 2030 年，受污染耕地安全利用率达到 95% 以上，污染地块安全利用率达到 95% 以上。

一、开展土壤污染调查，掌握土壤环境质量状况

（一）深入开展土壤环境质量调查。在现有相关调查基础上，以农用地和重点行业企业用地为重点，开展土壤污染状况详查，2018 年底前查明农用地土壤污染的面积、分布及其对农产品质量的影响；2020 年底前掌握重点行业企业用地中的污染地块分布及其环境风险情况。制定详查总体方案和技术规定，开展技术指导、监督检查和成果审核。建立土壤环境质量状况定期调查制度，每 10 年开展 1 次。（环境保护部牵头，财政部、国土资源部、农业部、国家卫生计生委等参与，地方各级人民政府负责落实。以下均需地方各级人民政府落实，不再列出）

（二）建设土壤环境质量监测网络。统一规划、整合优化土壤环境质量监测点位，2017 年底前，完成土壤环境质量国控监测点位设置，建成国家土壤环境质量监测网络，充分发挥行业监测网作用，基本形成土壤环境监测能力。各省（区、市）每年至少开展 1 次土壤环境监测技术人员培训。各地可根据工作需要，补充设置监测点位，增加特征污染物监测项目，提高监测频次。2020 年底前，实现土壤环境质量监测点位所有县（市、区）全覆盖。（环境保护部牵头，国家发展改革委、工业和信息化部、国土资源部、农业部等参与）

（三）提升土壤环境信息化管理水平。利用环境保护、国土资源、农业等部门相关数据，建立土壤环境基础数据库，构建全国土壤环境信息化管理平台，力争 2018 年底前完成。借助移动互联网、物联网等技术，拓宽数据获取渠道，实现数据动态更新。加强数据共享，编制资源共享目录，明确共享权限和方式，发挥土壤环境大数据在污染防治、城乡规划、土地利用、农业生产中的作用。（环境保护部牵头，国家发展改革委、教育部、科技部、工业和信息化部、国土资源部、住房城乡建设部、农业部、国家卫生计生委、国家林业局等参与）

二、推进土壤污染防治立法，建立健全法规标准体系

（四）加快推进立法进程。配合完成土壤污染防治法起草工作。适时修订污染防治、城乡规划、土地管理、农产品质量安全相关法律法规，增加土壤污染防治有关内容。2016年底前，完成农药管理条例修订工作，发布污染地块土壤环境管理办法、农用地土壤环境管理办法。2017年底前，出台农药包装废弃物回收处理、工矿用地土壤环境管理、废弃农膜回收利用等部门规章。到2020年，土壤污染防治法律法规体系基本建立。各地可结合实际，研究制定土壤污染防治地方性法规。（国务院法制办、环境保护部牵头，工业和信息化部、国土资源部、住房城乡建设部、农业部、国家林业局等参与）

（五）系统构建标准体系。健全土壤污染防治相关标准和技术规范。2017年底前，发布农用地、建设用地土壤环境质量标准；完成土壤环境监测、调查评估、风险管控、治理与修复等技术规范以及环境影响评价技术导则制修订工作；修订肥料、饲料、灌溉用水中有毒有害物质限量和农用污泥中污染物控制等标准，进一步严格污染物控制要求；修订农膜标准，提高厚度要求，研究制定可降解农膜标准；修订农药包装标准，增加防止农药包装废弃物污染土壤的要求。适时修订污染物排放标准，进一步明确污染物特别排放限值要求。完善土壤中污染物分析测试方法，研制土壤环境标准样品。各地可制定严于国家标准的地方土壤环境质量标准。（环境保护部牵头，工业和信息化部、国土资源部、住房城乡建设部、水利部、农业部、质检总局、国家林业局等参与）

（六）全面强化监管执法。明确监管重点。重点监测土壤中镉、汞、砷、铅、铬等重金属和多环芳烃、石油烃等有机污染物，重点监管有色金属矿采选、有色金属冶炼、石油开采、石油加工、化工、焦化、电镀、制革等行业，以及产粮（油）大县、地级以上城市建成区等区域。（环境保护部牵头，工业和信息化部、国土资源部、住房城乡建设部、农业部等参与）

加大执法力度。将土壤污染防治作为环境执法的重要内容，充分利用环境监管网格，加强土壤环境日常监管执法。严厉打击非法排放有毒有害污染物、违法违规存放危险化学品、非法处置危险废物、不正常使用污染治理设施、监测数据弄虚作假等环境违法行为。开展重点行业企业专项环境执法，对严重污染土壤环境、群众反映强烈的企业进行挂牌督办。改善基层环境执法条件，配备必要的土壤污染快速检测等执法装备。对全国环境执法人员每3年开展1轮土壤污染防治专业技术培训。提高突发环境事件应急能力，完善各级环境污染事件应急预案，加强环境应急管理、技术支撑、处置救援能力建设。（环境保护部牵头，工业和信息化部、公安部、国土资源部、住房城乡建设部、农业部、安全监管总局、国家林业局等参与）

三、实施农用地分类管理，保障农业生产环境安全

（七）划定农用地土壤环境质量类别。按污染程度将农用地划为三个类别，未污染和轻微污染的划为优先保护类，轻度和中度污染的划为安全利用类，重度污染的划为严格管控类，以耕地为重点，分别采取相应管理措施，保障农产品质量安全。2017年底前，发布农用地土壤环境质量类别划分技术指南。以土壤污染状况详查结果为依据，开展耕地土壤和农产品协同监测与评价，在试点基础上有序推进耕地土壤环境质量类别划定，逐步建立分类清单，2020年底前完成。划定结果由各省级人民政府审定，数据上传全国土壤环境信息化管理平台。根据土地利用变更和土壤环境质量变化情况，定期对各类别耕地面积、分布等信息进行更新。有条件的地区要逐步开展林地、草地、园地等其他农用地土壤环境质量类别划定等工作。（环境保护部、农业部牵头，国土资源部、国家林业局等参与）

（八）切实加大保护力度。各地要将符合条件的优先保护类耕地划为永久基本农田，实行严格保护，确保其面积不减少、土壤环境质量不下降，除法律规定的重点建设项目选址确实无法避让外，其他任何建设不得占用。产粮（油）大县要制定土壤环境保护方案。高标准农田建设项目向优先保护类耕地集中的地区倾斜。推行秸秆还田、增施有机肥、少耕免耕、粮豆轮作、农膜减量与回收利用等措施。继续开展黑土地保护利用试点。农村土地流转的受让方要履行土壤保护的责任，避免因过度施肥、滥用农药等掠夺式农业生产方式造成土壤环境质量下降。各省级人民政府要对本行政区域内优先保护类耕地面积减少或土壤环境质量下降的县（市、区），进行预警提醒并依法采取环评限批等限制性措施。（国土资源部、农业部牵头，国家发展改革委、环境保护部、水利部等参与）

防控企业污染。严格控制在优先保护类耕地集中区域新建有色金属冶炼、石油加工、化工、焦化、电镀、制革等行业企业，现有相关行业企业要采用新技术、

新工艺，加快提标升级改造步伐。（环境保护部、国家发展改革委牵头，工业和信息化部参与）

（九）着力推进安全利用。根据土壤污染状况和农产品超标情况，安全利用类耕地集中的县（市、区）要结合当地主要作物品种和种植习惯，制定实施受污染耕地安全利用方案，采取农艺调控、替代种植等措施，降低农产品超标风险。强化农产品质量检测。加强对农民、农民合作社的技术指导和培训。2017 年底前，出台受污染耕地安全利用技术指南。到 2020 年，轻度和中度污染耕地实现安全利用的面积达到 4000 万亩。（农业部牵头，国土资源部等参与）

（十）全面落实严格管控。加强对严格管控类耕地的用途管理，依法划定特定农产品禁止生产区域，严禁种植食用农产品；对威胁地下水、饮用水水源安全的，有关县（市、区）要制定环境风险管控方案，并落实有关措施。研究将严格管控类耕地纳入国家新一轮退耕还林还草实施范围，制定实施重度污染耕地种植结构调整或退耕还林还草计划。继续在湖南长株潭地区开展重金属污染耕地修复及农作物种植结构调整试点。实行耕地轮作休耕制度试点。到 2020 年，重度污染耕地种植结构调整或退耕还林还草面积力争达到 2000 万亩。（农业部牵头，国家发展改革委、财政部、国土资源部、环境保护部、水利部、国家林业局参与）

（十一）加强林地草地园地土壤环境管理。严格控制林地、草地、园地的农药使用量，禁止使用高毒、高残留农药。完善生物农药、引诱剂管理制度，加大使用推广力度。优先将重度污染的牧草地集中区域纳入禁牧休牧实施范围。加强对重度污染林地、园地产出食用农（林）产品质量检测，发现超标的，要采取种植结构调整等措施。（农业部、国家林业局负责）

四、实施建设用地准入管理，防范人居环境风险

（十二）明确管理要求。建立调查评估制度。2016 年底前，发布建设用地土壤环境调查评估技术规定。自 2017 年起，对拟收回土地使用权的有色金属冶炼、石油加工、化工、焦化、电镀、制革等行业企业用地，以及用途拟变更为居住和商业、学校、医疗、养老机构等公共设施的上述企业用地，由土地使用权人负责开展土壤环境状况调查评估；已经收回的，由所在地市、县级人民政府负责开展调查评估。自 2018 年起，重度污染农用地转为城镇建设用地的，由所在地市、县级人民政府负责组织开展调查评估。调查评估结果向所在地环境保护、城乡规划、国土资源部门备案。（环境保护部牵头，国土资源部、住房城乡建设部参与）

分用途明确管理措施。自 2017 年起，各地要结合土壤污染状况详查情况，根据建设用地土壤环境调查评估结果，逐步建立污染地块名录及其开发利用的负面清单，合理确定土地用途。符合相应规划用地土壤环境质量要求的地块，可进入用地程序。暂不开发利用或现阶段不具备治理修复条件的污染地块，由所在地县级人民政府组织划定管控区域，设立标识，发布公告，开展土壤、地表水、地下水、空气环境监测；发现污染扩散的，有关责任主体要及时采取污染物隔离、阻断等环境风险管控措施。（国土资源部牵头，环境保护部、住房城乡建设部、水利部等参与）

（十三）落实监管责任。地方各级城乡规划部门要结合土壤环境质量状况，加强城乡规划论证和审批管理。地方各级国土资源部门要依据土地利用总体规划、城乡规划和地块土壤环境质量状况，加强土地征收、收回、收购以及转让、改变用途等环节的监管。地方各级环境保护部门要加强对建设用地土壤环境状况调查、风险评估和污染地块治理与修复活动的监管。建立城乡规划、国土资源、环境保护等部门间的信息沟通机制，实行联动监管。（国土资源部、环境保护部、住房城乡建设部负责）

（十四）严格用地准入。将建设用地土壤环境管理要求纳入城市规划和供地管理，土地开发利用必须符合土壤环境质量要求。地方各级国土资源、城乡规划等部门在编制土地利用总体规划、城市总体规划、控制性详细规划等相关规划时，应充分考虑污染地块的环境风险，合理确定土地用途。（国土资源部、住房城乡建设部牵头，环境保护部参与）

五、强化未污染土壤保护，严控新增土壤污染

（十五）加强未利用地环境管理。按照科学有序原则开发利用未利用地，防止造成土壤污染。拟开发为农用地的，有关县（市、区）人民政府要组织开展土壤环境质量状况评估；不符合相应标准的，不得种植食用农产品。各地要加强纳入耕地后备资源的未利用地保护，定期开展巡查。依法严查向沙漠、滩涂、盐碱地、沼泽地等非法排污、倾倒有毒有害物质的环境违法行为。加强对矿山、油田等矿产资源开采活动影响区域内未利用地的环境监管，发现土壤污染问题的，要及时督促有关企业采取防治措施。推动盐碱地土壤改良，自 2017 年起，在新疆生产建设兵团等地开展利用燃煤电厂脱硫石膏改良盐碱地试点。（环境保护部、国土资源部牵头，国家发展改革委、公安部、水利部、农业部、国家林业局等参与）

（十六）防范建设用地新增污染。排放重点污染物的建设项目，在开展环境影响评价时，要增加对土壤环境影响的评价内容，并提出防范土壤污染的具体措施；需要建设的土壤污染防治设施，要与主体工程同时设计、同时施工、同时投产使用；有关环境保护部门要做好有关措施落实情况的监督管理工作。自 2017 年起，有关地方人民政府要与重点行业企业签订土壤污染防治责任书，明确相关措施和责任，责任书向社会公开。（环境保护部负责）

（十七）强化空间布局管控。加强规划区划和建设项目布局论证，根据土壤等环境承载能力，合理确定区域功能定位、空间布局。鼓励工业企业集聚发展，提高土地节约集约利用水平，减少土壤污染。严格执行相关行业企业布局选址要求，禁止在居民区、学校、医疗和养老机构等周边新建有色金属冶炼、焦化等行业企业；结合推进新型城镇化、产业结构调整和化解过剩产能等，有序搬迁或依法关闭对土壤造成严重污染的现有企业。结合区域功能定位和土壤污染防治需要，科学布局生活垃圾处理、危险废物处置、废旧资源再生利用等设施和场所，合理确定畜禽养殖布局和规模。（国家发展改革委牵头，工业和信息化部、国土资源部、环境保护部、住房城乡建设部、水利部、农业部、国家林业局等参与）

六、加强污染源监管，做好土壤污染预防工作

（十八）严控工矿污染。加强日常环境监管。各地要根据工矿企业分布和污染排放情况，确定土壤环境重点监管企业名单，实行动态更新，并向社会公布。列入名单的企业每年要自行对其用地进行土壤环境监测，结果向社会公开。有关环境保护部门要定期对重点监管企业和工业园区周边开展监测，数据及时上传全国土壤环境信息化管理平台，结果作为环境执法和风险预警的重要依据。适时修订国家鼓励的有毒有害原料（产品）替代品目录。加强电器电子、汽车等工业产品中有害物质控制。有色金属冶炼、石油加工、化工、焦化、电镀、制革等行业企业拆除生产设施设备、构筑物和污染治理设施，要事先制定残留污染物清理和安全处置方案，并报所在地县级环境保护、工业和信息化部门备案；要严格按照有关规定实施安全处理处置，防范拆除活动污染土壤。2017 年底前，发布企业拆除活动污染防治技术规定。（环境保护部、工业和信息化部负责）

严防矿产资源开发污染土壤。自 2017 年起，内蒙古、江西、河南、湖北、湖南、广东、广西、四川、贵州、云南、陕西、甘肃、新疆等省（区）矿产资源开发活动集中的区域，执行重点污染物特别排放限值。全面整治历史遗留尾矿库，完善覆膜、压土、排洪、堤坝加固等隐患治理和闭库措施。有重点监管尾矿库的企业要开展环境风险评估，完善污染治理设施，储备应急物资。加强对矿产资源开发利用活动的辐射安全监管，有关企业每年要对本矿区土壤进行辐射环境监测。（环境保护部、安全监管总局牵头，工业和信息化部、国土资源部参与）

加强涉重金属行业污染防控。严格执行重金属污染物排放标准并落实相关总量控制指标，加大监督检查力度，对整改后仍不达标的企业，依法责令其停业、关闭，并将企业名单向社会公开。继续淘汰涉重金属重点行业落后产能，完善重金属相关行业准入条件，禁止新建落后产能或产能严重过剩行业的建设项目。按计划逐步淘汰普通照明白炽灯。提高铅酸蓄电池等行业落后产能淘汰标准，逐步退出落后产能。制定涉重金属重点工业行业清洁生产技术推行方案，鼓励企业采用先进适用生产工艺和技术。2020 年重点行业的重点重金属排放量要比 2013 年下降 10%。（环境保护部、工业和信息化部牵头，国家发展改革委参与）

加强工业废物处理处置。全面整治尾矿、煤矸石、工业副产石膏、粉煤灰、赤泥、冶炼渣、电石渣、铬渣、砷渣以及脱硫、脱硝、除尘产生固体废物的堆存场所，完善防扬散、防流失、防渗漏等设施，制定整治方案并有序实施。加强工业固体废物综合利用。对电子废物、废轮胎、废塑料等再生利用活动进行清理整顿，引导有关企业采用先进适用加工工艺、集聚发展，集中建设和运营污染治理设施，防止污染土壤和地下水。自 2017 年起，在京津冀、长三角、珠三角等地区的部分城市开展污水与污泥、废气与废渣协同治理试点。（环境保护部、国家发展改革委牵头，工业和信息化部、国土资源部参与）

（十九）控制农业污染。合理使用化肥农药。鼓励农民增施有机肥，减少化肥使用量。科学施用农药，推行农作物病虫害专业化统防统治和绿色防控，推广高效低毒低残留农药和现代植保机械。加强农药包装废弃物回收处理，自2017年起，在江苏、山东、河南、海南等省份选择部分产粮（油）大县和蔬菜产业重点县开展试点；到2020年，推广到全国30%的产粮（油）大县和所有蔬菜产业重点县。推行农业清洁生产，开展农业废弃物资源化利用试点，形成一批可复制、可推广的农业面源污染防治技术模式。严禁将城镇生活垃圾、污泥、工业废物直接用作肥料。到2020年，全国主要农作物化肥、农药使用量实现零增长，利用率提高到40%以上，测土配方施肥技术推广覆盖率提高到90%以上。（农业部牵头，国家发展改革委、环境保护部、住房城乡建设部、供销合作总社等参与）

加强废弃农膜回收利用。严厉打击违法生产和销售不合格农膜的行为。建立健全废弃农膜回收贮运和综合利用网络，开展废弃农膜回收利用试点；到2020年，河北、辽宁、山东、河南、甘肃、新疆等农膜使用量较高省份力争实现废弃农膜全面回收利用。（农业部牵头，国家发展改革委、工业和信息化部、公安部、工商总局、供销合作总社等参与）

强化畜禽养殖污染防治。严格规范兽药、饲料添加剂的生产和使用，防止过量使用，促进源头减量。加强畜禽粪便综合利用，在部分生猪大县开展种养业有机结合、循环发展试点。鼓励支持畜禽粪便处理利用设施建设，到2020年，规模化养殖场、养殖小区配套建设废弃物处理设施比例达到75%以上。（农业部牵头，国家发展改革委、环境保护部参与）

加强灌溉水水质管理。开展灌溉水水质监测。灌溉用水应符合农田灌溉水水质标准。对因长期使用污水灌溉导致土壤污染严重、威胁农产品质量安全的，要及时调整种植结构。（水利部牵头，农业部参与）

（二十）减少生活污染。建立政府、社区、企业和居民协调机制，通过分类投放收集、综合循环利用，促进垃圾减量化、资源化、无害化。建立村庄保洁制度，推进农村生活垃圾治理，实施农村生活污水治理工程。整治非正规垃圾填埋场。深入实施“以奖促治”政策，扩大农村环境连片整治范围。推进水泥窑协同处置生活垃圾试点。鼓励将处理达标后的污泥用于园林绿化。开展利用建筑垃圾生产建材产品等资源化利用示范。强化废氧化汞电池、镍镉电池、铅酸蓄电池和含汞荧光灯管、温度计等含重金属废物的安全处置。减少过度包装，鼓励使用环境标

志产品。（住房城乡建设部牵头，国家发展改革委、工业和信息化部、财政部、环境保护部参与）

七、开展污染治理与修复，改善区域土壤环境质量

（二十一）明确治理与修复主体。按照“谁污染，谁治理”原则，造成土壤污染的单位或个人要承担治理与修复的主体责任。责任主体发生变更的，由变更后继承其债权、债务的单位或个人承担相关责任；土地使用权依法转让的，由土地使用权受让人或双方约定的责任人承担相关责任。责任主体灭失或责任主体不明确的，由所在地县级人民政府依法承担相关责任。（环境保护部牵头，国土资源部、住房城乡建设部参与）

（二十二）制定治理与修复规划。各省（区、市）要以影响农产品质量和人居环境安全的突出土壤污染问题为重点，制定土壤污染治理与修复规划，明确重点任务、责任单位和分年度实施计划，建立项目库，2017 年底前完成。规划报环境保护部备案。京津冀、长三角、珠三角地区要率先完成。（环境保护部牵头，国土资源部、住房城乡建设部、农业部等参与）

（二十三）有序开展治理与修复。确定治理与修复重点。各地要结合城市环境质量提升和发展布局调整，以拟开发建设居住、商业、学校、医疗和养老机构等项目的污染地块为重点，开展治理与修复。在江西、湖北、湖南、广东、广西、四川、贵州、云南等省份污染耕地集中区域优先组织开展治理与修复；其他省份要根据耕地土壤污染程度、环境风险及其影响范围，确定治理与修复的重点区域。到 2020 年，受污染耕地治理与修复面积达到 1000 万亩。（国土资源部、农业部、环境保护部牵头，住房城乡建设部参与）

强化治理与修复工程监管。治理与修复工程原则上在原址进行，并采取必要措施防止污染土壤挖掘、堆存等造成二次污染；需要转运污染土壤的，有关责任单位要将运输时间、方式、线路和污染土壤数量、去向、最终处置措施等，提前向所在地和接收地环境保护部门报告。工程施工期间，责任单位要设立公告牌，公开工程基本情况、环境影响及其防范措施；所在地环境保护部门要对各项环境保护措施落实情况进行检查。工程完工后，责任单位要委托第三方机构对治理与修复效果进行评估，结果向社会公开。实行土壤污染治理与修复终身责任制，

2017年底前，出台有关责任追究办法。（环境保护部牵头，国土资源部、住房城乡建设部、农业部参与）

（二十四）监督目标任务落实。各省级环境保护部门要定期向环境保护部报告土壤污染治理与修复工作进展；环境保护部要会同有关部门进行督导检查。各省（区、市）要委托第三方机构对本行政区域各县（市、区）土壤污染治理与修复成效进行综合评估，结果向社会公开。2017年底前，出台土壤污染治理与修复成效评估办法。（环境保护部牵头，国土资源部、住房城乡建设部、农业部参与）

八、加大科技研发力度，推动环境保护产业发展

（二十五）加强土壤污染防治研究。整合高等学校、研究机构、企业等科研资源，开展土壤环境基准、土壤环境容量与承载能力、污染物迁移转化规律、污染生态效应、重金属低积累作物和修复植物筛选，以及土壤污染与农产品质量、人体健康关系等方面基础研究。推进土壤污染诊断、风险管控、治理与修复等共性关键技术研究，研发先进适用装备和高效低成本功能材料（药剂），强化卫星遥感技术应用，建设一批土壤污染防治实验室、科研基地。优化整合科技计划（专项、基金等），支持土壤污染防治研究。（科技部牵头，国家发展改革委、教育部、工业和信息化部、国土资源部、环境保护部、住房城乡建设部、农业部、国家卫生计生委、国家林业局、中科院等参与）

（二十六）加大适用技术推广力度。建立健全技术体系。综合土壤污染类型、程度和区域代表性，针对典型受污染农用地、污染地块，分批实施200个土壤污染治理与修复技术应用试点项目，2020年底前完成。根据试点情况，比选形成一批易推广、成本低、效果好的适用技术。（环境保护部、财政部牵头，科技部、国土资源部、住房城乡建设部、农业部等参与）

加快成果转化应用。完善土壤污染防治科技成果转化机制，建成以环保为主导产业的高新技术产业开发区等一批成果转化平台。2017年底前，发布鼓励发展的土壤污染防治重大技术装备目录。开展国际合作研究与技术交流，引进消化土壤污染风险识别、土壤污染物快速检测、土壤及地下水污染阻隔等风险管控先进技术和管理经验。（科技部牵头，国家发展改革委、教育部、工业和信息化部、国土资源部、环境保护部、住房城乡建设部、农业部、中科院等参与）

（二十七）推动治理与修复产业发展。放开服务性监测市场，鼓励社会机构参与土壤环境监测评估等活动。通过政策推动，加快完善覆盖土壤环境调查、分析测试、风险评估、治理与修复工程设计和施工等环节的成熟产业链，形成若干综合实力雄厚的龙头企业，培育一批充满活力的中小企业。推动有条件的地区建设产业化示范基地。规范土壤污染治理与修复从业单位和人员管理，建立健全监督机制，将技术服务能力弱、运营管理水平低、综合信用差的从业单位名单通过企业信用信息公示系统向社会公开。发挥“互联网+”在土壤污染治理与修复全产业链中的作用，推进大众创业、万众创新。（国家发展改革委牵头，科技部、工业和信息化部、国土资源部、环境保护部、住房城乡建设部、农业部、商务部、工商总局等参与）

九、发挥政府主导作用，构建土壤环境治理体系

（二十八）强化政府主导。完善管理体制。按照“国家统筹、省负总责、市县落实”原则，完善土壤环境管理体制，全面落实土壤污染防治属地责任。探索建立跨行政区域土壤污染防治联动协作机制。（环境保护部牵头，国家发展改革委、科技部、工业和信息化部、财政部、国土资源部、住房城乡建设部、农业部等参与）

加大财政投入。中央和地方各级财政加大对土壤污染防治工作的支持力度。中央财政整合重金属污染防治专项资金等，设立土壤污染防治专项资金，用于土壤环境调查与监测评估、监督管理、治理与修复等工作。各地应统筹相关财政资金，通过现有政策和资金渠道加大支持，将农业综合开发、高标准农田建设、农田水利建设、耕地保护与质量提升、测土配方施肥等涉农资金，更多用于优先保护类耕地集中的县（市、区）。有条件的省（区、市）可对优先保护类耕地面积增加的县（市、区）予以适当奖励。统筹安排专项建设基金，支持企业对涉重金属落后生产工艺和设备进行技术改造。（财政部牵头，国家发展改革委、工业和信息化部、国土资源部、环境保护部、水利部、农业部等参与）

完善激励政策。各地要采取有效措施，激励相关企业参与土壤污染治理与修复。研究制定扶持有机肥生产、废弃农膜综合利用、农药包装废弃物回收处理等企业的激励政策。在农药、化肥等行业，开展环保领跑者制度试点。（财政部牵头，国家发展改革委、工业和信息化部、国土资源部、环境保护部、住房城乡建设部、

农业部、税务总局、供销合作总社等参与）

建设综合防治先行区。2016年底前，在浙江省台州市、湖北省黄石市、湖南省常德市、广东省韶关市、广西壮族自治区河池市和贵州省铜仁市启动土壤污染综合防治先行区建设，重点在土壤污染源头预防、风险管控、治理与修复、监管能力建设等方面进行探索，力争到2020年先行区土壤环境质量得到明显改善。有关地方人民政府要编制先行区建设方案，按程序报环境保护部、财政部备案。京津冀、长三角、珠三角等地区可因地制宜开展先行区建设。（环境保护部、财政部牵头，国家发展改革委、国土资源部、住房城乡建设部、农业部、国家林业局等参与）

（二十九）发挥市场作用。通过政府和社会资本合作（PPP）模式，发挥财政资金撬动功能，带动更多社会资本参与土壤污染防治。加大政府购买服务力度，推动受污染耕地和以政府为责任主体的污染地块治理与修复。积极发展绿色金融，发挥政策性和开发性金融机构引导作用，为重大土壤污染防治项目提供支持。鼓励符合条件的土壤污染治理与修复企业发行股票。探索通过发行债券推进土壤污染治理与修复，在土壤污染综合防治先行区开展试点。有序开展重点行业企业环境污染强制责任保险试点。（国家发展改革委、环境保护部牵头，财政部、人民银行、银监会、证监会、保监会等参与）

（三十）加强社会监督。推进信息公开。根据土壤环境质量监测和调查结果，适时发布全国土壤环境状况。各省（区、市）人民政府定期公布本行政区域各地级市（州、盟）土壤环境状况。重点行业企业要依据有关规定，向社会公开其产生的污染物名称、排放方式、排放浓度、排放总量，以及污染防治设施建设和运行情况。（环境保护部牵头，国土资源部、住房城乡建设部、农业部等参与）

引导公众参与。实行有奖举报，鼓励公众通过“12369”环保举报热线、信函、电子邮件、政府网站、微信平台等途径，对乱排废水、废气，乱倒废渣、污泥等污染土壤的环境违法行为进行监督。有条件的地方可根据需要聘请环境保护义务监督员，参与现场环境执法、土壤污染事件调查处理等。鼓励种粮大户、家庭农场、农民合作社以及民间环境保护机构参与土壤污染防治工作。（环境保护部牵头，国土资源部、住房城乡建设部、农业部等参与）

推动公益诉讼。鼓励依法对污染土壤等环境违法行为提起公益诉讼。开展检察机关提起公益诉讼改革试点的地区，检察机关可以以公益诉讼人的身份，对污染土壤等损害社会公共利益的行为提起民事公益诉讼；也可以对负有土壤污染防治职责的行政机关，因违法行使职权或者不作为造成国家和社会公共利益受到侵害的行为提起行政公益诉讼。地方各级人民政府和有关部门应当积极配合司法机关的相关案件办理工作和检察机关的监督工作。（最高人民检察院、最高人民法院牵头，国土资源部、环境保护部、住房城乡建设部、水利部、农业部、国家林业局等参与）

（三十一）开展宣传教育。制定土壤环境保护宣传教育工作方案。制作挂图、视频，出版科普读物，利用互联网、数字化放映平台等手段，结合世界地球日、世界环境日、世界土壤日、世界粮食日、全国土地日等主题宣传活动，普及土壤污染防治相关知识，加强法律法规政策宣传解读，营造保护土壤环境的良好社会氛围，推动形成绿色发展方式和生活方式。把土壤环境保护宣传教育融入党政机关、学校、工厂、社区、农村等的环境宣传和培训工作。鼓励支持有条件的高等学校开设土壤环境专门课程。（环境保护部牵头，中央宣传部、教育部、国土资源部、住房城乡建设部、农业部、新闻出版广电总局、国家网信办、国家粮食局、中国科协等参与）

十、加强目标考核，严格责任追究

（三十二）明确地方政府主体责任。地方各级人民政府是实施本行动计划的主体，要于 2016 年底前分别制定并公布土壤污染防治工作方案，确定重点任务和工作目标。要加强组织领导，完善政策措施，加大资金投入，创新投融资模式，强化监督管理，抓好工作落实。各省（区、市）工作方案报国务院备案。（环境保护部牵头，国家发展改革委、财政部、国土资源部、住房城乡建设部、农业部等参与）

（三十三）加强部门协调联动。建立全国土壤污染防治工作协调机制，定期研究解决重大问题。各有关部门要按照职责分工，协同做好土壤污染防治工作。环境保护部要抓好统筹协调，加强督促检查，每年 2 月底前将上年度工作进展情况向国务院报告。（环境保护部牵头，国家发展改革委、科技部、工业和信息化部、财政部、国土资源部、住房城乡建设部、水利部、农业部、国家林业局等参与）

（三十四）落实企业责任。有关企业要加强内部管理，将土壤污染防治纳入环境风险防控体系，严格依法依规建设和运营污染治理设施，确保重点污染物稳定达标排放。造成土壤污染的，应承担损害评估、治理与修复的法律责任。逐步建立土壤污染治理与修复企业行业自律机制。国有企业特别是中央企业要带头落实。（环境保护部牵头，工业和信息化部、国务院国资委等参与）

（三十五）严格评估考核。实行目标责任制。2016年底前，国务院与各省（区、市）人民政府签订土壤污染防治目标责任书，分解落实目标任务。分年度对各省（区、市）重点工作进展情况进行评估，2020年对本行动计划实施情况进行考核，评估和考核结果作为对领导班子和领导干部综合考核评价、自然资源资产离任审计的重要依据。（环境保护部牵头，中央组织部、审计署参与）

评估和考核结果作为土壤污染防治专项资金分配的重要参考依据。（财政部牵头，环境保护部参与）

对年度评估结果较差或未通过考核的省（区、市），要提出限期整改意见，整改完成前，对有关地区实施建设项目环评限批；整改不到位的，要约谈有关省级人民政府及其相关部门负责人。对土壤环境问题突出、区域土壤环境质量明显下降、防治工作不力、群众反映强烈的地区，要约谈有关地市级人民政府和省级人民政府相关部门主要负责人。对失职渎职、弄虚作假的，区分情节轻重，予以诫勉、责令公开道歉、组织处理或党纪政纪处分；对构成犯罪的，要依法追究刑事责任，已经调离、提拔或者退休的，也要终身追究责任。（环境保护部牵头，中央组织部、监察部参与）

我国正处于全面建成小康社会决胜阶段，提高环境质量是人民群众的热切期盼，土壤污染防治任务艰巨。各地区、各有关部门要认清形势，坚定信心，狠抓落实，切实加强污染治理和生态保护，如期实现全国土壤污染防治目标，确保生态环境质量得到改善、各类自然生态系统安全稳定，为建设美丽中国、实现“两个一百年”奋斗目标和中华民族伟大复兴的中国梦作出贡献。

附 3：中华人民共和国土壤污染防治法

中华人民共和国土壤污染防治法

（2018 年 8 月 31 日第十三届全国人民代表大会常务委员会第五次会议通过）

目　　录

第一章　总　　则

第一条　为了保护和改善生态环境，防治土壤污染，保障公众健康，推动土壤资源永续利用，推进生态文明建设，促进经济社会可持续发展，制定本法。

第二条　在中华人民共和国领域及管辖的其他海域从事土壤污染防治及相关活动，适用本法。

本法所称土壤污染，是指因人为因素导致某种物质进入陆地表层土壤，引起土壤化学、物理、生物等方面特性的改变，影响土壤功能和有效利用，危害公众健康或者破坏生态环境的现象。

第三条　土壤污染防治应当坚持预防为主、保护优先、分类管理、风险管控、污染担责、公众参与的原则。

第四条　任何组织和个人都有保护土壤、防止土壤污染的义务。

土地使用权人从事土地开发利用活动，企业事业单位和其他生产经营者从事生产经营活动，应当采取有效措施，防止、减少土壤污染，对所造成的土壤污染依法承担责任。

第五条 地方各级人民政府应当对本行政区域土壤污染防治和安全利用负责。

国家实行土壤污染防治目标责任制和考核评价制度，将土壤污染防治目标完成情况作为考核评价地方各级人民政府及其负责人、县级以上人民政府负有土壤污染防治监督管理职责的部门及其负责人的内容。

第六条 各级人民政府应当加强对土壤污染防治工作的领导，组织、协调、督促有关部门依法履行土壤污染防治监督管理职责。

第七条 国务院生态环境主管部门对全国土壤污染防治工作实施统一监督管理；国务院农业农村、自然资源、住房城乡建设、林业草原等主管部门在各自职责范围内对土壤污染防治工作实施监督管理。

地方人民政府生态环境主管部门对本行政区域土壤污染防治工作实施统一监督管理；地方人民政府农业农村、自然资源、住房城乡建设、林业草原等主管部门在各自职责范围内对土壤污染防治工作实施监督管理。

第八条 国家建立土壤环境信息共享机制。

国务院生态环境主管部门应当会同国务院农业农村、自然资源、住房城乡建设、水利、卫生健康、林业草原等主管部门建立土壤环境基础数据库，构建全国土壤环境信息平台，实行数据动态更新和信息共享。

第九条 国家支持土壤污染风险管控和修复、监测等污染防治科学技术研究开发、成果转化和推广应用，鼓励土壤污染防治产业发展，加强土壤污染防治专业技术人才培养，促进土壤污染防治科学技术进步。

国家支持土壤污染防治国际交流与合作。

第十条 各级人民政府及其有关部门、基层群众性自治组织和新闻媒体应当加强土壤污染防治宣传教育和科学普及，增强公众土壤污染防治意识，引导公众依法参与土壤污染防治工作。

第二章 规划、标准、普查和监测

第十一条 县级以上人民政府应当将土壤污染防治工作纳入国民经济和社会

发展规划、环境保护规划。

设区的市级以上地方人民政府生态环境主管部门应当会同发展改革、农业农村、自然资源、住房城乡建设、林业草原等主管部门，根据环境保护规划要求、土地用途、土壤污染状况普查和监测结果等，编制土壤污染防治规划，报本级人民政府批准后公布实施。

第十二条　国务院生态环境主管部门根据土壤污染状况、公众健康风险、生态风险和科学技术水平，并按照土地用途，制定国家土壤污染风险管控标准，加强土壤污染防治标准体系建设。

省级人民政府对国家土壤污染风险管控标准中未作规定的项目，可以制定地方土壤污染风险管控标准；对国家土壤污染风险管控标准中已作规定的项目，可以制定严于国家土壤污染风险管控标准的地方土壤污染风险管控标准。地方土壤污染风险管控标准应当报国务院生态环境主管部门备案。

土壤污染风险管控标准是强制性标准。

国家支持对土壤环境背景值和环境基准的研究。

第十三条　制定土壤污染风险管控标准，应当组织专家进行审查和论证，并征求有关部门、行业协会、企业事业单位和公众等方面的意见。

土壤污染风险管控标准的执行情况应当定期评估，并根据评估结果对标准适时修订。

省级以上人民政府生态环境主管部门应当在其网站上公布土壤污染风险管控标准，供公众免费查阅、下载。

第十四条　国务院统一领导全国土壤污染状况普查。国务院生态环境主管部门会同国务院农业农村、自然资源、住房城乡建设、林业草原等主管部门，每十年至少组织开展一次全国土壤污染状况普查。

国务院有关部门、设区的市级以上地方人民政府可以根据本行业、本行政区域实际情况组织开展土壤污染状况详查。

第十五条　国家实行土壤环境监测制度。

国务院生态环境主管部门制定土壤环境监测规范，会同国务院农业农村、自然资源、住房城乡建设、水利、卫生健康、林业草原等主管部门组织监测网络，统一规划国家土壤环境监测站（点）的设置。

第十六条 地方人民政府农业农村、林业草原主管部门应当会同生态环境、自然资源主管部门对下列农用地地块进行重点监测：

（一）产出的农产品污染物含量超标的；

（二）作为或者曾作为污水灌溉区的；

（三）用于或者曾用于规模化养殖，固体废物堆放、填埋的；

（四）曾作为工矿用地或者发生过重大、特大污染事故的；

（五）有毒有害物质生产、贮存、利用、处置设施周边的；

（六）国务院农业农村、林业草原、生态环境、自然资源主管部门规定的其他情形。

第十七条 地方人民政府生态环境主管部门应当会同自然资源主管部门对下列建设用地地块进行重点监测：

（一）曾用于生产、使用、贮存、回收、处置有毒有害物质的；

（二）曾用于固体废物堆放、填埋的；

（三）曾发生过重大、特大污染事故的；

（四）国务院生态环境、自然资源主管部门规定的其他情形。

第三章 预防和保护

第十八条 各类涉及土地利用的规划和可能造成土壤污染的建设项目，应当依法进行环境影响评价。环境影响评价文件应当包括对土壤可能造成的不良影响及应当采取的相应预防措施等内容。

第十九条 生产、使用、贮存、运输、回收、处置、排放有毒有害物质的单位和个人，应当采取有效措施，防止有毒有害物质渗漏、流失、扬散，避免土壤受到污染。

第二十条 国务院生态环境主管部门应当会同国务院卫生健康等主管部门，根据对公众健康、生态环境的危害和影响程度，对土壤中有毒有害物质进行筛查评估，公布重点控制的土壤有毒有害物质名录，并适时更新。

第二十一条 设区的市级以上地方人民政府生态环境主管部门应当按照国务院生态环境主管部门的规定，根据有毒有害物质排放等情况，制定本行政区域土壤污染重点监管单位名录，向社会公开并适时更新。

土壤污染重点监管单位应当履行下列义务：

（一）严格控制有毒有害物质排放，并按年度向生态环境主管部门报告排放情况；

（二）建立土壤污染隐患排查制度，保证持续有效防止有毒有害物质渗漏、流失、扬散；

（三）制定、实施自行监测方案，并将监测数据报生态环境主管部门。

前款规定的义务应当在排污许可证中载明。

土壤污染重点监管单位应当对监测数据的真实性和准确性负责。生态环境主管部门发现土壤污染重点监管单位监测数据异常，应当及时进行调查。

设区的市级以上地方人民政府生态环境主管部门应当定期对土壤污染重点监管单位周边土壤进行监测。

第二十二条 企业事业单位拆除设施、设备或者建筑物、构筑物的，应当采取相应的土壤污染防治措施。

土壤污染重点监管单位拆除设施、设备或者建筑物、构筑物的，应当制定包括应急措施在内的土壤污染防治工作方案，报地方人民政府生态环境、工业和信息化主管部门备案并实施。

第二十三条 各级人民政府生态环境、自然资源主管部门应当依法加强对矿产资源开发区域土壤污染防治的监督管理，按照相关标准和总量控制的要求，严格控制可能造成土壤污染的重点污染物排放。

尾矿库运营、管理单位应当按照规定，加强尾矿库的安全管理，采取措施防止土壤污染。危库、险库、病库以及其他需要重点监管的尾矿库的运营、管理单位应当按照规定，进行土壤污染状况监测和定期评估。

第二十四条 国家鼓励在建筑、通信、电力、交通、水利等领域的信息、网络、防雷、接地等建设工程中采用新技术、新材料，防止土壤污染。

禁止在土壤中使用重金属含量超标的降阻产品。

第二十五条 建设和运行污水集中处理设施、固体废物处置设施，应当依照法律法规和相关标准的要求，采取措施防止土壤污染。

地方人民政府生态环境主管部门应当定期对污水集中处理设施、固体废物处置设施周边土壤进行监测；对不符合法律法规和相关标准要求的，应当根据监测结果，要求污水集中处理设施、固体废物处置设施运营单位采取相应改进措施。

地方各级人民政府应当统筹规划、建设城乡生活污水和生活垃圾处理、处置设施，并保障其正常运行，防止土壤污染。

第二十六条 国务院农业农村、林业草原主管部门应当制定规划，完善相关标准和措施，加强农用地农药、化肥使用指导和使用总量控制，加强农用薄膜使用控制。

国务院农业农村主管部门应当加强农药、肥料登记，组织开展农药、肥料对土壤环境影响的安全性评价。

制定农药、兽药、肥料、饲料、农用薄膜等农业投入品及其包装物标准和农田灌溉用水水质标准，应当适应土壤污染防治的要求。

第二十七条 地方人民政府农业农村、林业草原主管部门应当开展农用地土壤污染防治宣传和技术培训活动，扶持农业生产专业化服务，指导农业生产者合理使用农药、兽药、肥料、饲料、农用薄膜等农业投入品，控制农药、兽药、化肥等的使用量。

地方人民政府农业农村主管部门应当鼓励农业生产者采取有利于防止土壤污染的种养结合、轮作休耕等农业耕作措施；支持采取土壤改良、土壤肥力提升等有利于土壤养护和培育的措施；支持畜禽粪便处理、利用设施的建设。

第二十八条 禁止向农用地排放重金属或者其他有毒有害物质含量超标的污水、污泥，以及可能造成土壤污染的清淤底泥、尾矿、矿渣等。

县级以上人民政府有关部门应当加强对畜禽粪便、沼渣、沼液等收集、贮存、利用、处置的监督管理，防止土壤污染。

农田灌溉用水应当符合相应的水质标准，防止土壤、地下水和农产品污染。地方人民政府生态环境主管部门应当会同农业农村、水利主管部门加强对农田灌溉用水水质的管理，对农田灌溉用水水质进行监测和监督检查。

第二十九条 国家鼓励和支持农业生产者采取下列措施：

（一）使用低毒、低残留农药以及先进喷施技术；

（二）使用符合标准的有机肥、高效肥；

（三）采用测土配方施肥技术、生物防治等病虫害绿色防控技术；

（四）使用生物可降解农用薄膜；

（五）综合利用秸秆、移出高富集污染物秸秆；

（六）按照规定对酸性土壤等进行改良。

第三十条 禁止生产、销售、使用国家明令禁止的农业投入品。

农业投入品生产者、销售者和使用者应当及时回收农药、肥料等农业投入品的包装废弃物和农用薄膜，并将农药包装废弃物交由专门的机构或者组织进行无害化处理。具体办法由国务院农业农村主管部门会同国务院生态环境等主管部门制定。

国家采取措施，鼓励、支持单位和个人回收农业投入品包装废弃物和农用薄膜。

第三十一条 国家加强对未污染土壤的保护。

地方各级人民政府应当重点保护未污染的耕地、林地、草地和饮用水水源地。

各级人民政府应当加强对国家公园等自然保护地的保护，维护其生态功能。

对未利用地应当予以保护，不得污染和破坏。

第三十二条 县级以上地方人民政府及其有关部门应当按照土地利用总体规划和城乡规划，严格执行相关行业企业布局选址要求，禁止在居民区和学校、医院、疗养院、养老院等单位周边新建、改建、扩建可能造成土壤污染的建设项目。

第三十三条 国家加强对土壤资源的保护和合理利用。对开发建设过程中剥离的表土，应当单独收集和存放，符合条件的应当优先用于土地复垦、土壤改良、造地和绿化等。

禁止将重金属或者其他有毒有害物质含量超标的工业固体废物、生活垃圾或者污染土壤用于土地复垦。

第三十四条 因科学研究等特殊原因，需要进口土壤的，应当遵守国家出入境检验检疫的有关规定。

第四章 风险管控和修复

第一节 一般规定

第三十五条 土壤污染风险管控和修复，包括土壤污染状况调查和土壤污染风险评估、风险管控、修复、风险管控效果评估、修复效果评估、后期管理等活动。

第三十六条 实施土壤污染状况调查活动，应当编制土壤污染状况调查报告。

土壤污染状况调查报告应当主要包括地块基本信息、污染物含量是否超过土壤污染风险管控标准等内容。污染物含量超过土壤污染风险管控标准的，土壤污染状况调查报告还应当包括污染类型、污染来源以及地下水是否受到污染等内容。

第三十七条 实施土壤污染风险评估活动，应当编制土壤污染风险评估报告。

土壤污染风险评估报告应当主要包括下列内容：

（一）主要污染物状况；

（二）土壤及地下水污染范围；

（三）农产品质量安全风险、公众健康风险或者生态风险；

（四）风险管控、修复的目标和基本要求等。

第三十八条 实施风险管控、修复活动，应当因地制宜、科学合理，提高针对性和有效性。

实施风险管控、修复活动，不得对土壤和周边环境造成新的污染。

第三十九条 实施风险管控、修复活动前，地方人民政府有关部门有权根据实际情况，要求土壤污染责任人、土地使用权人采取移除污染源、防止污染扩散等措施。

第四十条 实施风险管控、修复活动中产生的废水、废气和固体废物，应当按照规定进行处理、处置，并达到相关环境保护标准。

实施风险管控、修复活动中产生的固体废物以及拆除的设施、设备或者建筑物、构筑物属于危险废物的，应当依照法律法规和相关标准的要求进行处置。

修复施工期间，应当设立公告牌，公开相关情况和环境保护措施。

第四十一条 修复施工单位转运污染土壤的，应当制定转运计划，将运输时间、方式、线路和污染土壤数量、去向、最终处置措施等，提前报所在地和接收地生态环境主管部门。

转运的污染土壤属于危险废物的，修复施工单位应当依照法律法规和相关标准的要求进行处置。

第四十二条 实施风险管控效果评估、修复效果评估活动，应当编制效果评估报告。

效果评估报告应当主要包括是否达到土壤污染风险评估报告确定的风险管控、修复目标等内容。

风险管控、修复活动完成后，需要实施后期管理的，土壤污染责任人应当按照要求实施后期管理。

第四十三条 从事土壤污染状况调查和土壤污染风险评估、风险管控、修复、风险管控效果评估、修复效果评估、后期管理等活动的单位，应当具备相应的专业能力。

受委托从事前款活动的单位对其出具的调查报告、风险评估报告、风险管控效果评估报告、修复效果评估报告的真实性、准确性、完整性负责，并按照约定对风险管控、修复、后期管理等活动结果负责。

第四十四条 发生突发事件可能造成土壤污染的，地方人民政府及其有关部门和相关企业事业单位以及其他生产经营者应当立即采取应急措施，防止土壤污染，并依照本法规定做好土壤污染状况监测、调查和土壤污染风险评估、风险管控、修复等工作。

第四十五条 土壤污染责任人负有实施土壤污染风险管控和修复的义务。土壤污染责任人无法认定的，土地使用权人应当实施土壤污染风险管控和修复。

地方人民政府及其有关部门可以根据实际情况组织实施土壤污染风险管控和修复。

国家鼓励和支持有关当事人自愿实施土壤污染风险管控和修复。

第四十六条 因实施或者组织实施土壤污染状况调查和土壤污染风险评估、风险管控、修复、风险管控效果评估、修复效果评估、后期管理等活动所支出的费用，由土壤污染责任人承担。

第四十七条 土壤污染责任人变更的，由变更后承继其债权、债务的单位或者个人履行相关土壤污染风险管控和修复义务并承担相关费用。

第四十八条 土壤污染责任人不明确或者存在争议的，农用地由地方人民政府农业农村、林业草原主管部门会同生态环境、自然资源主管部门认定，建设用地由地方人民政府生态环境主管部门会同自然资源主管部门认定。认定办法由国务院生态环境主管部门会同有关部门制定。

第二节　农用地

第四十九条　国家建立农用地分类管理制度。按照土壤污染程度和相关标准，将农用地划分为优先保护类、安全利用类和严格管控类。

第五十条　县级以上地方人民政府应当依法将符合条件的优先保护类耕地划为永久基本农田，实行严格保护。

在永久基本农田集中区域，不得新建可能造成土壤污染的建设项目；已经建成的，应当限期关闭拆除。

第五十一条　未利用地、复垦土地等拟开垦为耕地的，地方人民政府农业农村主管部门应当会同生态环境、自然资源主管部门进行土壤污染状况调查，依法进行分类管理。

第五十二条　对土壤污染状况普查、详查和监测、现场检查表明有土壤污染风险的农用地地块，地方人民政府农业农村、林业草原主管部门应当会同生态环境、自然资源主管部门进行土壤污染状况调查。

对土壤污染状况调查表明污染物含量超过土壤污染风险管控标准的农用地地块，地方人民政府农业农村、林业草原主管部门应当会同生态环境、自然资源主管部门组织进行土壤污染风险评估，并按照农用地分类管理制度管理。

第五十三条　对安全利用类农用地地块，地方人民政府农业农村、林业草原主管部门，应当结合主要作物品种和种植习惯等情况，制定并实施安全利用方案。

安全利用方案应当包括下列内容：

（一）农艺调控、替代种植；

（二）定期开展土壤和农产品协同监测与评价；

（三）对农民、农民专业合作社及其他农业生产经营主体进行技术指导和培训；

（四）其他风险管控措施。

第五十四条　对严格管控类农用地地块，地方人民政府农业农村、林业草原主管部门应当采取下列风险管控措施：

（一）提出划定特定农产品禁止生产区域的建议，报本级人民政府批准后实施；

（二）按照规定开展土壤和农产品协同监测与评价；

（三）对农民、农民专业合作社及其他农业生产经营主体进行技术指导和培训；

（四）其他风险管控措施。

各级人民政府及其有关部门应当鼓励对严格管控类农用地采取调整种植结构、退耕还林还草、退耕还湿、轮作休耕、轮牧休牧等风险管控措施，并给予相应的政策支持。

第五十五条 安全利用类和严格管控类农用地地块的土壤污染影响或者可能影响地下水、饮用水水源安全的，地方人民政府生态环境主管部门应当会同农业农村、林业草原等主管部门制定防治污染的方案，并采取相应的措施。

第五十六条 对安全利用类和严格管控类农用地地块，土壤污染责任人应当按照国家有关规定以及土壤污染风险评估报告的要求，采取相应的风险管控措施，并定期向地方人民政府农业农村、林业草原主管部门报告。

第五十七条 对产出的农产品污染物含量超标，需要实施修复的农用地地块，土壤污染责任人应当编制修复方案，报地方人民政府农业农村、林业草原主管部门备案并实施。修复方案应当包括地下水污染防治的内容。

修复活动应当优先采取不影响农业生产、不降低土壤生产功能的生物修复措施，阻断或者减少污染物进入农作物食用部分，确保农产品质量安全。

风险管控、修复活动完成后，土壤污染责任人应当另行委托有关单位对风险管控效果、修复效果进行评估，并将效果评估报告报地方人民政府农业农村、林业草原主管部门备案。

农村集体经济组织及其成员、农民专业合作社及其他农业生产经营主体等负有协助实施土壤污染风险管控和修复的义务。

第三节 建设用地

第五十八条 国家实行建设用地土壤污染风险管控和修复名录制度。

建设用地土壤污染风险管控和修复名录由省级人民政府生态环境主管部门会同自然资源等主管部门制定，按照规定向社会公开，并根据风险管控、修复情况适时更新。

第五十九条 对土壤污染状况普查、详查和监测、现场检查表明有土壤污染风险的建设用地地块，地方人民政府生态环境主管部门应当要求土地使用权人按照规定进行土壤污染状况调查。

用途变更为住宅、公共管理与公共服务用地的，变更前应当按照规定进行土壤污染状况调查。

前两款规定的土壤污染状况调查报告应当报地方人民政府生态环境主管部门，由地方人民政府生态环境主管部门会同自然资源主管部门组织评审。

第六十条 对土壤污染状况调查报告评审表明污染物含量超过土壤污染风险管控标准的建设用地地块，土壤污染责任人、土地使用权人应当按照国务院生态环境主管部门的规定进行土壤污染风险评估，并将土壤污染风险评估报告报省级人民政府生态环境主管部门。

第六十一条 省级人民政府生态环境主管部门应当会同自然资源等主管部门按照国务院生态环境主管部门的规定，对土壤污染风险评估报告组织评审，及时将需要实施风险管控、修复的地块纳入建设用地土壤污染风险管控和修复名录，并定期向国务院生态环境主管部门报告。

列入建设用地土壤污染风险管控和修复名录的地块，不得作为住宅、公共管理与公共服务用地。

第六十二条 对建设用地土壤污染风险管控和修复名录中的地块，土壤污染责任人应当按照国家有关规定以及土壤污染风险评估报告的要求，采取相应的风险管控措施，并定期向地方人民政府生态环境主管部门报告。风险管控措施应当包括地下水污染防治的内容。

第六十三条 对建设用地土壤污染风险管控和修复名录中的地块，地方人民政府生态环境主管部门可以根据实际情况采取下列风险管控措施：

（一）提出划定隔离区域的建议，报本级人民政府批准后实施；

（二）进行土壤及地下水污染状况监测；

（三）其他风险管控措施。

第六十四条 对建设用地土壤污染风险管控和修复名录中需要实施修复的地块，土壤污染责任人应当结合土地利用总体规划和城乡规划编制修复方案，报地方人民政府生态环境主管部门备案并实施。修复方案应当包括地下水污染防治的内容。

第六十五条 风险管控、修复活动完成后，土壤污染责任人应当另行委托有关单位对风险管控效果、修复效果进行评估，并将效果评估报告报地方人民政府生态环境主管部门备案。

第六十六条 对达到土壤污染风险评估报告确定的风险管控、修复目标的建设用地地块，土壤污染责任人、土地使用权人可以申请省级人民政府生态环境主管部门移出建设用地土壤污染风险管控和修复名录。

省级人民政府生态环境主管部门应当会同自然资源等主管部门对风险管控效果评估报告、修复效果评估报告组织评审，及时将达到土壤污染风险评估报告确定的风险管控、修复目标且可以安全利用的地块移出建设用地土壤污染风险管控和修复名录，按照规定向社会公开，并定期向国务院生态环境主管部门报告。

未达到土壤污染风险评估报告确定的风险管控、修复目标的建设用地地块，禁止开工建设任何与风险管控、修复无关的项目。

第六十七条 土壤污染重点监管单位生产经营用地的用途变更或者在其土地使用权收回、转让前，应当由土地使用权人按照规定进行土壤污染状况调查。土壤污染状况调查报告应当作为不动产登记资料送交地方人民政府不动产登记机构，并报地方人民政府生态环境主管部门备案。

第六十八条 土地使用权已经被地方人民政府收回，土壤污染责任人为原土地使用权人的，由地方人民政府组织实施土壤污染风险管控和修复。

第五章 保障和监督

第六十九条 国家采取有利于土壤污染防治的财政、税收、价格、金融等经济政策和措施。

第七十条 各级人民政府应当加强对土壤污染的防治，安排必要的资金用于下列事项：

（一）土壤污染防治的科学技术研究开发、示范工程和项目；

（二）各级人民政府及其有关部门组织实施的土壤污染状况普查、监测、调查和土壤污染责任人认定、风险评估、风险管控、修复等活动；

（三）各级人民政府及其有关部门对涉及土壤污染的突发事件的应急处置；

（四）各级人民政府规定的涉及土壤污染防治的其他事项。

使用资金应当加强绩效管理和审计监督，确保资金使用效益。

第七十一条 国家加大土壤污染防治资金投入力度，建立土壤污染防治基金制度。设立中央土壤污染防治专项资金和省级土壤污染防治基金，主要用于农用地土壤污染防治和土壤污染责任人或者土地使用权人无法认定的土壤污染风险管控和修复以及政府规定的其他事项。

对本法实施之前产生的，并且土壤污染责任人无法认定的污染地块，土地使用权人实际承担土壤污染风险管控和修复的，可以申请土壤污染防治基金，集中用于土壤污染风险管控和修复。

土壤污染防治基金的具体管理办法，由国务院财政主管部门会同国务院生态环境、农业农村、自然资源、住房城乡建设、林业草原等主管部门制定。

第七十二条 国家鼓励金融机构加大对土壤污染风险管控和修复项目的信贷投放。

国家鼓励金融机构在办理土地权利抵押业务时开展土壤污染状况调查。

第七十三条 从事土壤污染风险管控和修复的单位依照法律、行政法规的规定，享受税收优惠。

第七十四条 国家鼓励并提倡社会各界为防治土壤污染捐赠财产，并依照法律、行政法规的规定，给予税收优惠。

第七十五条 县级以上人民政府应当将土壤污染防治情况纳入环境状况和环境保护目标完成情况年度报告，向本级人民代表大会或者人民代表大会常务委员会报告。

第七十六条 省级以上人民政府生态环境主管部门应当会同有关部门对土壤污染问题突出、防治工作不力、群众反映强烈的地区，约谈设区的市级以上地方人民政府及其有关部门主要负责人，要求其采取措施及时整改。约谈整改情况应当向社会公开。

第七十七条 生态环境主管部门及其环境执法机构和其他负有土壤污染防治监督管理职责的部门，有权对从事可能造成土壤污染活动的企业事业单位和其他生产经营者进行现场检查、取样，要求被检查者提供有关资料、就有关问题作出说明。

被检查者应当配合检查工作，如实反映情况，提供必要的资料。

实施现场检查的部门、机构及其工作人员应当为被检查者保守商业秘密。

第七十八条　企业事业单位和其他生产经营者违反法律法规规定排放有毒有害物质，造成或者可能造成严重土壤污染的，或者有关证据可能灭失或者被隐匿的，生态环境主管部门和其他负有土壤污染防治监督管理职责的部门，可以查封、扣押有关设施、设备、物品。

第七十九条　地方人民政府安全生产监督管理部门应当监督尾矿库运营、管理单位履行防治土壤污染的法定义务，防止其发生可能污染土壤的事故；地方人民政府生态环境主管部门应当加强对尾矿库土壤污染防治情况的监督检查和定期评估，发现风险隐患的，及时督促尾矿库运营、管理单位采取相应措施。

地方人民政府及其有关部门应当依法加强对向沙漠、滩涂、盐碱地、沼泽地等未利用地非法排放有毒有害物质等行为的监督检查。

第八十条　省级以上人民政府生态环境主管部门和其他负有土壤污染防治监督管理职责的部门应当将从事土壤污染状况调查和土壤污染风险评估、风险管控、修复、风险管控效果评估、修复效果评估、后期管理等活动的单位和个人的执业情况，纳入信用系统建立信用记录，将违法信息记入社会诚信档案，并纳入全国信用信息共享平台和国家企业信用信息公示系统向社会公布。

第八十一条　生态环境主管部门和其他负有土壤污染防治监督管理职责的部门应当依法公开土壤污染状况和防治信息。

国务院生态环境主管部门负责统一发布全国土壤环境信息；省级人民政府生态环境主管部门负责统一发布本行政区域土壤环境信息。生态环境主管部门应当将涉及主要食用农产品生产区域的重大土壤环境信息，及时通报同级农业农村、卫生健康和食品安全主管部门。

公民、法人和其他组织享有依法获取土壤污染状况和防治信息、参与和监督土壤污染防治的权利。

第八十二条　土壤污染状况普查报告、监测数据、调查报告和土壤污染风险评估报告、风险管控效果评估报告、修复效果评估报告等，应当及时上传全国土壤环境信息平台。

第八十三条　新闻媒体对违反土壤污染防治法律法规的行为享有舆论监督的权利，受监督的单位和个人不得打击报复。

第八十四条 任何组织和个人对污染土壤的行为，均有向生态环境主管部门和其他负有土壤污染防治监督管理职责的部门报告或者举报的权利。

生态环境主管部门和其他负有土壤污染防治监督管理职责的部门应当将土壤污染防治举报方式向社会公布，方便公众举报。

接到举报的部门应当及时处理并对举报人的相关信息予以保密；对实名举报并查证属实的，给予奖励。

举报人举报所在单位的，该单位不得以解除、变更劳动合同或者其他方式对举报人进行打击报复。

第六章 法律责任

第八十五条 地方各级人民政府、生态环境主管部门或者其他负有土壤污染防治监督管理职责的部门未依照本法规定履行职责的，对直接负责的主管人员和其他直接责任人员依法给予处分。

依照本法规定应当作出行政处罚决定而未作出的，上级主管部门可以直接作出行政处罚决定。

第八十六条 违反本法规定，有下列行为之一的，由地方人民政府生态环境主管部门或者其他负有土壤污染防治监督管理职责的部门责令改正，处以罚款；拒不改正的，责令停产整治：

（一）土壤污染重点监管单位未制定、实施自行监测方案，或者未将监测数据报生态环境主管部门的；

（二）土壤污染重点监管单位篡改、伪造监测数据的；

（三）土壤污染重点监管单位未按年度报告有毒有害物质排放情况，或者未建立土壤污染隐患排查制度的；

（四）拆除设施、设备或者建筑物、构筑物，企业事业单位未采取相应的土壤污染防治措施或者土壤污染重点监管单位未制定、实施土壤污染防治工作方案的；

（五）尾矿库运营、管理单位未按照规定采取措施防止土壤污染的；

（六）尾矿库运营、管理单位未按照规定进行土壤污染状况监测的；

（七）建设和运行污水集中处理设施、固体废物处置设施，未依照法律法规和相关标准的要求采取措施防止土壤污染的。

有前款规定行为之一的，处二万元以上二十万元以下的罚款；有前款第二项、第四项、第五项、第七项规定行为之一，造成严重后果的，处二十万元以上二百万元以下的罚款。

第八十七条 违反本法规定，向农用地排放重金属或者其他有毒有害物质含量超标的污水、污泥，以及可能造成土壤污染的清淤底泥、尾矿、矿渣等的，由地方人民政府生态环境主管部门责令改正，处十万元以上五十万元以下的罚款；情节严重的，处五十万元以上二百万元以下的罚款，并可以将案件移送公安机关，对直接负责的主管人员和其他直接责任人员处五日以上十五日以下的拘留；有违法所得的，没收违法所得。

第八十八条 违反本法规定，农业投入品生产者、销售者、使用者未按照规定及时回收肥料等农业投入品的包装废弃物或者农用薄膜，或者未按照规定及时回收农药包装废弃物交由专门的机构或者组织进行无害化处理的，由地方人民政府农业农村主管部门责令改正，处一万元以上十万元以下的罚款；农业投入品使用者为个人的，可以处二百元以上二千元以下的罚款。

第八十九条 违反本法规定，将重金属或者其他有毒有害物质含量超标的工业固体废物、生活垃圾或者污染土壤用于土地复垦的，由地方人民政府生态环境主管部门责令改正，处十万元以上一百万元以下的罚款；有违法所得的，没收违法所得。

第九十条 违反本法规定，受委托从事土壤污染状况调查和土壤污染风险评估、风险管控效果评估、修复效果评估活动的单位，出具虚假调查报告、风险评估报告、风险管控效果评估报告、修复效果评估报告的，由地方人民政府生态环境主管部门处十万元以上五十万元以下的罚款；情节严重的，禁止从事上述业务，并处五十万元以上一百万元以下的罚款；有违法所得的，没收违法所得。

前款规定的单位出具虚假报告的，由地方人民政府生态环境主管部门对直接负责的主管人员和其他直接责任人员处一万元以上五万元以下的罚款；情节严重的，十年内禁止从事前款规定的业务；构成犯罪的，终身禁止从事前款规定的业务。

本条第一款规定的单位和委托人恶意串通，出具虚假报告，造成他人人身或者财产损害的，还应当与委托人承担连带责任。

第九十一条　违反本法规定，有下列行为之一的，由地方人民政府生态环境主管部门责令改正，处十万元以上五十万元以下的罚款；情节严重的，处五十万元以上一百万元以下的罚款；有违法所得的，没收违法所得；对直接负责的主管人员和其他直接责任人员处五千元以上二万元以下的罚款：

（一）未单独收集、存放开发建设过程中剥离的表土的；

（二）实施风险管控、修复活动对土壤、周边环境造成新的污染的；

（三）转运污染土壤，未将运输时间、方式、线路和污染土壤数量、去向、最终处置措施等提前报所在地和接收地生态环境主管部门的；

（四）未达到土壤污染风险评估报告确定的风险管控、修复目标的建设用地地块，开工建设与风险管控、修复无关的项目的。

第九十二条　违反本法规定，土壤污染责任人或者土地使用权人未按照规定实施后期管理的，由地方人民政府生态环境主管部门或者其他负有土壤污染防治监督管理职责的部门责令改正，处一万元以上五万元以下的罚款；情节严重的，处五万元以上五十万元以下的罚款。

第九十三条　违反本法规定，被检查者拒不配合检查，或者在接受检查时弄虚作假的，由地方人民政府生态环境主管部门或者其他负有土壤污染防治监督管理职责的部门责令改正，处二万元以上二十万元以下的罚款；对直接负责的主管人员和其他直接责任人员处五千元以上二万元以下的罚款。

第九十四条　违反本法规定，土壤污染责任人或者土地使用权人有下列行为之一的，由地方人民政府生态环境主管部门或者其他负有土壤污染防治监督管理职责的部门责令改正，处二万元以上二十万元以下的罚款；拒不改正的，处二十万元以上一百万元以下的罚款，并委托他人代为履行，所需费用由土壤污染责任人或者土地使用权人承担；对直接负责的主管人员和其他直接责任人员处五千元以上二万元以下的罚款：

（一）未按照规定进行土壤污染状况调查的；

（二）未按照规定进行土壤污染风险评估的；

（三）未按照规定采取风险管控措施的；

（四）未按照规定实施修复的；

（五）风险管控、修复活动完成后，未另行委托有关单位对风险管控效果、修复效果进行评估的。

土壤污染责任人或者土地使用权人有前款第三项、第四项规定行为之一，情节严重的，地方人民政府生态环境主管部门或者其他负有土壤污染防治监督管理职责的部门可以将案件移送公安机关，对直接负责的主管人员和其他直接责任人员处五日以上十五日以下的拘留。

第九十五条 违反本法规定，有下列行为之一的，由地方人民政府有关部门责令改正；拒不改正的，处一万元以上五万元以下的罚款：

（一）土壤污染重点监管单位未按照规定将土壤污染防治工作方案报地方人民政府生态环境、工业和信息化主管部门备案的；

（二）土壤污染责任人或者土地使用权人未按照规定将修复方案、效果评估报告报地方人民政府生态环境、农业农村、林业草原主管部门备案的；

（三）土地使用权人未按照规定将土壤污染状况调查报告报地方人民政府生态环境主管部门备案的。

第九十六条 污染土壤造成他人人身或者财产损害的，应当依法承担侵权责任。

土壤污染责任人无法认定，土地使用权人未依照本法规定履行土壤污染风险管控和修复义务，造成他人人身或者财产损害的，应当依法承担侵权责任。

土壤污染引起的民事纠纷，当事人可以向地方人民政府生态环境等主管部门申请调解处理，也可以向人民法院提起诉讼。

第九十七条 污染土壤损害国家利益、社会公共利益的，有关机关和组织可以依照《中华人民共和国环境保护法》《中华人民共和国民事诉讼法》《中华人民共和国行政诉讼法》等法律的规定向人民法院提起诉讼。

第九十八条 违反本法规定，构成违反治安管理行为的，由公安机关依法给予治安管理处罚；构成犯罪的，依法追究刑事责任。

第七章　附　　则

第九十九条 本法自 2019 年 1 月 1 日起施行。

附 4：农用地土壤环境管理办法（试行）

农用地土壤环境管理办法（试行）

（2017 年 9 月 25 日环境保护部、农业部令第 46 号公布，自 2017 年 11 月 1 日起施行）

第一章　总　　则

第一条　为了加强农用地土壤环境保护监督管理，保护农用地土壤环境，管控农用地土壤环境风险，保障农产品质量安全，根据《中华人民共和国环境保护法》《中华人民共和国农产品质量安全法》等法律法规和《土壤污染防治行动计划》，制定本办法。

第二条　农用地土壤污染防治相关活动及其监督管理适用本办法。

前款所指的农用地土壤污染防治相关活动，是指对农用地开展的土壤污染预防、土壤污染状况调查、环境监测、环境质量类别划分、分类管理等活动。

本办法所称的农用地土壤环境质量类别划分和分类管理，主要适用于耕地。园地、草地、林地可参照本办法。

第三条　环境保护部对全国农用地土壤环境保护工作实施统一监督管理；县级以上地方环境保护主管部门对本行政区域内农用地土壤污染防治相关活动实施统一监督管理。

农业部对全国农用地土壤安全利用、严格管控、治理与修复等工作实施监督管理；县级以上地方农业主管部门负责本行政区域内农用地土壤安全利用、严格管控、治理与修复等工作的组织实施。

农用地土壤污染预防、土壤污染状况调查、环境监测、环境质量类别划分、农用地土壤优先保护、监督管理等工作，由县级以上环境保护和农业主管部门按照本办法有关规定组织实施。

第四条　环境保护部会同农业部制定农用地土壤污染状况调查、环境监测、环境质量类别划分等技术规范。

农业部会同环境保护部制定农用地土壤安全利用、严格管控、治理与修复、治理与修复效果评估等技术规范。

第五条 县级以上地方环境保护和农业主管部门在编制本行政区域的环境保护规划和农业发展规划时，应当包含农用地土壤污染防治工作的内容。

第六条 环境保护部会同农业部等部门组织建立全国农用地土壤环境管理信息系统（以下简称农用地环境信息系统），实行信息共享。

县级以上地方环境保护主管部门、农业主管部门应当按照国家有关规定，在本行政区域内组织建设和应用农用地环境信息系统，并加强农用地土壤环境信息统计工作，健全农用地土壤环境信息档案，定期上传农用地环境信息系统，实行信息共享。

第七条 受委托从事农用地土壤污染防治相关活动的专业机构，以及受委托从事治理与修复效果评估的第三方机构，应当遵守有关环境保护标准和技术规范，并对其出具的技术文件的真实性、准确性、完整性负责。

受委托从事治理与修复的专业机构，应当遵守国家有关环境保护标准和技术规范，在合同约定范围内开展工作，对治理与修复活动及其效果负责。

受委托从事治理与修复的专业机构在治理与修复活动中弄虚作假，对造成的环境污染和生态破坏负有责任的，除依照有关法律法规接受处罚外，还应当依法与造成环境污染和生态破坏的其他责任者承担连带责任。

第二章　土壤污染预防

第八条 排放污染物的企业事业单位和其他生产经营者应当采取有效措施，确保废水、废气排放和固体废物处理、处置符合国家有关规定要求，防止对周边农用地土壤造成污染。

从事固体废物和化学品储存、运输、处置的企业，应当采取措施防止固体废物和化学品的泄露、渗漏、遗撒、扬散污染农用地。

第九条 县级以上地方环境保护主管部门应当加强对企业事业单位和其他生产经营者排污行为的监管，将土壤污染防治作为环境执法的重要内容。

设区的市级以上地方环境保护主管部门应当根据本行政区域内工矿企业分布和污染排放情况，确定土壤环境重点监管企业名单，上传农用地环境信息系统，实行动态更新，并向社会公布。

第十条 从事规模化畜禽养殖和农产品加工的单位和个人，应当按照相关规范要求，确定废物无害化处理方式和消纳场地。

县级以上地方环境保护主管部门、农业主管部门应当依据法定职责加强畜禽养殖污染防治工作，指导畜禽养殖废弃物综合利用，防止畜禽养殖活动对农用地土壤环境造成污染。

第十一条 县级以上地方农业主管部门应当加强农用地土壤污染防治知识宣传，提高农业生产者的农用地土壤环境保护意识，引导农业生产者合理使用肥料、农药、兽药、农用薄膜等农业投入品，根据科学的测土配方进行合理施肥，鼓励采取种养结合、轮作等良好农业生产措施。

第十二条 禁止在农用地排放、倾倒、使用污泥、清淤底泥、尾矿（渣）等可能对土壤造成污染的固体废物。

农田灌溉用水应当符合相应的水质标准，防止污染土壤、地下水和农产品。禁止向农田灌溉渠道排放工业废水或者医疗污水。向农田灌溉渠道排放城镇污水以及未综合利用的畜禽养殖废水、农产品加工废水的，应当保证其下游最近的灌溉取水点的水质符合农田灌溉水质标准。

第三章　调查与监测

第十三条 环境保护部会同农业部等部门建立农用地土壤污染状况定期调查制度，制定调查工作方案，每十年开展一次。

第十四条 环境保护部会同农业部等部门建立全国土壤环境质量监测网络，统一规划农用地土壤环境质量国控监测点位，规定监测要求，并组织实施全国农用地土壤环境监测工作。

农用地土壤环境质量国控监测点位应当重点布设在粮食生产功能区、重要农产品生产保护区、特色农产品优势区以及污染风险较大的区域等。

县级以上地方环境保护主管部门会同农业等有关部门，可以根据工作需要，布设地方农用地土壤环境质量监测点位，增加特征污染物监测项目，提高监测频次，有关监测结果应当及时上传农用地环境信息系统。

第十五条 县级以上农业主管部门应当根据不同区域的农产品质量安全情况，组织实施耕地土壤与农产品协同监测，开展风险评估，根据监测评估结果，优化调整安全利用措施，并将监测结果及时上传农用地环境信息系统。

第四章　分类管理

第十六条　省级农业主管部门会同环境保护主管部门，按照国家有关技术规范，根据土壤污染程度、农产品质量情况，组织开展耕地土壤环境质量类别划分工作，将耕地划分为优先保护类、安全利用类和严格管控类，划分结果报省级人民政府审定，并根据土地利用变更和土壤环境质量变化情况，定期对各类别农用地面积、分布等信息进行更新，数据上传至农用地环境信息系统。

第十七条　县级以上地方农业主管部门应当根据永久基本农田划定工作要求，积极配合相关部门将符合条件的优先保护类耕地划为永久基本农田，纳入粮食生产功能区和重要农产品生产保护区建设，实行严格保护，确保其面积不减少，耕地污染程度不上升。在优先保护类耕地集中的地区，优先开展高标准农田建设。

第十八条　严格控制在优先保护类耕地集中区域新建有色金属冶炼、石油加工、化工、焦化、电镀、制革等行业企业，有关环境保护主管部门依法不予审批可能造成耕地土壤污染的建设项目环境影响报告书或者报告表。优先保护类耕地集中区域现有可能造成土壤污染的相关行业企业应当按照有关规定采取措施，防止对耕地造成污染。

第十九条　对安全利用类耕地，应当优先采取农艺调控、替代种植、轮作、间作等措施，阻断或者减少污染物和其他有毒有害物质进入农作物可食部分，降低农产品超标风险。

对严格管控类耕地，主要采取种植结构调整或者按照国家计划经批准后进行退耕还林还草等风险管控措施。

对需要采取治理与修复工程措施的安全利用类或者严格管控类耕地，应当优先采取不影响农业生产、不降低土壤生产功能的生物修复措施，或辅助采取物理、化学治理与修复措施。

第二十条　县级以上地方农业主管部门应当根据农用地土壤安全利用相关技术规范要求，结合当地实际情况，组织制定农用地安全利用方案，报所在地人民政府批准后实施，并上传农用地环境信息系统。

农用地安全利用方案应当包括以下风险管控措施：

（一）针对主要农作物种类、品种和农作制度等具体情况，推广低积累品种替代、水肥调控、土壤调理等农艺调控措施，降低农产品有害物质超标风险；

（二）定期开展农产品质量安全监测和调查评估，实施跟踪监测，根据监测和评估结果及时优化调整农艺调控措施。

第二十一条　对需要采取治理与修复工程措施的受污染耕地，县级以上地方农业主管部门应当组织制定土壤污染治理与修复方案，报所在地人民政府批准后实施，并上传农用地环境信息系统。

第二十二条　从事农用地土壤污染治理与修复活动的单位和个人应当采取必要措施防止产生二次污染，并防止对被修复土壤和周边环境造成新的污染。治理与修复过程中产生的废水、废气和固体废物，应当按照国家有关规定进行处理或者处置，并达到国家或者地方规定的环境保护标准和要求。

第二十三条　县级以上地方环境保护主管部门应当对农用地土壤污染治理与修复的环境保护措施落实情况进行监督检查。

治理与修复活动结束后，县级以上地方农业主管部门应当委托第三方机构对治理与修复效果进行评估，评估结果上传农用地环境信息系统。

第二十四条　县级以上地方农业主管部门应当对严格管控类耕地采取以下风险管控措施：

（一）依法提出划定特定农产品禁止生产区域的建议；

（二）会同有关部门按照国家退耕还林还草计划，组织制定种植结构调整或者退耕还林还草计划，报所在地人民政府批准后组织实施，并上传农用地环境信息系统。

第二十五条　对威胁地下水、饮用水水源安全的严格管控类耕地，县级环境保护主管部门应当会同农业等主管部门制定环境风险管控方案，报同级人民政府批准后组织实施，并上传农用地环境信息系统。

第五章　监督管理

第二十六条　设区的市级以上地方环境保护主管部门应当定期对土壤环境重点监管企业周边农用地开展监测，监测结果作为环境执法和风险预警的重要依据，并上传农用地环境信息系统。

设区的市级以上地方环境保护主管部门应当督促土壤环境重点监管企业自行或者委托专业机构开展土壤环境监测，监测结果向社会公开，并上传农用地环境信息系统。

第二十七条 县级以上环境保护主管部门和县级以上农业主管部门，有权对本行政区域内的农用地土壤污染防治相关活动进行现场检查。被检查单位应当予以配合，如实反映情况，提供必要的资料。实施现场检查的部门、机构及其工作人员应当为被检查单位保守商业秘密。

第二十八条 突发环境事件可能造成农用地土壤污染的，县级以上地方环境保护主管部门应当及时会同农业主管部门对可能受到污染的农用地土壤进行监测，并根据监测结果及时向当地人民政府提出应急处置建议。

第二十九条 违反本办法规定，受委托的专业机构在从事农用地土壤污染防治相关活动中，不负责任或者弄虚作假的，由县级以上地方环境保护主管部门、农业主管部门将该机构失信情况记入其环境信用记录，并通过企业信用信息系统向社会公开。

第六章 附 则

第三十条 本办法自 2017 年 11 月 1 日起施行。

附 5：污染地块土壤环境管理办法（试行）

污染地块土壤环境管理办法（试行）

（2016 年 12 月 31 日环境保护部令第 42 号公布，自 2017 年 7 月 1 日起施行）

第一章　总　　则

第一条　为了加强污染地块环境保护监督管理，防控污染地块环境风险，根据《中华人民共和国环境保护法》等法律法规和国务院发布的《土壤污染防治行动计划》，制定本办法。

第二条　本办法所称疑似污染地块，是指从事过有色金属冶炼、石油加工、化工、焦化、电镀、制革等行业生产经营活动，以及从事过危险废物贮存、利用、处置活动的用地。

按照国家技术规范确认超过有关土壤环境标准的疑似污染地块，称为污染地块。

本办法所称疑似污染地块和污染地块相关活动，是指对疑似污染地块开展的土壤环境初步调查活动，以及对污染地块开展的土壤环境详细调查、风险评估、风险管控、治理与修复及其效果评估等活动。

第三条　拟收回土地使用权的，已收回土地使用权的，以及用途拟变更为居住用地和商业、学校、医疗、养老机构等公共设施用地的疑似污染地块和污染地块相关活动及其环境保护监督管理，适用本办法。

不具备本条第一款情形的疑似污染地块和污染地块土壤环境管理办法另行制定。

放射性污染地块环境保护监督管理，不适用本办法。

第四条　环境保护部对全国土壤环境保护工作实施统一监督管理。

地方各级环境保护主管部门负责本行政区域内的疑似污染地块和污染地块相关活动的监督管理。

按照国家有关规定，县级环境保护主管部门被调整为设区的市级环境保护主管部门派出分局的，由设区的市级环境保护主管部门组织所属派出分局开展疑似污染地块和污染地块相关活动的监督管理。

第五条　环境保护部制定疑似污染地块和污染地块相关活动方面的环境标准和技术规范。

第六条　环境保护部组织建立全国污染地块土壤环境管理信息系统（以下简称污染地块信息系统）。

县级以上地方环境保护主管部门按照环境保护部的规定，在本行政区域内组织建设和应用污染地块信息系统。

疑似污染地块和污染地块的土地使用权人应当按照环境保护部的规定，通过污染地块信息系统，在线填报并提交疑似污染地块和污染地块相关活动信息。

县级以上环境保护主管部门应当通过污染地块信息系统，与同级城乡规划、国土资源等部门实现信息共享。

第七条　任何单位或者个人有权向环境保护主管部门举报未按照本办法规定开展疑似污染地块和污染地块相关活动的行为。

第八条　环境保护主管部门鼓励和支持社会组织，对造成土壤污染、损害社会公共利益的行为，依法提起环境公益诉讼。

第二章　各方责任

第九条　土地使用权人应当按照本办法的规定，负责开展疑似污染地块和污染地块相关活动，并对上述活动的结果负责。

第十条　按照“谁污染，谁治理”原则，造成土壤污染的单位或者个人应当承担治理与修复的主体责任。

责任主体发生变更的，由变更后继承其债权、债务的单位或者个人承担相关责任。

责任主体灭失或者责任主体不明确的，由所在地县级人民政府依法承担相关责任。

土地使用权依法转让的，由土地使用权受让人或者双方约定的责任人承担相关责任。

土地使用权终止的，由原土地使用权人对其使用该地块期间所造成的土壤污染承担相关责任。

土壤污染治理与修复实行终身责任制。

第十一条 受委托从事疑似污染地块和污染地块相关活动的专业机构，或者受委托从事治理与修复效果评估的第三方机构，应当遵守有关环境标准和技术规范，并对相关活动的调查报告、评估报告的真实性、准确性、完整性负责。

受委托从事风险管控、治理与修复的专业机构，应当遵守国家有关环境标准和技术规范，按照委托合同的约定，对风险管控、治理与修复的效果承担相应责任。

受委托从事风险管控、治理与修复的专业机构，在风险管控、治理与修复等活动中弄虚作假，造成环境污染和生态破坏，除依照有关法律法规接受处罚外，还应当依法与造成环境污染和生态破坏的其他责任者承担连带责任。

第三章　环境调查与风险评估

第十二条 县级环境保护主管部门应当根据国家有关保障工业企业场地再开发利用环境安全的规定，会同工业和信息化、城乡规划、国土资源等部门，建立本行政区域疑似污染地块名单，并及时上传污染地块信息系统。

疑似污染地块名单实行动态更新。

第十三条 对列入疑似污染地块名单的地块，所在地县级环境保护主管部门应当书面通知土地使用权人。

土地使用权人应当自接到书面通知之日起6个月内完成土壤环境初步调查，编制调查报告，及时上传污染地块信息系统，并将调查报告主要内容通过其网站等便于公众知晓的方式向社会公开。

土壤环境初步调查应当按照国家有关环境标准和技术规范开展，调查报告应当包括地块基本信息、疑似污染地块是否为污染地块的明确结论等主要内容，并附具采样信息和检测报告。

第十四条 设区的市级环境保护主管部门根据土地使用权人提交的土壤环境初步调查报告建立污染地块名录，及时上传污染地块信息系统，同时向社会公开，并通报各污染地块所在地县级人民政府。

对列入名录的污染地块，设区的市级环境保护主管部门应当按照国家有关环境标准和技术规范，确定该污染地块的风险等级。

污染地块名录实行动态更新。

第十五条 县级以上地方环境保护主管部门应当对本行政区域具有高风险的污染地块，优先开展环境保护监督管理。

第十六条 对列入污染地块名录的地块，设区的市级环境保护主管部门应当书面通知土地使用权人。

土地使用权人应当在接到书面通知后，按照国家有关环境标准和技术规范，开展土壤环境详细调查，编制调查报告，及时上传污染地块信息系统，并将调查报告主要内容通过其网站等便于公众知晓的方式向社会公开。

土壤环境详细调查报告应当包括地块基本信息，土壤污染物的分布状况及其范围，以及对土壤、地表水、地下水、空气污染的影响情况等主要内容，并附具采样信息和检测报告。

第十七条 土地使用权人应当按照国家有关环境标准和技术规范，在污染地块土壤环境详细调查的基础上开展风险评估，编制风险评估报告，及时上传污染地块信息系统，并将评估报告主要内容通过其网站等便于公众知晓的方式向社会公开。

风险评估报告应当包括地块基本信息、应当关注的污染物、主要暴露途径、风险水平、风险管控以及治理与修复建议等主要内容。

第四章 风险管控

第十八条 污染地块土地使用权人应当根据风险评估结果，并结合污染地块相关开发利用计划，有针对性地实施风险管控。

对暂不开发利用的污染地块，实施以防止污染扩散为目的的风险管控。

对拟开发利用为居住用地和商业、学校、医疗、养老机构等公共设施用地的污染地块，实施以安全利用为目的的风险管控。

第十九条 污染地块土地使用权人应当按照国家有关环境标准和技术规范，编制风险管控方案，及时上传污染地块信息系统，同时抄送所在地县级人民政府，并将方案主要内容通过其网站等便于公众知晓的方式向社会公开。

风险管控方案应当包括管控区域、目标、主要措施、环境监测计划以及应急措施等内容。

第二十条 土地使用权人应当按照风险管控方案要求，采取以下主要措施：

（一）及时移除或者清理污染源；

（二）采取污染隔离、阻断等措施，防止污染扩散；

（三）开展土壤、地表水、地下水、空气环境监测；

（四）发现污染扩散的，及时采取有效补救措施。

第二十一条 因采取风险管控措施不当等原因，造成污染地块周边的土壤、地表水、地下水或者空气污染等突发环境事件的，土地使用权人应当及时采取环境应急措施，并向所在地县级以上环境保护主管部门和其他有关部门报告。

第二十二条 对暂不开发利用的污染地块，由所在地县级环境保护主管部门配合有关部门提出划定管控区域的建议，报同级人民政府批准后设立标识、发布公告，并组织开展土壤、地表水、地下水、空气环境监测。

第五章 治理与修复

第二十三条 对拟开发利用为居住用地和商业、学校、医疗、养老机构等公共设施用地的污染地块，经风险评估确认需要治理与修复的，土地使用权人应当开展治理与修复。

第二十四条 对需要开展治理与修复的污染地块，土地使用权人应当根据土壤环境详细调查报告、风险评估报告等，按照国家有关环境标准和技术规范，编制污染地块治理与修复工程方案，并及时上传污染地块信息系统。

土地使用权人应当在工程实施期间，将治理与修复工程方案的主要内容通过其网站等便于公众知晓的方式向社会公开。

工程方案应当包括治理与修复范围和目标、技术路线和工艺参数、二次污染防范措施等内容。

第二十五条 污染地块治理与修复期间，土地使用权人或者其委托的专业机构应当采取措施，防止对地块及其周边环境造成二次污染；治理与修复过程中产生的废水、废气和固体废物，应当按照国家有关规定进行处理或者处置，并达到国家或者地方规定的环境标准和要求。

治理与修复工程原则上应当在原址进行；确需转运污染土壤的，土地使用权人或者其委托的专业机构应当将运输时间、方式、线路和污染土壤数量、去向、最终处置措施等，提前5个工作日向所在地和接收地设区的市级环境保护主管部门报告。

修复后的土壤再利用应当符合国家或者地方有关规定和标准要求。

治理与修复期间，土地使用权人或者其委托的专业机构应当设立公告牌和警示标识，公开工程基本情况、环境影响及其防范措施等。

第二十六条 治理与修复工程完工后，土地使用权人应当委托第三方机构按照国家有关环境标准和技术规范，开展治理与修复效果评估，编制治理与修复效果评估报告，及时上传污染地块信息系统，并通过其网站等便于公众知晓的方式公开，公开时间不得少于两个月。

治理与修复效果评估报告应当包括治理与修复工程概况、环境保护措施落实情况、治理与修复效果监测结果、评估结论及后续监测建议等内容。

第二十七条 污染地块未经治理与修复，或者经治理与修复但未达到相关规划用地土壤环境质量要求的，有关环境保护主管部门不予批准选址涉及该污染地块的建设项目环境影响报告书或者报告表。

第二十八条 县级以上环境保护主管部门应当会同城乡规划、国土资源等部门，建立和完善污染地块信息沟通机制，对污染地块的开发利用实行联动监管。

污染地块经治理与修复，并符合相应规划用地土壤环境质量要求后，可以进入用地程序。

第六章 监督管理

第二十九条 县级以上环境保护主管部门及其委托的环境监察机构，有权对本行政区域内的疑似污染地块和污染地块相关活动进行现场检查。被检查单位应当予以配合，如实反映情况，提供必要的资料。实施现场检查的部门、机构及其工作人员应当为被检查单位保守商业秘密。

第三十条 县级以上环境保护主管部门对疑似污染地块和污染地块相关活动进行监督检查时，有权采取下列措施：

（一）向被检查单位调查、了解疑似污染地块和污染地块的有关情况；

（二）进入被检查单位进行现场核查或者监测；

（三）查阅、复制相关文件、记录以及其他有关资料；

（四）要求被检查单位提交有关情况说明。

第三十一条 设区的市级环境保护主管部门应当于每年的12月31日前，将本年度本行政区域的污染地块环境管理工作情况报省级环境保护主管部门。

省级环境保护主管部门应当于每年的1月31日前，将上一年度本行政区域的污染地块环境管理工作情况报环境保护部。

第三十二条 违反本办法规定，受委托的专业机构在编制土壤环境初步调查报告、土壤环境详细调查报告、风险评估报告、风险管控方案、治理与修复方案过程中，或者受委托的第三方机构在编制治理与修复效果评估报告过程中，不负责任或者弄虚作假致使报告失实的，由县级以上环境保护主管部门将该机构失信情况记入其环境信用记录，并通过企业信用信息公示系统向社会公开。

第七章 附 则

第三十三条 本办法自2017年7月1日起施行。

附6：工矿用地土壤环境管理办法（试行）

工矿用地土壤环境管理办法（试行）

（2018年5月3日生态环境部令第3号公布，自2018年8月1日起施行）

第一章　总　　则

第一条　为了加强工矿用地土壤和地下水环境保护监督管理，防治工矿用地土壤和地下水污染，根据《中华人民共和国环境保护法》《中华人民共和国水污染防治法》等法律法规和国务院印发的《土壤污染防治行动计划》，制定本办法。

第二条　本办法适用于从事工业、矿业生产经营活动的土壤环境污染重点监管单位用地土壤和地下水的环境现状调查、环境影响评价、污染防治设施的建设和运行管理、污染隐患排查、环境监测和风险评估、污染应急、风险管控和治理与修复等活动，以及相关环境保护监督管理。

矿产开采作业区域用地，固体废物集中贮存、填埋场所用地，不适用本办法。

第三条　土壤环境污染重点监管单位（以下简称重点单位）包括：

（一）有色金属冶炼、石油加工、化工、焦化、电镀、制革等行业中应当纳入排污许可重点管理的企业；

（二）有色金属矿采选、石油开采行业规模以上企业；

（三）其他根据有关规定纳入土壤环境污染重点监管单位名录的企事业单位。

重点单位以外的企事业单位和其他生产经营者生产经营活动涉及有毒有害物质的，其用地土壤和地下水环境保护相关活动及相关环境保护监督管理，可以参照本办法执行。

第四条　生态环境部对全国工矿用地土壤和地下水环境保护工作实施统一监督管理。

县级以上地方生态环境主管部门负责本行政区域内的工矿用地土壤和地下水环境保护相关活动的监督管理。

第五条　设区的市级以上地方生态环境主管部门应当制定公布本行政区域的

土壤环境污染重点监管单位名单，并动态更新。

第六条 工矿企业是工矿用地土壤和地下水环境保护的责任主体，应当按照本办法的规定开展相关活动。

造成工矿用地土壤和地下水污染的企业应当承担治理与修复的主体责任。

第二章 污染防控

第七条 重点单位新、改、扩建项目，应当在开展建设项目环境影响评价时，按照国家有关技术规范开展工矿用地土壤和地下水环境现状调查，编制调查报告，并按规定上报环境影响评价基础数据库。

重点单位应当将前款规定的调查报告主要内容通过其网站等便于公众知晓的方式向社会公开。

第八条 重点单位新、改、扩建项目用地应当符合国家或者地方有关建设用地土壤污染风险管控标准。

重点单位通过新、改、扩建项目的土壤和地下水环境现状调查，发现项目用地污染物含量超过国家或者地方有关建设用地土壤污染风险管控标准的，土地使用权人或者污染责任人应当参照污染地块土壤环境管理有关规定开展详细调查、风险评估、风险管控、治理与修复等活动。

第九条 重点单位建设涉及有毒有害物质的生产装置、储罐和管道，或者建设污水处理池、应急池等存在土壤污染风险的设施，应当按照国家有关标准和规范的要求，设计、建设和安装有关防腐蚀、防泄漏设施和泄漏监测装置，防止有毒有害物质污染土壤和地下水。

第十条 重点单位现有地下储罐储存有毒有害物质的，应当在本办法公布后一年之内，将地下储罐的信息报所在地设区的市级生态环境主管部门备案。

重点单位新、改、扩建项目地下储罐储存有毒有害物质的，应当在项目投入生产或者使用之前，将地下储罐的信息报所在地设区的市级生态环境主管部门备案。

地下储罐的信息包括地下储罐的使用年限、类型、规格、位置和使用情况等。

第十一条 重点单位应当建立土壤和地下水污染隐患排查治理制度，定期对重点区域、重点设施开展隐患排查。发现污染隐患的，应当制定整改方案，及时采取技术、管理措施消除隐患。隐患排查、治理情况应当如实记录并建立档案。

重点区域包括涉及有毒有害物质的生产区，原材料及固体废物的堆存区、储放区和转运区等；重点设施包括涉及有毒有害物质的地下储罐、地下管线，以及污染治理设施等。

第十二条 重点单位应当按照相关技术规范要求，自行或者委托第三方定期开展土壤和地下水监测，重点监测存在污染隐患的区域和设施周边的土壤、地下水，并按照规定公开相关信息。

第十三条 重点单位在隐患排查、监测等活动中发现工矿用地土壤和地下水存在污染迹象的，应当排查污染源，查明污染原因，采取措施防止新增污染，并参照污染地块土壤环境管理有关规定及时开展土壤和地下水环境调查与风险评估，根据调查与风险评估结果采取风险管控或者治理与修复等措施。

第十四条 重点单位拆除涉及有毒有害物质的生产设施设备、构筑物和污染治理设施的，应当按照有关规定，事先制定企业拆除活动污染防治方案，并在拆除活动前十五个工作日报所在地县级生态环境、工业和信息化主管部门备案。

企业拆除活动污染防治方案应当包括被拆除生产设施设备、构筑物和污染治理设施的基本情况、拆除活动全过程土壤污染防治的技术要求、针对周边环境的污染防治要求等内容。

重点单位拆除活动应当严格按照有关规定实施残留物料和污染物、污染设备和设施的安全处理处置，并做好拆除活动相关记录，防范拆除活动污染土壤和地下水。拆除活动相关记录应当长期保存。

第十五条 重点单位突发环境事件应急预案应当包括防止土壤和地下水污染相关内容。

重点单位突发环境事件造成或者可能造成土壤和地下水污染的，应当采取应急措施避免或者减少土壤和地下水污染；应急处置结束后，应当立即组织开展环境影响和损害评估工作，评估认为需要开展治理与修复的，应当制定并落实污染土壤和地下水治理与修复方案。

第十六条 重点单位终止生产经营活动前，应当参照污染地块土壤环境管理有关规定，开展土壤和地下水环境初步调查，编制调查报告，及时上传全国污染地块土壤环境管理信息系统。

重点单位应当将前款规定的调查报告主要内容通过其网站等便于公众知晓的方式向社会公开。

土壤和地下水环境初步调查发现该重点单位用地污染物含量超过国家或者地方有关建设用地土壤污染风险管控标准的，应当参照污染地块土壤环境管理有关规定开展详细调查、风险评估、风险管控、治理与修复等活动。

第三章　监督管理

第十七条　县级以上生态环境主管部门有权对本行政区域内的重点单位进行现场检查。被检查单位应当予以配合，如实反映情况，提供必要的资料。实施现场检查的部门、机构及其工作人员应当为被检查单位保守商业秘密。

第十八条　县级以上生态环境主管部门对重点单位进行监督检查时，有权采取下列措施：

（一）进入被检查单位进行现场核查或者监测；

（二）查阅、复制相关文件、记录以及其他有关资料；

（三）要求被检查单位提交有关情况说明。

第十九条　重点单位未按本办法开展工矿用地土壤和地下水环境保护相关活动或者弄虚作假的，由县级以上生态环境主管部门将该企业失信情况记入其环境信用记录，并通过全国信用信息共享平台、国家企业信用信息公示系统向社会公开。

第四章　附　　则

第二十条　本办法所称的下列用语的含义：

（一）矿产开采作业区域用地，指露天采矿区用地、排土场等与矿业开采作业直接相关的用地。

（二）有毒有害物质，是指下列物质：

1. 列入《中华人民共和国水污染防治法》规定的有毒有害水污染物名录的污染物；

2. 列入《中华人民共和国大气污染防治法》规定的有毒有害大气污染物名录的污染物；

3.《中华人民共和国固体废物污染环境防治法》规定的危险废物；

4. 国家和地方建设用地土壤污染风险管控标准管控的污染物；

5. 列入优先控制化学品名录内的物质；

6. 其他根据国家法律法规有关规定应当纳入有毒有害物质管理的物质。

（三）土壤和地下水环境现状调查，指对重点单位新、改、扩建项目用地的土壤和地下水环境质量进行的调查评估，其主要调查内容包括土壤和地下水中主要污染物的含量等。

（四）土壤和地下水污染隐患，指相关设施设备因设计、建设、运行管理等不完善，而导致相关有毒有害物质泄漏、渗漏、溢出等污染土壤和地下水的隐患。

（五）土壤和地下水污染迹象，指通过现场检查和隐患排查发现有毒有害物质泄漏或者疑似泄漏，或者通过土壤和地下水环境监测发现土壤或者地下水中污染物含量升高的现象。

第二十一条 本办法自2018年8月1日起施行。

后 记

土壤污染防治体系建设是一项艰巨工程。我深切体会到，“净土之路”并非易事，是不断探索、创新与实践的过程，是不忘初心、砥砺前行的过程。回顾这20年历程的点点滴滴，深感坚持不懈、努力奋斗的重要，如果没有自己对土壤环境保护事业的兴趣和热爱、对土壤环境安全问题的关注和认识，不可能投入其中，并其乐无穷。我1978—1982年在南京农学院土壤农化系读本科；1982年在南京农业大学土壤学专业读硕士研究生，系统接受土壤化学研究方向的理论学习和科研方法训练；1985年毕业后留校任教，从事土壤物理化学的教学和科研工作；1991年调入国家环境保护局南京环境科学研究所（现生态环境部南京环境科学研究所）工作至今。一直从事与土壤污染防治相关科研工作。在前后40余年的学习和科研生涯中，只干了土壤一件事，做了“顶天立地”的事，实现了自己的梦想。一方面将科研工作与国家环境管理需求相结合，科研成果转化为国家法规、政策和标准；另一方面将科研工作与实际问题相结合，为地方政府和企业或业主解决实际土壤污染问题提供技术和手段。在工作过程中，我走遍了全国各地考察土壤污染情况，亲身感受了“土壤之美”和“土壤之痛”，深切体会到，中国未来的发展、美丽中国建设离不开“洁净、健康土壤”的支撑。我非常庆幸能够将自己所学、所爱投身于我国土壤环境保护事业，并由衷地为自己点赞！

但我不会忘记，我只是土壤污染防治战线上的一员，完成这样的事业离不开同行、专家、领导和社会各界有关人士的奉献和智慧。在此，首先要感谢 20 多年来生态环境部和南京环境科学研究所各届领导以及社会各界对土壤环境保护事业的关心、支持；其次，要非常感谢我的科研团队——生态环境部南京环境科学研究所土壤污染防治研究中心、生态环境部土壤环境管理与污染控制重点实验室（原国家环境保护土壤环境管理与污染控制重点实验室）的同事们，与我共同努力工作，承担完成了一项又一项任务，在这里他（她）们的名字不一一列举了；最后也要特别感谢我的家人长期以来对我工作的理解和支持。

构思这本书得到了同事们的鼓励和支持，特别是南京环境科学研究所土壤污染防治研究中心龙涛主任做了大量的组织和协调工作，王国庆、单艳红、张胜田、徐建等补充、核实了相关资料和信息。在撰写和修改过程中，也得到了中国环境出版集团赵艳编辑的帮助，从本书书名到内容选择等都给予了有益的意见和建议，确保本书保持客观、公正、朴实的风格，为读者提供真实的历史资料。我真诚希望这本书能成为大家了解我国土壤污染防治工作发展历程的专门读物，帮助从业者更好地理解和熟悉我国土壤污染防治法规、政策、标准等出台的背景和精神，为科研工作者提供科学问题选题的依据，为高等院校培养研究生提供参考资料，也可为国外对中国式土壤污染防治模式感兴趣的人士提供一扇窗口。总而言之，我相信这本书能成为大家的朋友。

最后我也想表达一下对这本书的看法：本书所用的素材只是以我所亲身经历过的工作为主，没有将其他单位或机构、专家所做的相关工作收集在内，并不是我有意忽视其他人的工作成果及其贡献，在此表示我的歉意。另外，我们所做的工作并不完美，以今天的眼光来看，在很多方面其实存在许许多多不足和遗憾，但它真实记录了历史，反映了不同时期的认识水平，我愿意将此书作为后来人的评判对象和批评素材。希望不浪费读者的时间，如果有点滴借鉴意义，这就是对我撰写这本书最大的回馈了。

林玉锁

2024 年 10 月于南京

2017 年 11 月，在北京北安河参加土壤详查工作的南京环境科学研究所部分人员合影

2019 年 3 月，在北京北安河参加土壤详查工作的南京环境科学研究所部分人员合影

2018 年 5 月，南京环境科学研究所土壤污染防治研究中心人员合影

2021 年 12 月，南京环境科学研究所土壤污染防治研究中心人员合影